伴随质量流失的破碎岩石渗透性的加速试验研究

王路珍　孔海陵　著

科 学 出 版 社
北 京

内 容 简 介

本书对伴随质量流失的破碎岩石渗透性的加速试验进行研究，运用质量流失的观点解释了破碎岩体的渗流失稳现象。从溶蚀、冲蚀、磨蚀三方面分析了破碎岩体渗流过程中的质量流失率；基于遗传算法构建了破碎岩石加速渗透试验过程中渗透性参量和质量流失率的计算方法；描述了破碎岩体初始孔隙度、Talbol 幂指数、压力梯度等因素对质量流失率、孔隙度、渗透性参量及渗流失稳规律的影响；建立了考虑岩体质量流失效应的破碎岩体非 Darcy 渗流系统动力学模型，设计了相应的系统动力学响应算法，并开发了其计算程序；分析了破碎岩体非 Darcy 渗流场演化及失稳规律。本书内容可为煤矿隐伏陷落柱、断层突水灾害等事故的预测及防治方法研究提供参考，也可为隧道、堤坝等岩土工程中含堆积破碎岩体渗流失稳问题提供借鉴。

本书可供力学、采矿、岩土和地质等领域的广大科技工作者和高等学校师生参考。

图书在版编目(CIP)数据

伴随质量流失的破碎岩石渗透性的加速试验研究／王路珍，孔海陵著．—北京：科学出版社，2017.12

ISBN 978-7-03-055221-1

Ⅰ.①伴… Ⅱ.①王… ②孔… Ⅲ.①溶蚀作用-渗透性介质-研究 Ⅳ.①P512.2

中国版本图书馆 CIP 数据核字（2017）第 274205 号

责任编辑：张井飞 韩 鹏 冯 钊／责任校对：张小霞
责任印制：张 伟／封面设计：耕者设计工作室

科学出版社 出版
北京东黄城根北街 16 号
邮政编码：100717
http://www.sciencep.com

北京中石油彩色印刷有限责任公司印刷
科学出版社发行 各地新华书店经销

*

2017 年 12 月第 一 版 开本：B5（720×1000）
2017 年 12 月第一次印刷 印张：15
字数：288 000

定价：118.00 元

（如有印装质量问题，我社负责调换）

前　言

渗流力学是运用连续介质力学方法研究渗流现象的学科，它着眼于渗流的宏观过程，而不考虑渗透质的复杂空间结构及界面效应。在渗流力学创立的初期，人们忽略了渗透质的“挠性”，着重研究刚性多孔介质中液体/气体的流动行为。事实上，刚性的渗透质是不存在的，渗透质不仅具有挠性，而且质量常常发生迁移和流失。

在承压采煤过程中，随着工作面与陷落柱距离的减小，陷落柱及其附近岩体受到扰动后，应力场和渗流场发生变化，岩体裂隙网络和陷落柱内破碎岩体孔隙结构发生显著变化，形成水渗流通道。陷落柱充水将沿围岩裂隙向工作面渗透，并伴随颗粒介质与水之间的不断溶蚀、冲蚀和磨蚀作用，引起颗粒迁移、流失，颗粒介质持续地被溶蚀、冲蚀、磨蚀以及迁移将导致陷落柱围岩孔隙度增大、渗透性增强。当迁移质量达到一定程度，破碎岩体中形成区域性贯通的管流通道，水流模式由渗流转变为管流，陷落柱由于水的渗流失去稳定性，即渗流失稳，引发突水灾害。

本书以伴随质量流失的破碎岩石渗流研究为切入点，对含陷落柱等构造破碎带的突水机理作粗浅的探索。陷落柱突水前，经历了长时间的质量流失，加速渗透试验是模拟陷落柱质量迁移和流失的有效手段。需注意，水在破碎岩石中的渗流并不符合 Darcy 定律，而是服从 Forcheimer 关系。破碎岩石渗透性参量除了随时间变化之外，还随孔隙度、渗透压力、渗流速度和迁移质量的改变而变化。由于采动过程中陷落柱与外界之间存在质量交换（迁移），采动后渗流系统的边界属于时变边界，故水在陷落柱中的渗流是变质量的非线性动力学过程。

本书对伴随质量流失的破碎岩石的渗透性进行加速试验研究，从水的溶蚀、冲蚀、磨蚀三个方面分析了破碎岩石质量流失的机理，基于遗传算法构建了破碎岩石加速渗透试验过程中渗透性参量和质量流失率的计算方法，通过变质量破碎岩石水流形态转变试验建立了水流形态转变条件，运用质量流失的观点解释了破碎岩石渗流失稳的机理。全书共分为 11 章，第 1 章为绪论，第 2 章为破碎岩石渗透过程质量流失原因分析，第 3 章为伴随质量流失的破碎岩石渗透试验系统研制，第 4 章为伴随质量流失的破碎岩石加速渗透试验参数计算，第 5 章为伴随质量流失的破碎岩石加速渗透试验，第 6 章为伴随质量流失的破碎岩石渗流系统中参数间的关系，第 7 章为伴随质量流失的破碎岩石中水流形态转变试验，第 8 章为伴随质量流失的破碎岩体渗流系统动力学模型，第 9、10 章为伴随质量流失的破碎岩体渗流系统响应计算方法设计和计算实例，第 11 章总结了伴随质量流失的破碎岩石渗透性的加速试验研究得到的主要结论，并对后续拟开展的研究工作进行展望。

本书由王路珍和孔海陵共同执笔，统一校对。本书的第 3、5、7 章试验部分得到了王志飞、张公一和莘海德的协助，第 4、6、9 章的 Fortran 源程序编写和调试得到了陈占清教授的帮助。

本书的写作和出版得到了国家自然科学基金项目“伴随质量流失的胶结破碎岩体渗流失稳机理研究”（11502229）、江苏省自然科学基金项目“伴随质量迁移的破碎岩体渗流灾变机理研究”（BK20160433）、2016 年度江苏省“青蓝工程”、2017 年度江苏省政府留学奖学金、“盐城工学院青年拔尖人才”、盐城工学院学术专著出版基金等的资助。

本书得到了盐城工学院土木工程学院、盐城工学院科技处、盐城工学院人事处、中国矿业大学深部岩土力学与地下工程国家重点实验室及中国矿业大学力学与土木工程学院等单位的大力支持和协作，在此表示感谢。

由于作者水平有限，书中难免存在疏漏和不足之处，恳切希望同行专家和广大读者批评指正。

作　者

2017 年 5 月

目　　录

前言

第 1 章　绪论 ………………………………………………………… 1

1.1　研究背景及意义 ………………………………………………… 1

1.2　国内外研究现状 ………………………………………………… 2

1.3　研究内容 ……………………………………………………… 14

1.4　研究方法 ……………………………………………………… 15

第 2 章　破碎岩石渗透过程质量流失原因分析 ……………………… 17

2.1　破碎岩石之间的挤压碎化作用 ………………………………… 17

2.2　水对破碎岩石的溶蚀作用 ……………………………………… 18

2.3　水对破碎岩石的冲蚀作用 ……………………………………… 20

2.4　细小颗粒对破碎岩石的磨蚀作用 ……………………………… 21

2.5　渗流过程中破碎岩石质量流失机理分析 ……………………… 22

2.6　本章小结 ……………………………………………………… 23

第 3 章　伴随质量流失的破碎岩石渗透试验系统研制 ……………… 25

3.1　研制背景及意义 ……………………………………………… 25

3.2　功能及性能指标 ……………………………………………… 26

3.3　试验系统的设计方案 ………………………………………… 28

3.4　试验系统的结构设计 ………………………………………… 35

3.5　试验系统的调试 ……………………………………………… 42

3.6　试验系统改进的初步设想 …………………………………… 42

3.7　本章小结 ……………………………………………………… 49

第 4 章　伴随质量流失的破碎岩石加速渗透试验参数计算 ………… 51

4.1　破碎岩样配比计算 …………………………………………… 51

4.2　孔隙度计算 …………………………………………………… 52

4.3　流失质量计算 ………………………………………………… 52

4.4　渗透性参量计算 ……………………………………………… 53

4.5　伴随质量流失的破碎岩石渗透性参量计算程序 ……………… 58

4.6　伴随质量流失的破碎岩石渗透性参量计算实例 ……………… 78

4.7　本章小结 ……………………………………………………… 85

第 5 章 伴随质量流失的破碎岩石加速渗透试验 …… 86
5. 1 加速因子的确定 …… 86
5. 2 试验原理及方法 …… 87
5. 3 试样制备及试验方案 …… 87
5. 4 试验流程 …… 90
5. 5 试验结果及分析 …… 91
5. 6 试验的不足 …… 115
5. 7 本章小结 …… 116
第 6 章 伴随质量流失的破碎岩石渗流系统中参数间的关系 …… 118
6. 1 质量流失率与孔隙度和时间的关系 …… 118
6. 2 破碎岩石质量流失率计算程序 …… 121
6. 3 破碎岩石质量流失率计算实例 …… 132
6. 4 渗透性参量与孔隙度的关系 …… 141
6. 5 本章小结 …… 145
第 7 章 伴随质量流失的破碎岩石中水流形态转变试验 …… 147
7. 1 试验方案及流程 …… 147
7. 2 试验结果及分析 …… 150
7. 3 伴随质量流失的破碎岩石渗流失稳机理 …… 171
7. 4 本章小结 …… 173
第 8 章 伴随质量流失的破碎岩体渗流系统动力学模型 …… 175
8. 1 破碎岩体渗流动力学模型概述 …… 175
8. 2 质量守恒方程 …… 176
8. 3 动量守恒方程 …… 178
8. 4 辅助方程 …… 178
8. 5 动力学模型 …… 180
8. 6 本章小结 …… 182
第 9 章 伴随质量流失的破碎岩体渗流系统响应计算方法设计 …… 183
9. 1 变量间相互关系 …… 183
9. 2 计算流程 …… 184
9. 3 单元划分与物理量的表示方法 …… 185
9. 4 单元物理量计算方法 …… 185
9. 5 节点物理量计算方法 …… 186
9. 6 关于算法的几点说明 …… 190
9. 7 伴随质量流失的破碎岩体渗流系统动力响应计算程序 …… 191

9.8　本章小结 …… 202
第10章　伴随质量流失的破碎岩体渗流系统响应计算实例 …… 203
10.1　定解条件 …… 203
10.2　质量流失率的计算及分析 …… 204
10.3　孔隙度的计算及分析 …… 207
10.4　渗透性参量的计算及分析 …… 208
10.5　渗流速度的计算及分析 …… 212
10.6　压力的计算及分析 …… 213
10.7　本章小结 …… 214
第11章　结论与展望 …… 215
参考文献 …… 218

第1章 绪　　论

在采矿工程领域，相似材料试验广泛用于模拟煤层开采过程中岩层的移动和破坏、露天矿边坡变形与滑动等过程。陷落柱突水过程也应采用相似材料试验（模型试验）来模拟，但由于如下原因，相似材料试验难以实现。

（1）相似材料采用不同粒径的破碎岩石，颗粒之间的接触关系极其复杂，难以进行统计描述，岩石的应力无法计算，因此无法实现应力相似。

（2）陷落柱颗粒之间存在或强或弱的胶结作用，而破碎岩石是松散结构，用松散体模拟胶结体是不妥的。

（3）孔隙度和渗透性参量的量级相差甚远，陷落柱的孔隙度和渗透性参量分布极不均匀，而破碎岩石的孔隙度和渗透性参量的分布是近似均匀的。

加速试验是一种在保持失效机理不变的前提下，通过加大试验应力来缩短试验周期的试验方法，该方法提高了试验效率，降低了试验成本。在电子工业中，常用来测试产品的失效模式和寿命。

陷落柱从揭露到突水短则几天，长则几个月，在同等压力梯度下进行破碎岩石质量流失率和渗透性参量的测试，无论人力、财力或物力都无法令人接受，故开展加速渗透试验是非常必要的。

1.1　研究背景及意义

渗流力学是运用连续介质力学方法研究渗流现象的学科，它着眼于渗流的宏观过程，而不考虑渗透质的复杂空间结构及界面效应。在渗流力学创立的初期，人们忽略了渗透质的“挠性”，着重研究刚性多孔介质中液体/气体的流动行为。事实上，刚性的渗透质是不存在的，渗透质不仅具有挠性，而且质量常常发生迁移和流失。20世纪以来，人们开始关注变形对多孔介质渗透性的影响。近年来，少数学者和工程技术人员开始认识到质量迁移和流失对多孔介质孔隙度、渗透性参量及渗流场的影响。然而，究竟是什么原因造成了破碎岩石的质量流失，质量流失率与渗透剂、渗透质之间的物理、化学作用有何联系，这些基本的科学命题尚未引起关注。

破碎岩石渗流行为的研究因为解释陷落柱突水机理而兴起[1]。陷落柱是华北煤田常见的地质构造，其内部含有大量不同尺寸的孔隙和不同发育程度的裂隙，渗透率较高。在渗透过程中，陷落柱中泥沙质细小颗粒随水迁移、流失，这样陷落柱的孔隙度和渗透性参量随时间变化。质量流失过程持续到一定时间，水在陷落柱中的流动形态发生变化（即由渗流转变为管流），从而发生突水灾害。

目前，解释陷落柱突水机理的假说主要有两种：结构失稳说和渗流失稳说。结构失稳说认为陷落柱及其围岩结构破坏引发突水，渗流失稳说认为陷落柱内渗流失稳引发突水。

为了模拟陷落柱中水渗流的过程，人们开展了破碎岩石渗透性的实验室试验。一种值得注意的情况是，在现有的实验室渗透试验中，细小颗粒在几分钟内流失殆尽，而陷落柱从揭露到突水的过程长达几天甚至几个月。实验室试验的时间和陷落柱突水前经历的时间相差甚远，通常相差几千到几万倍，不具有加速试验的真正意义。只有将加速因子选择在恰当的范围内，破碎岩石渗透性的实验室试验才能为陷落柱突水灾害防治实践提供参考。

本书在分析破碎岩石质量迁移和流失机理的基础上，设计加速因子合理的伴随质量流失的破碎岩石渗透加速试验方法，并研制出相应的试验系统；通过Talbol幂指数和初始孔隙度两个参量的合理选取，研究破碎岩石渗透过程中的质量迁移行为，从流动形态变化的视角解释陷落柱突水机理。本书的研究不仅对破碎岩石渗透试验技术的发展具有积极作用，对于促进采动岩体渗流理论在采矿工程中的应用和发展也有重要意义。

1.2 国内外研究现状

在破碎岩石的渗透过程中，原有细小颗粒和由于水的溶蚀、冲蚀和磨蚀作用新产生的细小颗粒在孔隙中迁移，并从边界处流失。质量流失造成岩石孔隙度、渗透性参量（渗透率、非Darcy流β因子和加速度系数）发生变化，当质量流失发展到一定阶段，水在岩石中的流动形态发生变化，即由渗流转为管流，将发生渗流失稳。在保证质量流失机理不变的前提下，通过加速试验，在人力、物力和财力允许的条件下得到与实际问题相符或相近的质量迁移规律（即质量流失率、孔隙度、渗透率、非Darcy流β因子和加速度系数的时变规律）、渗流场演化规律以及渗流失稳规律，这是本书的任务。为了完成此任务，需要掌握以下相关领域的研究进展：

（1）陷落柱突水机理研究和防治理论；

（2）破碎岩石渗透试验技术；

（3）破碎岩石渗透性影响因素和影响规律；

（4）水与破碎岩石相互作用；

（5）破碎岩石渗流非线性动力学行为；

(6) 参量时变的微分方程（微分动力系统）的稳定性理论；

(7) 动力系统响应计算方法。

1.2.1 陷落柱渗透特性及突水机理研究

陷落柱是在地下溶洞的基础上形成的，成因主要有石膏溶蚀说[2,3]、重力塌陷说[4-8]、真空吸蚀说[9,10]和热液成因说[11]4种观点。可溶性岩层和良好的地下水通道是陷落柱形成的基本条件。

陷落柱的形态多样，按柱体中心轴线位置来区分，可分为直立型、弯曲型、歪斜型、扭转型等，其截面形状多为近圆形、椭圆形、弧形多边形等。陷落柱大小不一，直径最小的不到10m，直径最大的则超过了200m，高度也从几十米到几百米不等。陷落柱一般位于中奥陶统上部，与围岩的接触界面呈不规则的锯齿状。

陷落柱柱体内部混杂、堆积着各种大小不等的岩块，岩块表面有擦痕，有的岩块被磨光，并有泥质或硅质的薄膜。有些陷落柱内的破碎岩块被压实胶结，但都保持原有的岩性，松软岩层（如泥岩和煤等）都破碎成细小颗粒，呈粉末状或泥化；坚硬岩层（如砂岩和灰岩等）形成大小不一的岩块。破碎岩块都来自煤系地层或上覆其他地层，偶见陷落柱顶端有几米或十几米高的空穴[12-15]。

与强含水层沟通、地下水有较大的水头压力和柱体内充填物压实胶结程度差是岩溶陷落柱导水的基本条件。

文献［16］将华北型煤田岩溶陷落柱划分为不导水或微弱导水型、导水型和强导水型；按突水特点区分，则可分为突发型、缓冲型和滞后型。

文献［7］将陷落柱从下到上依次分为奥灰岩块阻水段、“泥砾”堵水段、岩块碎屑盖压加强段。其中，奥灰岩块阻水段将向上的奥灰水的管道流变为岩块间的小股细流，削弱了动水能量；“泥砾”堵水段渗透率极低，抗渗厚度大，抗渗能力强，在陷落柱中充当“堵水塞”的作用；岩块碎屑盖压加强段在“泥砾”堵水段上方，对下方的“堵水塞”起到盖压增强的作用。

尹尚先等将陷落柱柱体从上到下分为空洞段、沉陷充填段、坠落充填段、弱富水段、石膏段、强富水段六段[17]，并给出了不同层段的渗透系数。

岩溶陷落柱的突水特点可以概括为五点[18]：①突水量大，来势凶猛，常冲破煤壁，溃入巷道，淹没矿井；②突出物量大，常淤堵巷道，冲出物的岩性有一定的分布规律；③突出物的岩性混杂，大小悬殊，突出物特征显著；④突水常引起周围奥陶系石灰岩水位大幅下降，发生地面塌陷；⑤突水时在突水区的奥陶系石灰岩水温有增高现象。

陷落柱突水时可根据不同的突水方式将突水通道分成三类[18]：第一类，岩溶陷落柱直接突水，故其本身就是突水通道；第二类，通过与岩溶陷落柱连通的小断层突水，即小断层为突水通道；第三类，通过与岩溶陷落柱连通的裂隙带突水，即裂隙带为突水通道。

陷落柱突水给煤矿生产带来重大安全隐患，其突水机理研究引起众多学者的重视。

理论方面，尹尚先等[17-19]将富水陷落柱简化为无限大厚壁筒受均布压力，将陷落柱突水分为顶底部突水模式（筒盖破坏）和侧壁突水模式（筒壁破坏），利用弹性力学薄板理论和结构力学剪切破坏理论等给出了富水陷落柱突水的理论判据。宋彦琦等[20]建立了椭圆形厚壁筒模型，采用复变函数、弹塑性力学推导了陷落柱突水的临界判据。王家臣和李见波[21]基于弹塑性力学、流体力学等相关理论，确定了陷落柱周边围岩受力以及弹塑性区域范围，给出了陷落柱的突水判据。许进鹏等[22,23]运用极限平衡原理给出了陷落柱柱体活化导水的判据，分析了弱径流条件下柱体活化导水机理，并建立了相应的突水判据。Tang 等[24]建立了底板隐伏陷落柱突水的力学模型，运用厚板理论对底板隔水关键层进行了分析。

数值模拟方面，尹尚先和武强[25]采用 FLAC 3D模拟分析了陷落柱对煤层底板破坏形式的影响。宋彦琦等[20]利用 ANSYS 验证了陷落柱受到均布力作用时应力分布的解析解。杨天鸿等[26]、朱万成等[27]利用 COMSOL 对陷落柱突水过程进行了模拟，分析了工作面突水通道的形成过程及演化规律。李连崇等[28]利用 RFPA 研究了含隐伏陷落柱煤层底板在采动和高压水作用下突水的全过程，揭示了煤层底板下隐伏陷落柱的滞后突水机理。王家臣和杨胜利[29]应用 FLAC 3D对强充水、不充水和煤层底板中赋存陷落柱条件下的破坏过程进行了模拟，分析了陷落柱及其围岩应力、应变和塑性区的变化。

试验方面，王家臣等[30]利用模拟突水的实验平台再现了底板和过煤层两种不同陷落柱的突水过程。研究表明，陷落柱周边的塑性区在采动时不断扩大，并逐渐与工作面前方形成的塑性区相互贯通，形成突水通道。项远法[31]通过对华北地区强含水岩溶陷落柱突水事例的分析和实验室模拟试验，认为自然水力压裂效应是强含水岩溶陷落柱突水的重要原因。

以上研究将陷落柱突水与采动围岩相联系，忽略了陷落柱自身的结构特征。陷落柱柱体内主要是由破碎岩块及泥沙自然堆积，孔隙度高，孔隙及裂隙结构复杂多变，从陷落柱柱体本身渗透特性展开研究的报道鲜见。

1.2.2 破碎岩体非 Darcy 渗流研究

1856 年，Darcy[32]通过水在直立均质砂柱中的渗透实验，总结出了著名的 Darcy 定律

$$V = -KJ \tag{1-1}$$

式中，V 为渗流速度；K 为渗透系数；J 为水头梯度。

Darcy 定律描述的是线性渗流，采矿工程和其他岩土工程中常常遇到非线性渗流问题。事实上，自然界和工程结构中的渗流几乎都是非 Darcy 渗流，这是因为客观世界本来就是非线性的，线性只是一种近似[33]。

破碎岩体是采矿工程中典型的多孔介质。国内外很多学者对破碎岩体的非 Darcy 渗流行为进行了深入的研究。

1）堆石体非 Darcy 渗流研究

堆石体的骨架通常远大于砂砾，其孔隙度也远大于砂体的孔隙度。试验表明，仅当流速很小时，堆石体中压力梯度和渗流速度才呈线性关系，即服从 Darcy 定律。而实际中的堆石体，在上下游水头差作用下，其内水流具有一定的流速，多数情况下，压力梯度和渗流速度成非线性关系。因此，在非承压状态下，由于粒径和孔隙度较大，堆石体渗流属于非 Darcy 渗流。

20 世纪初，国外已有不少学者对堆石非 Darcy 流的渗透性进行了大量的试验研究，以试验为基础，总结归纳出非线性渗流的一系列计算公式。

P. H. Forchheimer 最早于 1901 年提出非 Darcy 渗流的基本公式为

$$J = aV + bV^2 \tag{1-2}$$

Lomize[34]建立了平行毛管模型来模拟破碎岩体中的裂隙。此后，包括瞬态法、稳态法等测试方法开始被应用于破碎岩石的渗透试验。

Polubarinova-Kochina[35]在式（1-2）的基础上，提出非稳定、非 Darcy 渗流的基本公式为

$$J = aV + bV^2 + c\frac{\partial V}{\partial t} \tag{1-3}$$

式（1-2）和式（1-3）中，a、b、c 是与堆石块的形状、直径、孔隙度和流体性质等相关的函数。

根据试验效果，Winlkins[36]和 Johnson[37]则提出了非 Darcy 渗流的又一种形式：

$$\begin{cases} J = aV^m \\ V = KJ^b \end{cases} \tag{1-4}$$

式中，K、b 为系数；m 为渗流指数，m 取 1 ~ 2。

不少学者致力于式（1-2）~式（1-4）中系数的研究，先后给出了非 Darcy 渗流的各种经验公式[38]，如 Scheidegger 方程[39]、Ergun 方程[40,41]、Burke 方程[42]、Rumer 方程[43]、Irmay 方程[44,45]、Bachmat 方程[46]、Blick 方程[47]、Ahmad 方程[48]、Carman 方程[49]、Ward 方程[50]等。

除了非 Darcy 渗流表达式的研究外，学者还进行了堆石中渗流状态的研究。

Kogure[51]利用常水头渗透仪进行了不同水力梯度下破碎岩石渗透试验，发现堆石体渗流由层流状态转入紊流状态存在某一临界水力梯度，并给出临界水利梯度和有效粒径的关系式。Zoback 和 Byerlee[52]对地震产生的高度破碎的方解石变形行为及渗透特性进行了试验研究。Mc Corquodal 等[53]对大范围粒径的破碎岩石和卵石进行了 1000 多次的渗透试验，得到各组粒径的破碎岩石渗透的水力传导系数（渗透系数）的无因次方程。Stephenson[54]进行大量试验，定义堆石体渗流雷诺数为

$$\mathrm{Re} = \frac{Vd}{\varphi\mu_0} \tag{1-5}$$

式中，V 为渗流速度；d 为石块尺寸；φ 为孔隙度；μ_0 为流体运动黏性系数。通过试验总结得出在雷诺数较大的情况下，水力梯度与流速的平方成正比；在雷诺数较小时，水头损失与流速的 1.85 次方成正比。

Martins[55]、Nicholas 和 Catalino[56]、Leps[57]计算了堆石结构在雷诺数大于 300 时紊流的平均流速，研究了颗粒尺寸、级配、渗流截面对堆石渗流的影响，并对渗流时的稳定性等进行了评价。

Kumar 和 Vankataraman[58]借助渗透仪装置研究了粗颗粒破碎岩石非 Darcy 流动的收敛速度（达到稳态流动所需的时间）。

Legrand[59]通过试验得到了破碎岩石渗流过程中的压差，并利用毛细管模型和一个特征长度为渗透率平方根的模型进行了分析，通过对比，得到了模型之间结构参数、雷诺数、摩擦因子的关系式。

理论方面，Hansen 等[60]应用一维非 Darcy 渗流方程分析了堆石坝的二维渗流问题。Izbash 和 Leleeva[61]研究了不同渗流条件下水渗流的特性及低堆石坡的渗流阻力。数值计算方面，Nakagawa 等[62]开发了一个实用程序来预测堆石坝在建设和蓄水期间的墙内孔隙压力。Mc Corquodale 和 Nasser[63]对堆石非稳态、非 Darcy 流动的各种数值计算方法结果进行了比较。Volker[64]用有限元法计算了堆石二维非 Darcy 渗流问题。

中国学者考虑堆石体颗粒尺寸、孔隙结构及含水饱和度等因素，对堆石体的渗透性进行了研究。徐天有等[65]对粒径 5 ~ 80mm 的碎石进行试验，研究了孔隙率、颗粒几何尺寸和流动状态的关系。邱贤德等[66,67]研究了粒径对碎石渗透特性的影响。高玉峰和王勇[68]对不同饱和方式与泥岩含量的堆石料进行渗透试验，得到泥岩含量、饱和方式与渗透系数的关系。Wang 等[69,70]通过对含水量为 0.12% ~4.72% 的破碎盐岩进行低压和高压下的固结实验发现：在一定的压力和温度作用下，破碎盐岩在某一含水率（称为最佳含水率）下固结最快。胡去劣[71]研究过水堆石体渗流问题时，把堆石体的孔隙通道近似地看作管道，并根据水流在该管道内的作用力与所受阻力平衡的条件，得到了水流在孔隙通道内的

堆石体颗粒雷诺数与渗流阻力系数之间的关系。郭庆国[72]对粗粒土石混合料的工程特性和应用做了大量研究，分析得到破碎岩体的渗流规律符合 $v = KJ^m$ 关系式。李广悦等[73]、丁德馨等[74]选配了7组不同级配的铀矿堆石，建立了渗透率和流态指数的ANFIS模型。

此外，堆石体原位渗透试验及高压条件下管涌现象研究引起了学者的注意。赵海斌等[75]采用原位试验法研究了坝基破碎岩石高压渗透特性，给出了管涌渗透破坏时的临界水力坡降的基本判据。数值方面，于留谦和许国安[76]用有限元法计算了堆石三维非Darcy渗流问题。

以上关于堆石体的非Darcy渗流研究，多是在低轴压、小围压或轴压、围压不考虑的情况下，即基于固体颗粒为刚性[77]或假设破碎岩石孔隙度不变的前提条件，研究对象处于非承压状态下，且没有明确涉及堆石体（破碎岩体）孔隙度的变化。

2）承压破碎岩体渗流研究

在采矿工程中，随着煤炭资源开采不断向深部发展，破碎岩体作为承载结构往往承受较高的围压或轴压，在载荷作用下破碎岩体被逐渐压实。一方面，块石颗粒在外载荷作用下，克服颗粒间的摩擦阻力，产生滑动和滚动后移位到更稳定的平衡位置，孔隙体积压缩，岩体更加密实；另一方面，散体接触多为点接触，在外载荷作用下，触点应力很高，岩体棱角极易破碎，导致小颗粒充填孔隙，也使岩体更加密实[78]。破碎岩体在压实过程中孔隙结构随之调整，孔隙度发生变化，孔隙度的变化直接影响破碎岩体的渗透特性，因此研究承压破碎岩石的渗流变化规律逐渐被重视，并取得了一些研究成果[79]。

在试验方法和设备研究方面，刘玉庆等[80]以MTS815.02型岩石力学试验系统为平台，设计了一种破碎岩石渗透试验系统，并介绍了试验原理。目前，基于该试验系统，完成的渗透特性测试中，可概括为两种方法，即载荷控制和孔隙度控制。前者在轴向载荷保持恒定的条件下测试不同渗流速度下的渗透性，后者是在孔隙度恒定的条件下测试不同渗流速度下的渗透特性（渗透率 k、非Darcy流 β 因子和加速度系数）。

孙明贵等[81]利用载荷控制法测试了四种颗粒直径的破碎砂岩的渗透特性，采用二元九参数回归法得到渗透率 k 和非Darcy流 β 因子与轴向应力 σ、颗粒直径 d 的关系，回归结果为

$$\begin{aligned}\mu/k =& 0.242+1.18\times10^{-5}\sigma-7.93\times10^{-3}\sigma^2\\ &+4.98\times10^{-4}(1/d)+1.85\times10^{-6}(1/d)^2+1.65(\sigma/d)\end{aligned} \tag{1-6}$$

$$\rho\beta=-0.127(\sigma d)+1.43\times10^{-2}(\sigma d^2)+4.17\times10^{-3}(\sigma^2 d)+1.61\times10^{-4}(\sigma d)^2 \tag{1-7}$$

式中，μ 为流体的动力黏度；ρ 为流体质量密度。

刘卫群等[82]、马占国等[83-85]同样用载荷控制的方法测定了不同粒径破碎砂岩和煤在不同轴向应力下的渗透性，分别给出了渗透系数随时间变化和随轴向应力变化的曲线，并回归出渗透系数 K 与轴向应力 σ 的函数关系

$$K=a\ln\frac{\sigma}{\sigma_0}+b \tag{1-8}$$

式中，σ_0 取 1MPa；a、b 是与破碎岩体的块度有关的系数。

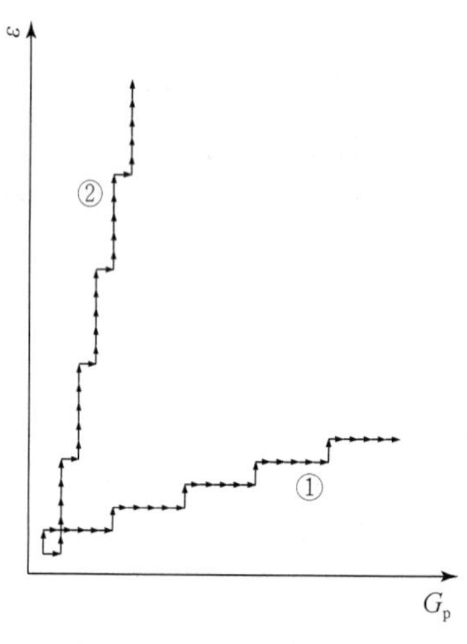

图 1-1　两种加载路径

黄先伍等[86]、李顺才等[87]、黄伟[88]利用轴向位移控制（孔隙度控制）的方法测定不同粒径破碎砂岩、泥岩、灰岩、煤和煤矸石在不同孔隙度下的渗透特性，并给出了破碎岩石的渗透特性随孔隙度（孔隙率）变化的曲线，随着孔隙率的减少，渗透率 k 的量级减少，而 Darcy 流偏离因子 b 的绝对值量级增加。

王路珍等[89]考虑了加载路径对破碎煤样渗透性参量的影响，按路径①加载，渗透率与孔隙度的关系宜用幂函数拟合；按路径②加载，渗透率与孔隙度的关系宜用指数函数拟合，如图 1-1 所示。

缪协兴等[90]讨论了 Forchheimer 型非 Darcy 渗流系统的分岔行为，建立了系统失稳条件：

$$1+\frac{4\beta k^2\rho_0 G_p}{\mu^2}<0 \tag{1-9}$$

式中，G_p 为水压梯度；μ 为流体的动力黏度；ρ_0 为流体的质量密度；k 为岩石的渗透率；β 为非 Darcy 流因子。

根据式（1-9），Forchheimer 型非 Darcy 渗流系统失稳的必要条件是非 Darcy 流 β 因子小于零。因此，非 Darcy 流 β 因子能否小于零成为评判渗流失稳理论的焦点。李顺才[91]和李天珍等[92]对破碎岩石非 Darcy 流 β 因子的正负号展开了讨论。Wang 等[89]在考虑加载路径对破碎煤样渗透性影响时，试验结果中也出现了非 Darcy 流 β 因子小于零的情况。这些讨论局限于岩性、孔隙度大小、颗粒尺寸和加载路径的影响，未认识到孔隙结构的“挠性”和质量变化对破碎岩石渗透性和渗流场的影响。对于刚性骨架，非 Darcy 流 β 因子没有理由出现负值，但是在多次渗透过程中，破碎岩石的孔隙结构发生变化，非 Darcy 流 β 因子出现负值的可能性不可轻易否定。

Wang 等[93]认为渗流失稳是流动形态的变化（渗流转变为管流），利用自行

设计的渗透试验系统，进行了煤样的“液压击穿”试验，并给出了液压击穿时煤样中压力梯度 G_p^* 与孔隙度 φ、粒径 d_g 的关系

$$G_p^* = (23.24d_g + 46.51)\,e^{-(0.0821d_g + 3.753)}\varphi \tag{1-10}$$

文献［93］还阐述了液压击穿与管涌的差别，认为液压击穿是柱状区域中固体材料瞬间被整体抛射出来，而管涌是由于固体颗粒被液体连续搬运造成孔隙连续增大直到形成连贯的通路。因此，管涌是渐变或缓变的过程，而液压击穿是突变过程（灾变过程）。由于流动形态的变化过程极其短暂，没有手段描述击穿前的质量流失的详细情况，故文献［93］未建立质量流失率、孔隙度、渗透率、非 Darcy 流 β 因子之间的关系。

3）伴随质量流失的破碎岩石渗流研究

采矿工程实践表明，陷落柱突水前有少量泥沙涌出。泥沙的涌出意味着陷落柱细小颗粒的迁移和质量流失，故水在陷落柱内运移是伴随质量流失的渗流过程。这种现象启发人们开展伴随质量流失的破碎岩石渗流的研究。

白海波[94]在研究陷落柱突水机理时提出了一种“塞子模型”。在这种模型中，破碎岩体孔隙度因为质量交换而变化，并给出了质量变化率的变化规律：

$$q_p = \begin{cases} \eta \dfrac{m_0(\varphi_0 - \varphi_c)}{T} & t \leqslant T \\ 0 & t > T \end{cases} \tag{1-11}$$

式中，q_p 为质量变化率；T 为质量变化的时间；m_0 为开始时刻的质量密度；φ_0 为初始时刻的孔隙度；φ_c 为破碎岩石颗粒的孔隙度（致密岩石的孔隙度）；η 为反映总质量变化量的无量纲量。$\eta = 0$ 表示破碎岩体与外界没有质量交换；$\eta < 0$ 表示质量从破碎岩体分离到外界；$\eta > 0$ 表示外界质量并入破碎岩体中；$\eta = 1$ 表示外界并入的质量使得塞子的孔隙度达到致密岩石的孔隙度。

姚邦华[95]注意到了岩溶陷落柱由于溶蚀作用而产生的质量流失现象，研究了水对破碎岩石的溶蚀作用和水对破碎岩石中细小颗粒的搬运机制，根据试验结果给出了孔隙度演化方程以及渗透率随孔隙度变化的关系式：

$$\frac{\partial \varphi}{\partial t} = \lambda\ (\varphi_{max} - \varphi)\ Yq_f \tag{1-12}$$

$$k = k_0 \left(\frac{\varphi}{\varphi_0}\right)^3 \left(\frac{1-\varphi_0}{1-\varphi}\right)^2 \tag{1-13}$$

式中，λ 为比例系数；Y 为溶液中固体颗粒的体积分数；φ_{max} 为孔隙度极限。该文献中建立的动力学模型忽略了扩散作用，并且认为溶液的渗流服从 Darcy 定律。在岩样制作时，颗粒分为骨架和充填物 2 种，配比设置为 4 种，轴向压力设置为三级，根据渗透试验现象和试验结果，解释了破碎岩石渗流突变机制。

马丹[96]对文献［95］的破碎岩石渗透试验系统进行了局部改进，选取 5 种

不同的骨架和充填物配比方案，通过渗透试验得到了3个轴向位移水平下破碎岩石流失质量与孔隙度随时间的变化曲线，进一步分析了渗流速度、渗透率、非Darcy流β因子和加速度系数随时间的变化规律。

杜锋[97]研究了伴随质量流失的破碎岩石水沙两相渗流时的非线性行为，重点考虑孔隙度、破碎岩石粒径、沙粒粒径、含沙率、岩性对渗透性参量的影响。试验测得了水相和沙相的流度、非Darcy流β因子和加速度系数及沙粒流失量的变化规律。文献中将水作为Newton流体，将湿沙作为幂律型非Newton流体，建立了破碎岩体水沙两相渗流的非线性动力学模型。

文献［95-97］拉开了伴随质量流失的破碎岩石渗流复杂行为研究的帷幕，研究内容局限于渗透性参量的变化特征和渗流场的计算，但未触及质量变化的机制。文献［95，96］中，细小颗粒在180s内流失殆尽，水的溶蚀、冲蚀和磨蚀对破碎岩石质量变化的效果还未体现，流失的细小颗粒都是试验前掺入破碎岩石空隙中的。可见，文献［95，96］中破碎岩石质量流失过程极短，不属于加速试验，因为渗透试验中质量流失方式与陷落柱质量迁移的方式不同。

研究伴随质量流失的破碎岩石的渗透性及水在破碎岩石中流动形态的变化，需要真实模拟陷落柱的质量迁移过程，也就是说，要求在加速渗透试验中，水的溶蚀、冲蚀和磨蚀作用效果能够体现出来。单独追求时间的短暂而忽略质量迁移方式差别的实验室试验不符合加速试验的基本要求。因此，伴随质量流失的破碎岩石加速试验的研究尚未起步。

1.2.3 水岩相互作用研究

水与岩体之间的物理、化学及力学作用一直是岩土工程领域的基础研究课题之一，其作用机理引起了学者的广泛关注。

1）物理作用

诸多学者研究了水对标准岩样的物理作用，该方面研究已经有很长的历史，并积累了许多资料。研究结果表明[98-123]，岩石的力学性能对水的敏感程度较高，主要体现在自由水对岩土介质的润滑、软化、泥化等作用以及结合水对岩土介质的强化等作用。岩土材料遇水后内聚力和摩擦角减小，抗压强度和抗拉强度降低，同时，岩石遇水软化具有时间相关性。此外，由于黏土矿物的吸水性，岩石的破坏会产生脆-延转化。

也有学者研究了水对破碎岩石的物理作用。刘文平等[124]研究了水对三峡库区碎石土的弱化作用，得到了库区不同含水量和不同含石量碎石土的剪切强度及参数。董云等[125]通过对不同类别土石混合料进行击实试验和大型直剪试验，探讨了土石混合料的抗剪强度随含水率、含石量和其组成成分中土与石性质的变化规律。李维树等[126-128]研究了土石混合体在不同含水状态下直剪强度参数的变化规律，并得出了不同碎石含量下内聚力和摩擦角值随含水率变化的弱化公式。赵青等[129]、孔位学和郑颖人[130]与赵川等[131]通过室内试验和现场试验，对黏土、粉质黏土及土石混合体在不同含水状态下的抗剪强度进行了研究。唐晓松等[132]通过试验研究发现，碎石土地基在水长期浸泡下其承载力可降低30%左右。王光进等[133]对非饱和、饱和及浸泡试样进行了7种不同垂直压力作用的剪切试验，指出长期浸泡于水中的土样颗粒破碎明显，并且研究发现剪切强度与粗粒料（粒径大于5mm）含量、颗粒破碎率和垂直压力有关，在高垂直压力下，抗剪强度包线具有明显的非线性。

2）化学作用

水对岩土的化学作用改变了岩土的矿物组成与微观结构，使岩土产生孔隙、溶洞及裂隙等，进而改变了岩土的强度和渗透性参量[134-147]。

几十年来，国外学者展开了大量关于化学腐蚀对岩石力学性质影响的试验和理论研究。Logan、Feucht、Karfakis、Hutchinson、Kyabran、Seto、Heggheim等[98,134-136,148-152]研究了含有Cl^-和SO_4^{2-}的水溶液对岩石摩擦系数、强度和断裂韧性等参数的影响，分析了岩石弱化机理。另外，Sausse等和Su等[153,154]还开展了关于表面矿物沉积和溶解作用对岩石渗透性影响的研究。Polak、Yasuhara、Liu等研究了不同水溶液中颗粒的溶解、扩散和沉淀[155-159]，并建立了颗粒的溶解速率、扩散速率、沉淀速率与岩石应力、裂缝几何参数的关系式。

国内学者同样关注水对岩石的化学作用。周翠英等[160]在研究了软岩与水相互作用机理后，提出在化学中创立水岩相互作用分支学科的建议。Dai等[161]、谭卓英等[162]、张信贵等[146]、姚华彦[163,164]、施锡林等[165]、梁卫国等[166,167]、高红波等[168]的研究均表明，水溶液对岩石的质量密度、强度、硬度、内聚力、摩擦角和弹性模量具有明显的弱化作用，破坏方式也由脆性向脆延性、延性转变。汤连生等[137-139,169-171]进行了不同化学溶液作用下不同岩石的抗压强度试验及断裂试验，对水岩反应的机理进行了定量化描述，并将水与岩土的化学作用与地质灾害等岩土体稳定性问题联系起来。冯夏庭、陈四利等[172-179]对不同化学溶液作用下砂岩、花岗岩、灰岩的力学特性从细观力学的角度开展了试验研究及分析，通过显微镜、CT扫描等手段获得了化学腐蚀下岩石的动态破裂特征和演化规律，建立了峰值前化学损伤本构模型，确定了损伤演化变量。李宁等[145,180]提出了不同pH溶液的岩石化学损伤强度模型。丁梧秀[181,182]基于孔隙率建立了化学腐蚀下岩石的损伤演化本构模型。姜立春和陈嘉生[147]、Chen等[183]、杨慧等[184,185]从微细观角度研究了水岩化学作用对岩石裂纹扩展和分形维数的影响。

3）力学作用

水对岩石的力学作用指水的压力和流速对岩石强度、变形和渗透性的影响。岩土类大坝工程事故大多与岩石内部孔隙水压力相关。

孔隙水压对岩石力学性质的影响相当显著，一些学者进行了这方面的研究。Handin 和 Hager[186]、李建国和何昌荣[187]、刑福东等[188]、Chang 和 Haimson[189]、Okubo 等[190]、许江等[191-193]和 Stanchits 等[194]通过试验发现，岩石的内摩擦角、内聚力随孔隙压力增大而减小。

学者还研究了孔隙水压力对岩石裂纹萌生、发展和贯通的影响机制，从宏观和细观上分析了受孔隙水压力作用的含裂隙岩石的渗透性、强度和变形的非线性特性[195-199]。

学者还开展了水化学溶液和水压力耦合作用下岩石变形、强度和渗透性的研究。Jeong 等[200]分别用蒸馏水、甲醇溶液、乙醇溶液、丙酮溶液传递孔隙压力，进行了中长石的单轴压缩试验，发现孔隙中流体的化学成分对中长石的单轴抗压强度有显著影响，并且降低水压力可延迟岩石破裂。姚华彦、冯夏庭等[163,164,201]的研究表明，水化学溶液改变了岩石内部裂隙面和颗粒间的受力状态，加速了岩石裂纹扩展，降低了岩石强度，破裂形式变得更加复杂。申林方等[202]的试验研究发现，酸性溶液和蒸馏水在花岗岩裂隙中渗透时等效水力开度变化不同，并指出这是水岩化学反应和水力通道贯通两种因素相互竞争的结果。刘琦等[203]研究了动水压力驱动下碳酸盐岩的溶蚀机制，结果表明，动水压作用下碳酸盐岩的溶蚀过程受水化学和力学作用共同控制，随着动水压力增大，溶孔加深，产生次生孔隙和矿物，孔隙结构改变，渗透性降低，结构面连接弱化。

Cariou 等[204]利用试验和数值相结合的方法获得了不完全饱和低渗透性泥岩在干燥过程中水分的运移规律，测量了一定相对湿度的饱和盐溶液环境中运移质量-时间关系，获得了岩样的瞬间质量流失量。

动水压力对岩石的冲蚀以及岩石之间的磨蚀作用也可看作是水对岩石的力学作用，并引起了学者的重视。刘家浚[205]从粒子冲击碰撞的角度认为水与岩石之间的冲蚀和磨蚀过程是一个典型的包含着能量转化的动力学过程，研究指出，塑性材料和脆性材料的冲蚀磨蚀理论存在差异。Momber[206]指出压力水溶液对岩石的作用包括射流侵蚀、水冲蚀、跌落冲击侵蚀及孔隙腐蚀，最终导致岩石的抗拉强度软化，发生非线性破断。邓军等[207]在研究基岩冲刷破坏特征时指出冲刷与水流速度密切相关，基岩破坏后的岩块特征直接影响冲刷破坏的方式。沈水进等[208]分析了碎石土路堤边坡雨水冲刷和渗透的力学机制，指出降雨持续时间是主要因素，冲刷和渗透两个过程是相互影响相互促进的。

1.2.4 岩体变形与渗流的时间效应研究

地下岩体渗流系统与周围环境进行着能量交换和质量交换，岩体的强度、渗透性参量等随时间变化。参量时变是渗流系统失稳的根本原因。

含水状态对岩石流变特性的影响已经引起学者的广泛关注，王芝银等[209]、吴秀仪等[210]、沈荣喜等[211]分别通过耦合场分析和三轴流变试验，构建了岩石流变模型。

崔强[212]开展了不同化学溶液渗透压下砂岩三轴蠕变试验，并对蠕变过程中砂岩试件的孔隙度、渗透率进行了测定，得到不同水化学环境下砂岩试件的蠕变规律以及渗透参量的演化特征。

阎岩等[213,214]研究了立方体石灰岩试件在不同应力及水压作用下的流变特性，结果表明，随着应力的增大，试样沿渗流速度方向的应变逐渐超过垂直和水平方向，并因加速流变发生破坏。通过数值模拟，分析了单向和三向渗流场对岩石流变特性的影响。

上述学者都是针对完整岩块在单轴压缩、三轴压缩和剪切条件下流变行为受水（水溶液）渗流影响进行的研究，而对破碎岩石在渗流时的流变特性的研究成果很少。破碎岩石与完整岩石比较，前者导水性强、遇水后力学性质弱化严重。破碎岩石的含水状态是影响流变性质的一个重要因素，随着时间的增加，岩体极易失稳导致重大工程事故。

陈占清等[215]认为破碎岩体的孔隙度变化率主要是由当前的孔隙度和应力水平决定的，在大孔隙度和高应力水平下，可以在短时间内得到孔隙度变化的信息。该文献利用破碎岩石渗透试验系统，完成了自然含水与饱和砂岩及灰岩的蠕变试验，得到了孔隙度变化率与当前孔隙度、应力水平的关系。

李顺才等[216]完成了破碎砂岩在5级应力水平下的蠕变试验，并在每级应力水平下的蠕变过程进行了渗透性测试，得到了孔隙度-时间曲线和孔压梯度-渗流速度曲线，描述了破碎岩石的变形时效特性，分析了蠕变与渗流的相互影响。

综合以上研究现状可知，伴随质量流失的破碎岩石渗流的研究刚刚起步，还有一些关键问题需要深入研究。

本书在不改变陷落柱质量流失机理的前提下，开展伴随质量流失的破碎岩石渗透加速试验，系统研究渗透过程中破碎岩石质量流失率、孔隙度和渗透性参量的变化规律，建立水流形态转变的条件，基于质量流失引起渗流失稳的观点解释陷落柱突水的机理。

1.3 研究内容

本书通过加速试验研究破碎岩石在渗透过程中的质量流失规律，分析 Talbol 幂指数和初始孔隙度对质量流失率、孔隙度、渗透率、非 Darcy 流 β 因子和加速度系数的影响，建立水在破碎岩石中流动形态转变的条件，运用质量流失的观点解释破碎岩石渗流失稳机理，主要研究内容和任务包括：

（1）渗透过程中破碎岩石质量流失机理分析

运用水化学和连续介质力学等理论分析破碎岩石质量迁移和流失的机理，分别建立溶蚀、冲蚀、磨蚀单独作用下和共同作用下破碎岩石的质量守恒方程，包括质量流失率与水化反应速率、颗粒迁移速度、磨蚀率的关系式，表观毛密度变化率与质量流失率的关系式。

（2）伴随质量流失的破碎岩石渗透加速试验系统研制

根据加速试验的根本要求（不能改变质量流失机理），设计出能够体现渗透过程中水的溶蚀、冲蚀和磨蚀效应的渗透试验系统，包括系统功能的分解和组合、技术性能指标的提出、主要部件、子系统、回路的设计。

（3）质量流失过程中破碎岩石渗透性参量的计算方法

基于压力梯度时间序列和渗流速度时间序列，设计出质量流失过程中破碎岩石渗透性参量计算方法与程序。

（4）破碎岩样质量流失规律分析

根据加速试验的要求，完成能够体现溶蚀、冲蚀和磨蚀效应的渗透试验；根据流失质量时间序列的形状特征，构造质量流失率与孔隙度、时间的形状函数，并设计出质量流失率的计算方法和程序；根据渗透试验结果，分析 Talbol 幂指数和初始孔隙度对破碎岩样质量流失率、孔隙度、渗透率、非 Darcy 流 β 因子和加速度系数的影响。

（5）水流形态转变条件建立和渗流失稳机理解释

进行伴随质量流失的破碎岩石中水流形态转变试验，分析 Talbol 幂指数、初始孔隙度和压力梯度对破碎岩样的渗流失稳时间（水流形态转变前质量流失的时间）和失稳时流失质量的影响；建立破碎岩石中水流形态转变条件，解释渗流失稳机理。

（6）伴随质量流失的破碎岩体渗流系统动力学模型建立及系统响应计算方法设计

在试验的基础上，建立伴随质量流失的破碎岩体渗流系统的动力学模型，并设计系统响应的计算方法和程序，模拟任意 Talbol 幂指数、任意初始孔隙度和任意压力梯度下破碎岩体质量流失率、孔隙度、渗透率、非 Darcy 流 β 因子、加速度系数、压力和渗流速度的时空变化过程。

1.4 研究方法

本书根据加速试验的根本要求，设计伴随质量流失的破碎岩石渗透试验系统；在分析质量流失率、孔隙度、渗透率、非 Darcy 流 β 因子和加速度系数的影响因素的基础上，制订试验方案；通过样本的渗透试验，分析 Talbol 幂指数和初始孔隙度对破碎岩样质量流失率、孔隙度、渗透率、非 Darcy 流 β 因子和加速度系数的影响；设计伴随质量流失的破碎岩体渗流系统响应计算方法与程序，模拟任意 Talbol 幂指数、任意初始孔隙度和任意压力梯度下破碎岩体质量流失率、孔隙度、渗透率、非 Darcy 流 β 因子、加速度系数、压力和渗流速度的时变过程。采用的研究方法和技术路线如下：

（1）根据加速试验的根本要求，提出伴随质量流失的破碎岩石渗透试验系统的功能要求和性能指标；在功能分解和组合的基础上，制订出试验系统的设计方案；分别对轴向加载与位移控制子系统、渗透子系统、颗粒回收子系统和数据采集子系统进行技术设计，包括元器件选型和工作原理介绍等。

（2）建立溶蚀过程的反应动力学方程；根据质量守恒原理分别导出溶蚀、冲蚀和磨蚀引起的质量流失率表达式，并给出溶蚀、冲蚀和磨蚀共同作用下破碎岩石的质量守恒方程；在阐述溶蚀、冲蚀和磨蚀过程的基础上，分析破碎岩石的质量流失机理。

（3）根据渗透试验中流失质量的时间序列，计算采样时刻的孔隙度和质量流失率，产生孔隙度时间序列和质量流失率时间序列；根据孔隙度-时间曲线的形状和质量流失率-时间曲线的形状，确定质量流失率与孔隙度、时间的形状函数，并利用遗传算法确定形状函数的系数。

（4）在渗透率、非 Darcy 流 β 因子、加速度系数之间满足幂指数关系的基础上，利用 Newton 切线法计算各采样时刻的渗透性参量；通过一元三点 Lagrange 插值，分别得到任意时刻（非采样时刻）的压力梯度、渗透率、非 Darcy 流 β 因子和加速度系数；利用四阶 Runge-Kutta 法，根据动量守恒方程计算出采样时刻的渗流速度；以渗流速度的计算值和测量值之差构造适应度，利用遗传算法得到幂指数关系式中系数的最优值，进而计算出渗透率、非 Darcy 流 β 因子、加速度系数的时间序列。

（5）通过 50 组样本的渗透加速试验，分析 Talbol 幂指数和初始孔隙度对破碎岩样质量流失率、孔隙度、渗透率、非 Darcy 流 β 因子和加速度系数的影响。

（6）通过 56 组样本的水流形态转变试验，分析 Talbol 幂指数、初始孔隙度和压力梯度对渗流失稳时间和失稳时流失质量的影响，建立水流形态转变的条件；从溶蚀、冲蚀和磨蚀引起破碎岩石质量流失的观点出发，分析水流形态转变的原因，解释渗流失稳的机理。

（7）基于50组样本的加速渗透试验数据，构造任意Talbol幂指数下质量流失率–孔隙度关系中的形状参数，构造任意Talbol幂指数、任意初始孔隙度下渗透率、非Darcy流β因子、加速度系数幂指数关系式中的形状参数；利用快速Lagrange分析的方法，建立伴随质量流失的破碎岩体在非加速渗透情况下非Darcy渗流系统响应计算方法和程序；通过算例验证算法的收敛性。

第2章 破碎岩石渗透过程质量流失原因分析

渗透是流体在多孔介质（孔隙介质和裂隙介质）中的流动，渗流是基于连续介质假设的一种概化流动[217]。渗透性在不同工程领域具有不同的含义，在材料科学领域，渗透性是指渗透剂的“浸入”能力；在地球科学领域，渗透性是指渗透质“接受”流体浸入的能力。本章所述渗透性是指渗透质的属性。

破碎岩石是由大量形状各异、尺寸不等的岩块组成的松散结构，在水流作用下，岩块之间的相对位置容易发生变化，故其孔隙结构和渗透性参量（渗透率、非 Darcy 流 β 因子和加速度系数）具有随机性和时变性。破碎岩石的孔隙度和渗透性参量不仅因为岩块之间的相对运动发生变化，而且也因细小颗粒的流失发生变化。岩块之间的相对运动引起的孔隙度和渗透性参量的变化是瞬间完成的，而质量流失引起的孔隙度和渗透性参量的变化是相当缓慢的过程。到目前为止，人们对岩块之间的相对运动引起的孔隙度和渗透性参量的变化予以普遍重视，而对质量流失引起的孔隙度和渗透性参量的变化尚未予以应有的关注。姚邦华[95]在研究含陷落柱煤层底板的突水过程时，考虑了破碎岩石的质量流失渗流行为，分析了渗透过程中破碎岩石质量流失率的影响因素，得到了不同粒径、应力、含沙量下质量流失率、孔隙度和渗透率的时间历程曲线，但未分析质量流失的原因，也未考虑渗流速度与压力梯度之间的非线性关系。

本章运用水化学和连续介质力学等理论，分析颗粒之间的挤压作用以及水对破碎岩石的溶蚀、冲蚀、磨蚀作用，定性地描述渗透过程中破碎岩石质量流失机理。本章的研究为伴随质量流失的破碎岩石渗透性的加速试验提供理论参考。

2.1 破碎岩石之间的挤压碎化作用

岩块之间的挤压过程分为两个阶段，第一阶段表现为岩块之间相对的刚体运动，第二阶段表现为岩块之间接触棱角的破碎。

在第一阶段，破碎岩石处于自然堆放状态，相对比较松散，在荷载作用下，岩块接触状态发生变化，岩块之间空隙闭合。随着载荷的增大，首先，岩块之间的切向力克服摩擦阻力，发生相对滑动和/或滚动，在新的位置达到更加稳定的平衡；其次，岩块棱角逐步互相咬合，形成比较紧凑的骨架结构；再次，小岩块的滑动和/或滚动，使得大岩块的空隙减小。因此，挤压使岩块接触更加紧密，孔隙度减小。

第二阶段是碎屑脱落阶段，岩块接触部位由于压力集中被挤压成碎屑，碎屑的尺度小于孔隙直径和喉道直径，容易随水迁移。在经历了第一阶段的压实调整后，破碎岩石形成稳定骨架且具有一定的承载能力。随着载荷的增加，岩块棱角发生再次破碎或脱落，形成细小的颗粒，并再次充填空隙。在加载结束后，破碎岩石间的空隙结构保持相对稳定（除非其他原因，挤压作用基本上不改变空隙结构）。

2.2　水对破碎岩石的溶蚀作用

溶蚀是指水（溶液）对可溶性岩石的化学侵蚀，使岩石中不溶性固体介质转化为液体介质中可携带、迁移的细小颗粒的作用。由于碳酸盐岩、硫酸盐岩及硅酸盐岩类可溶性岩石和水、二氧化碳、硫化氢等在自然界中的存在，水与岩石的化学溶蚀作用也将长期存在。

文献［95］对陷落柱充填物的岩性和矿物成分进行了分析，在不同的取样位置，岩石的种类基本一致，只是各种成分的含量存在差别。种类主要有砂岩、泥岩、灰岩、煤、石膏等，矿物成分包括高岭石（$Al_4(OH)_8Si_4O_{10}$）、石英（SiO_2）、伊利石（$KAl_2(OH)_2(AlSi)_4O_{10}$）、蒙脱石（$((Na, Ca)_{0.7}(Al, Mg)_4(OH)_4(SiAl)_8O_{20}\cdot nH_2O$）、长石（$(Na, Ca)AlSi_3O_8/(Na, K)AlSi_3O_8$）、方解石（$CaCO_3$）、菱铁矿（$FeCO_3$）、石膏矿物（$CaSO_4$、$CaSO_4\cdot 2H_2O$）、白云石（$CaMg(CO_3)_2$）、云母（$KAl_3Si_3O_{10}(OH)_2$）等。

在中性环境中，水、CO_2与碳酸钙、硫酸钙发生反应生成溶液，化学反应方程式为

$$CaCO_3+CO_2+H_2O \longrightarrow Ca^{2+}+2HCO_3^- \tag{2-1}$$

$$CaSO_4\cdot 2H_2O \longrightarrow Ca^{2+}+SO_4^{2-}+2H_2O \tag{2-2}$$

记陷落柱中$CaCO_3$、$CaSO_4$的质量浓度分别为ρ_1、ρ_2，式（2-1）和式（2-2）描述的水化反应速率为c_1和c_2，则

$$\frac{\partial \rho_1}{\partial t}=-c_1\rho_1 \tag{2-3}$$

$$\frac{\partial \rho_2}{\partial t}=-c_2\rho_2 \tag{2-4}$$

单位时间单位体积内溶蚀的质量（即溶蚀率）q_c为

$$q_c=-\left(\frac{\partial \rho_1}{\partial t}+\frac{\partial \rho_2}{\partial t}\right)=c_1\rho_1+c_2\rho_2 \tag{2-5}$$

在酸性环境中，除式（2-1）和式（2-2）表示的水化反应之外，部分矿物成分与H^+发生化学反应，如

$$CaCO_3+2H^+\longrightarrow Ca^{2+}+H_2O+CO_2\uparrow \tag{2-6}$$

$$CaMg(CO_3)_2+4H^+\longrightarrow Ca^{2+}+Mg^{2+}+2H_2O+2CO_2\uparrow \tag{2-7}$$

$$KAl_3Si_3O_{10}(OH)_2+10H^+\longrightarrow 3Al^{3+}+3H_4SiO_4+K^+ \tag{2-8}$$

记陷落柱中 $CaMg(CO_3)_2$、$KAl_3Si_3O_{10}(OH)_2$ 的质量浓度分别为 ρ_3、ρ_4，式（2-6）～式（2-8）描述的水化反应速率分别为 c_3、c_4 和 c_5，则

$$\frac{\partial\rho_1}{\partial t}=-c_1\rho_1-c_3\rho_1 \tag{2-9}$$

$$\frac{\partial\rho_2}{\partial t}=-c_2\rho_2 \tag{2-10}$$

$$\frac{\partial\rho_3}{\partial t}=-c_4\rho_3 \tag{2-11}$$

$$\frac{\partial\rho_4}{\partial t}=-c_5\rho_4 \tag{2-12}$$

单位时间单位体积内溶蚀的质量 q_c 为

$$q_c=-\left(\frac{\partial\rho_1}{\partial t}+\frac{\partial\rho_2}{\partial t}+\frac{\partial\rho_3}{\partial t}+\frac{\partial\rho_4}{\partial t}\right)=(c_1+c_3)\rho_1+c_2\rho_2+c_4\rho_3+c_5\rho_4 \tag{2-13}$$

在碱性溶液中，部分矿物成分与 OH^- 发生化学反应，如

$$SiO_2+2OH^-\longrightarrow SiO_3^{2-}+H_2O \tag{2-14}$$

$$KAl_3Si_3O_{10}(OH)_2+8OH^-+H_2O\longrightarrow 3Al(OH)_4^-+3SiO_3^{2-}+K^+ \tag{2-15}$$

记陷落柱中 SiO_2 的质量浓度为 ρ_5，式（2-14）和式（2-15）描述的水化反应速率为 c_6 和 c_7，则

$$\frac{\partial\rho_1}{\partial t}=-c_1\rho_1 \tag{2-16}$$

$$\frac{\partial\rho_2}{\partial t}=-c_2\rho_2 \tag{2-17}$$

$$\frac{\partial\rho_5}{\partial t}=-c_6\rho_5 \tag{2-18}$$

$$\frac{\partial\rho_4}{\partial t}=-c_7\rho_4 \tag{2-19}$$

单位时间单位体积内溶蚀的质量 q_c 为

$$q_c=-\left(\frac{\partial\rho_1}{\partial t}+\frac{\partial\rho_2}{\partial t}\right)-\left(\frac{\partial\rho_4}{\partial t}+\frac{\partial\rho_5}{\partial t}\right)=c_1\rho_1+c_2\rho_2+c_7\rho_4+c_6\rho_5 \tag{2-20}$$

含有 K、Ca、Mg、Al 元素的矿物成分被水、CO_2、H^+、OH^- 溶解形成浆液，而伊利石和蒙脱石类等硅质、泥质矿物则附着在岩石表面。随着浆液和不可溶细小颗粒的迁移，不断产生新的暴露面，可溶性矿物进一步被溶蚀，新生成细小颗粒继续随泥浆迁移流失，这样的过程不断循环。在长时间溶蚀作用下，岩石的表

观毛密度 ρ_s 连续减少，根据质量守恒原理，由于溶蚀造成的表观毛密度的变化率为

$$\left.\frac{\partial \rho_s}{\partial t}\right|_c = -q_c \tag{2-21}$$

水对可溶性岩石的溶蚀作用能够破坏岩石的细观结构，如图 2-1 所示。溶蚀初期，岩石的可溶性矿物不断溶解，不溶物质残留储集；随着溶蚀的继续，岩石表面溶孔、溶缝发育，结构面内大量微小裂隙不断变长、加宽；大量细观裂纹的扩展促使岩石进一步碎化。

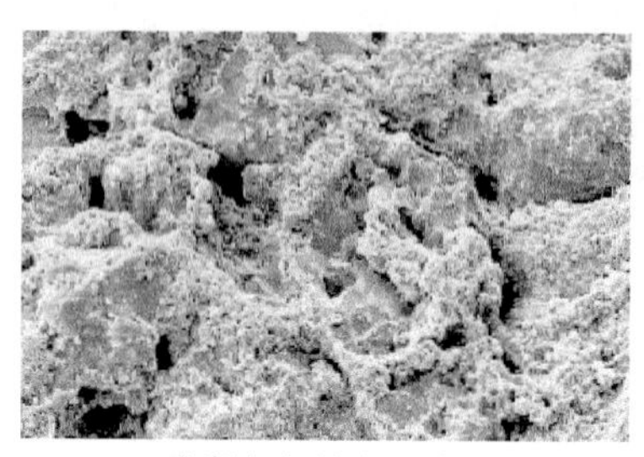

(a)砂岩溶孔(放大100倍)

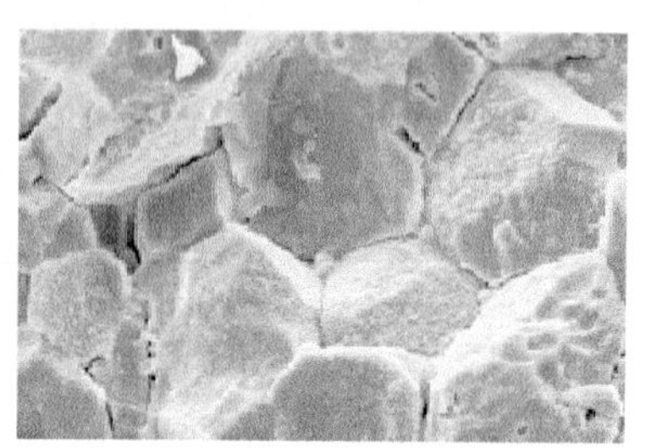

(b)大理岩溶缝(放大400倍)

图 2-1　岩石溶蚀后表面细观结构[218]

水对岩石的溶蚀作用属于水-岩化学作用，既导致岩石化学元素在岩石与水之间重新分配，又导致岩石微细观结构发生改变，这两种改变都会导致岩石力学性质和渗透特性的改变。

2.3　水对破碎岩石的冲蚀作用

冲蚀是由于液体流动造成破碎岩石表面破坏、产生细小颗粒的作用，也包括液体流动对细小颗粒的搬运作用。

设破碎岩石孔隙中不可溶解细小颗粒的质量浓度为 ρ_p，迁移速度为 $\vec{V}_p$，利用 Gauss 散度公式容易导出由于冲蚀引起的质量流失率（即冲蚀率）q_w 为

$$q_w = -\mathrm{div}(\rho_p \vec{V}_p) \tag{2-22}$$

当渗流速度大于某一门槛值 V_c 时，细小颗粒便发生迁移，并且认为细小颗粒与水之间没有相对运动，则

$$V_p = \begin{cases} V, & V \geqslant V_c \\ 0, & V < V_c \end{cases} \tag{2-23}$$

根据质量守恒原理，由于冲蚀引起的表观毛密度 ρ_s 变化率为

$$\left.\frac{\partial \rho_s}{\partial t}\right|_w = -q_w \tag{2-24}$$

2.4　细小颗粒对破碎岩石的磨蚀作用

在液体流动过程中，由于细小颗粒使孔隙壁面破坏而次生的细小颗粒，这种现象称为磨蚀。我们把液体中含有能够造成岩石表面破坏的细小颗粒称为磨料，次生的细小颗粒称为磨屑，显然，随着液体的流动，磨料与孔隙壁面相互作用产生磨屑，磨屑成为新的磨料。

设破碎岩石的比表面积为 S，m^2/m^3；单位体积破碎岩石中含有的磨料质量为 m_a，kg/m^3；磨蚀率为 ξ，m/s，则单位时间单位体积破碎岩石中磨料的质量变化（即磨屑生成率）q_a 为

$$q_a = \frac{dm_a}{dt} = S\xi m_a \tag{2-25}$$

根据质量守恒原理，由于磨蚀引起的表观毛密度 ρ_s 变化率为

$$\left.\frac{\partial \rho_s}{\partial t}\right|_a = -q_a \tag{2-26}$$

磨蚀的影响因素很多，主要包括环境温度、流体介质性质、磨料的形状、粒度、硬度和岩石的物理力学性能等。下面主要针对流体介质对磨蚀的影响作简短分析[219]。

一束液体冲击岩石表面时，液体会沿着岩石表面铺展，如图 2-2 所示。这种作用将会对磨蚀产生多方面影响：①由于液体介质的存在，磨料磨蚀岩石时，必须穿过磨料之间以及磨料与岩石表面之间的液膜才能到岩石表面，产生磨蚀，这必然使磨料的冲击速度降低；②由于液体的铺展，磨料的运动方向将会偏斜，冲角减小；③磨料冲击岩石表面是不连续的，而液体流动却是连续的，由于液体的铺展作用，只有铺展层中离岩石表面较近的磨料能冲击到岩石产生磨蚀，而离岩石较远的磨料不能参与磨蚀而随水流一起流走，所以在液体介质的影响下，实际参与磨蚀的磨料数目要少得多；④由于液体的冲蚀作用，加剧了岩石表面磨屑的剥落程度，增加了磨料对岩石的磨蚀效果；⑤液体的冷却作用，降低了由于磨料冲击岩石表面产生的温度，减小了磨蚀的热效应。

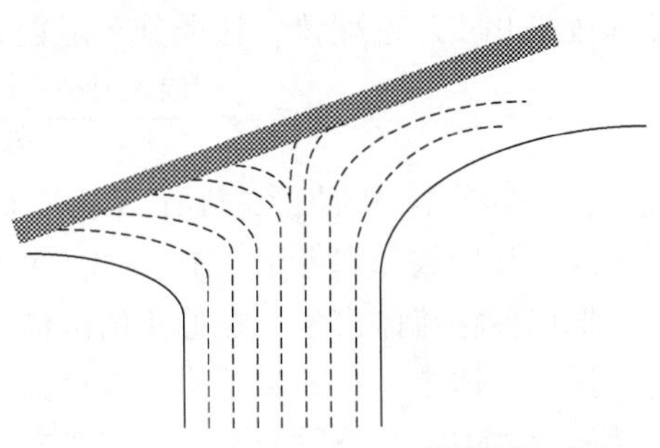

图 2-2　液体冲击材料表面的铺展示意图

一般认为，低速（<10m/s）情况下，液体介质中细小颗粒的运动方向和速度基本与液体介质流动一致，故在实验室中都以液体的流速作为固体磨料的速度，并认为磨蚀主要是由固体磨料造成

的。而在高速情况下，液体介质与固体颗粒的速度会产生差别，液体在岩石表面的绕流会在一定程度上缓解磨料的冲击作用，进而影响磨料对岩石的磨蚀效果。

2.5 渗流过程中破碎岩石质量流失机理分析

前文分别讨论了由于溶蚀、冲蚀和磨蚀引起的破碎岩石质量的变化。如果加速渗透试验过程足够长，则溶蚀、冲蚀和磨蚀三种作用都会存在，故破碎岩石表观毛密度变化率为

$$\frac{\partial\rho_s}{\partial t}=\left.\frac{\partial\rho_s}{\partial t}\right|_c+\left.\frac{\partial\rho_s}{\partial t}\right|_w+\left.\frac{\partial\rho_s}{\partial t}\right|_a \tag{2-27}$$

质量流失率为

$$q=-\frac{\partial\rho_s}{\partial t}=-\left.\frac{\partial\rho_s}{\partial t}\right|_c-\left.\frac{\partial\rho_s}{\partial t}\right|_w-\left.\frac{\partial\rho_s}{\partial t}\right|_a \tag{2-28}$$

将式（2-5）、式（2-22）和式（2-25）代入式（2-28），得到破碎岩石在中性环境中的质量流失率为

$$q=c_1\rho_1+c_2\rho_2-\mathrm{div}(\rho_p\vec{V}_p)+S\xi m_a \tag{2-29}$$

将式（2-13）、式（2-22）和式（2-25）代入式（2-28），得到破碎岩石在酸性环境中的质量流失率为

$$q=(c_1+c_3)\rho_1+c_2\rho_2+c_4\rho_3+c_5\rho_4-\mathrm{div}(\rho_p\vec{V}_p)+S\xi m_a \tag{2-30}$$

将式（2-20）、式（2-22）和式（2-25）代入式（2-28），得到破碎岩石在碱性环境中的质量流失率为

$$q=c_1\rho_1+c_2\rho_2+c_7\rho_4+c_6\rho_5-\mathrm{div}(\rho_p\vec{V}_p)+S\xi m_a \tag{2-31}$$

在以上分析的基础上，我们简短地阐述了破碎岩石质量流失机理。破碎岩石样本按 Talbol 理论配置，粒径分布函数为

$$P(X\leqslant x)=\frac{\text{样本中粒径}\leqslant x\text{ 颗粒的质量}}{\text{样本质量}}=\left(\frac{x}{D}\right)^n \tag{2-32}$$

式中，D 为样本中的最大粒径；X 为随机变量（粒径）；x 为观测值。图 2-3 给出了 Talbol 幂指数分别等于 0.1、0.2、0.3、…、1.0 时的粒径分布曲线。

根据多相流体力学，在静止的液体中，粒径小于 10μm 的颗粒由于布朗运动而悬浮于液体中，称为悬浮质；粒径大于 10μm 的颗粒则沉淀，称为沉降质。在流动的液体中，悬浮质与溶液之间只有布朗运动，没有宏观的相对运动，沉降质则需要曳力才能在空隙中迁移。能够在破碎岩石孔隙中迁移的沉降质粒径上限难以精确界定，根据经验，我们划定 250μm（可通过 60 目的筛网）颗粒为细小颗粒。假设 $D=25\text{mm}$，则满足 $\frac{x}{D}\leqslant 0.01$ 的颗粒为细小颗粒。

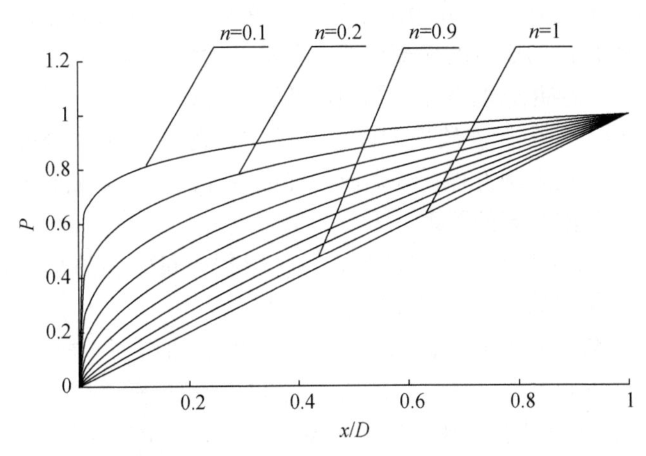

图 2-3　不同 Talbol 幂指数粒径分布曲线

由于水的冲蚀（刷）作用，样本中原有的细小颗粒发生迁移，在迁移过程磨蚀直径较大的颗粒并出现次生的细小颗粒；次生的细小颗粒也对直径较大的颗粒进行磨蚀。由于水化反应，样本中各种直径的颗粒被溶蚀，表面附近的可溶矿物溶解于水，形成浆液，不可溶的细小颗粒脱落，也形成次生的细小颗粒。溶蚀产生的细小颗粒又对直径较大的颗粒进行磨蚀，浆液继续对细小颗粒进行冲蚀且对新暴露的表面进行溶蚀。因溶蚀、冲蚀和磨蚀引起的质量流失过程如图 2-4 所示。

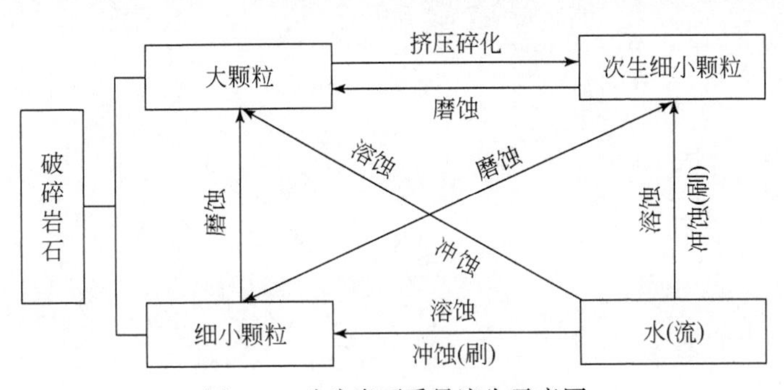

图 2-4　破碎岩石质量流失示意图

2.6　本 章 小 结

本章分析了颗粒之间的挤压作用，分别讨论了溶蚀、冲蚀、磨蚀单一因素作用下破碎岩石的质量变化过程，并建立相应的质量守恒方程；在分析的基础上，建立溶蚀、冲蚀、磨蚀共同作用下破碎岩石的质量守恒方程，并简短地阐述了质量流失机理。

(1) 破碎岩石挤压过程分为两个阶段：在第一阶段，经过颗粒的滑动和滚动、颗粒棱角咬合达到稳定的平衡位置，孔隙度大幅度减小；在第二阶段，岩石颗粒棱角破碎、脱落并充填空隙，孔隙度达到相对稳定。

(2) 分别讨论了中性、酸性和碱性环境中陷落柱矿物成分的水化反应，并建立了相应的反应动力学方程；根据质量守恒原理，建立了破碎岩体表观毛密度变化率的关系式和溶蚀率的关系式。

(3) 讨论了水对细小颗粒的冲蚀作用，根据质量守恒原理，建立了破碎岩体表观毛密度变化率的关系式和冲蚀率的关系式。

(4) 讨论了细小颗粒对破碎岩石孔隙壁面的磨蚀作用，根据质量守恒原理，建立了破碎岩体表观毛密度变化率的关系式和磨蚀率的关系式。

(5) 在分析单一因素对破碎岩体表观毛密度影响的基础上，建立了破碎岩体表观毛密度变化率的关系式和质量流失率关系式，简短地阐述了破碎岩体质量流失机理。

第3章　伴随质量流失的破碎岩石渗透试验系统研制

伴随质量流失的破碎岩石渗透试验的首要工作是选择合适的试验设备，在现有设备的功能和性能不能满足或不能全部满足试验要求的情况下，需要对现有的设备进行改进或设计新的试验设备。

为了在伴随质量流失的破碎岩石渗透加速试验中使加速因子控制在合理范围内，要求伴随质量流失的破碎岩石渗透试验系统能够长时间正常工作，即消除试验系统中由于发热引起的压力波动。为此，本章对伴随质量流失的破碎岩石渗透试验系统进行了设计研制。

3.1　研制背景及意义

由于华北型煤田石炭纪和二叠纪地层内岩溶陷落柱广泛发育，在煤炭开采过程中，一旦陷落柱被揭露，常常发生突水灾害，造成严重的生命威胁和巨大的财产损失。从力学上来讲，陷落柱突水是颗粒迁移引起破碎岩体质量流失和渗流失稳的过程。为了认识陷落柱中质量流失的机理，需要开展破碎岩石渗透的加速试验。由于现有标准设备难以满足加速试验的要求，所以研制专用的（非标准的）伴随质量流失的破碎岩石渗透试验系统是完全必要的。

目前，破碎岩石渗透试验方法主要有两种：第一种是注射器式储能器件向岩样的一端施加压力；第二种是利用泵连续地向岩样一端施加压力。由于岩样另一端通大气，所以两种方法都能使岩样两端产生压差。当岩样的低压端开放时，在压差的作用下液体将由低压端流出，根据压差与流量可以计算压力梯度和渗流速度，从而计算出岩样的渗透性参量。在第一种方法中，通过控制活塞的位移来实现压力的稳定，适应于低渗透性岩样的渗透试验。在第二种方法中，通过调节溢流阀来控制岩样的进口压力（在忽略管路损失的前提下），适应于孔隙度较大的岩样渗透试验。

李顺才[91]利用MTS815.02型电液伺服岩石力学试验系统进行破碎岩石渗透试验，即利用孔隙压力系统中容积为323mL的增压器对岩样进行渗透。渗透中通过控制活塞位移来改变渗流速度。对于孔隙度较大的岩样，压差极小，而且在渗透终了时压差尚未达到稳定。

姚邦华[95]考虑到破碎岩石渗透过程中的质量流失可能是渗流失稳的主要原

因，于是设计了一种能够测试颗粒迁移的破碎岩石渗透试验系统。利用 CMT5305 电子万能试验机实现破碎岩石的轴向加载和位移控制，利用柱塞式试压泵给岩样下端施加压力，并配置了金属管浮子流量计、压力变送器、无纸记录仪等现代试验仪器。

马丹[96]在文献［95］的基础上对试验系统进行了三方面改进，一是在颗粒分离与收集系统中增加了振动筛；二是对渗透仪的部分零件进行了重新设计；三是用最大出口压力为 8MPa 的柱塞泵代替了最大压力为 4MPa 的试压泵。改进后，设备的操作性得到很大改善。文献［96］中渗透仪结构改进包括以下几点：①将活塞缩短，并完全插入进缸筒中，活塞中通孔由原来的径向和环向均匀分布改为两组夹角为 60°的平行线上均匀分布；②将溢水筒加长，其下端插入进缸筒中；③将托盘底面改为锥面。

杜锋[97]在文献［95］的基础上对破碎岩石渗透系统进行了两方面改变，一是用 30t 液压万能材料试验机取代 CMT5305 电子万能试验机；二是对渗透仪的装配关系进行了调整，使水流渗透方向发生变化。

文献［95-97］中的试验系统的共同缺陷是压力控制精度不够高。考虑到陷落柱突水前经历了相当长时间的质量流失过程，试验系统应适应长时间渗透的要求，并且使岩样进口压力持续地保持稳定。根据这种要求，我们对伴随质量流失的破碎岩石渗透试验系统进行设计研制。

3.2　功能及性能指标

设计是一种对工程技术系统进行构思、计划，并将设想变为现实的技术实践活动，是一种创造性技术活动，也是一项系统工程。设计的目的是保证系统的功能，建立性能好、成本低、价值最优的技术系统。设计的输入就是用户提出的功能要求和技术性能指标，设计的输出就是满足机械行业标准《产品图样及设计文件》（JB/T 5054.1～5054.6—2000）要求的完整设计文件。可见，设计输入是设计质量的前提。只有提出合理的功能要求和先进的技术性能指标，才能设计出安全、适用、高效、长寿的试验系统。

3.2.1　试验系统功能

伴随质量流失的破碎岩石渗透试验系统既要具备恒定质量破碎岩石渗透试验系统的基本功能，又要具备自身特有的功能。

恒定质量破碎岩石渗透试验系统的基本功能包括轴向加载及位移控制、渗透、密封、压力控制、流动方向控制、信号采集与处理等，下面对这些功能分别进行简短介绍。

(1) 轴向加载及位移控制功能。为了对岩样进行轴向加载并对轴向压缩量进行控制，试验系统应该具有轴向加载及位移控制功能。此外，为了平衡渗透仪中的液体压力，需要对岩样施加轴向载荷。

(2) 渗透功能。为了实现液体在破碎岩石中渗透，需要在岩样两端连续地施加压力，产生压力差，并能允许水自由地从岩样一端流入，从另一端流出。如前所述，实现渗透功能有两种方法，即注射器式渗透和泵站式渗透。

(3) 密封。密封是渗透试验的核心功能，只有实现了良好的密封，才能保证液体在岩样中流动而无其他流动路径。这样，才能准确测量流量和渗流速度，从而计算出岩样的渗透性参量。

(4) 压力控制。为了排除压力波动对岩样渗透性参量的影响，在渗透过程中，岩样两端的压力应保持恒定，因此需要对岩样入口端的压力进行控制。同时，为了研究破碎岩石的非 Darcy 流渗透性参量，压力应能方便的调节。

(5) 流动方向控制。为了能够在渗透结束后及时阻止液体进入岩样内部，需要改变液体流动方向，使注射器或泵站中流出的液体沿着其他通路流向水箱。为了排干渗透仪中的液体，需要使破碎岩样中的液体沿着相反的方向流向他处。因此，试验系统应设置流动方向控制元件。

(6) 信号采集与处理。为了计算破碎岩石的渗透性参量，需要测试岩样两端压力和流经岩样横截面的流量。为了减少试验时间、降低操作者的工作强度、改善压力和流量的测量精度，需要高效采集信号。

伴随质量流失的破碎岩石渗透试验系统的基本功能包括颗粒流出功能、颗粒分离功能、液压油冷却功能和渗透方式切换功能。

(7) 破碎岩石中细小颗粒能够自由地从母体中随液体流出，因此，系统应具备细小颗粒顺畅流出的通道。

(8) 随液体流出的细小颗粒能够从液体中分离出来，因此，系统应具有过滤、脱水的功能。

(9) 从液体中分离出来的细小颗粒的质量能够精确计量，因此，系统应具有精准的质量计量功能，即配置高精度的称重装置。

(10) 不能因为元器件发热影响系统正常工作，因此，系统应具备液压油冷却的功能。

(11) 能够根据需要选择注射器式渗透方法或泵站式渗透方法进行渗透试验，因此，系统能够通过渗透回路的变化实现渗透方式切换功能。

试验系统除了具备上述11项功能外，还应具有如下特点。

(1) 开放性。破碎岩石中原有细小颗粒和由于溶蚀、冲蚀和磨蚀产生的细小颗粒能够畅通地从渗透仪中随水流一起运移出去。从渗透仪中流出的细小颗粒与水混合在一起，通过适当方法（过滤、沉淀等）将细小颗粒从水中分离出来，便可测得破碎岩石的质量流失量。

（2）长期性。试验系统能够以恒定的压力或者恒定的流速长时间不间断地向试样输送水，并且在渗透过程中，液压油温度保持在50℃以下。

（3）实时性。能够实时收集渗透过程中破碎岩石中流失的细小颗粒，并能实时采集流量、渗透压力等信号。

（4）完备性。试验系统具备伴随质量流失的破碎岩石渗透试验的全部功能，不需要配套其他仪器设备。因此，需要设计出若干部件分别实现上述11项功能。

（5）简便性。细小颗粒的收集简单方便；数据采集器的信号可方便导入计算机。

3.2.2 试验系统性能指标

根据破碎岩石渗透性测试范围的要求，提出试验系统的性能指标。

（1）渗透压力控制系统。渗透仪入口端（岩样底部）的最大压力≥8.0MPa，压力变送器量程为16MPa，测量精度为3kPa。

（2）流量测量范围与精度。流量测量范围在0～600L/h，测量误差不大于总量程的0.3%。

（3）轴向加载及控制系统。轴向力加载范围为0～300kN，测量精度为±2.0%；轴向位移测量范围为0～50mm，测量精度为±2.0%。

（4）渗透仪。渗透仪有效容积为1500cm³，活塞行程不小于50mm，细小颗粒的迁移通道直径不小于10mm。

（5）数据采集与分析系统。数据采集器采样的频率不小于1次/s。

（6）颗粒回收系统。可收集的细小颗粒直径≥50μm。

（7）系统密封性。整个渗流测试系统在8.0MPa压力下，密封沟槽及连接处不漏水。

（8）连续工作时间。整个渗流系统连续工作时间不少于6h。

3.3 试验系统的设计方案

试验系统的设计过程包括设计方案的制订，总装图、部件装配图和零件图的绘制。综合考虑系统功能和性能指标，结合试验目的和要求，进行大量的市场调研后，经过专家论证，制订出系统设计方案。

3.3.1 各功能设计方案

1）轴向加载及位移控制方案

选用液压式万能材料试验机和单作用液压缸作为轴向加载设备（图3-1）。

利用液压式万能材料试验机固定渗透仪，利用单作用液压缸实现位移加载。单作用液压缸由柱塞式液压泵提供动力，活塞位移由节流阀控制并由位移传感器测定。

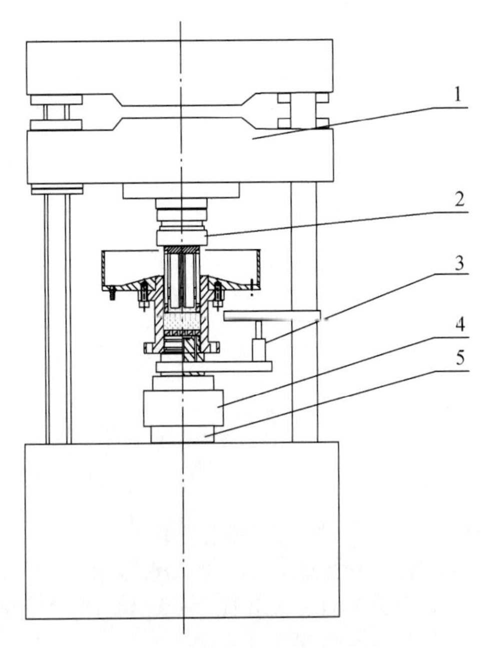

图3-1　轴向加载及位移控制方案

1. 液压式万能材料试验机；2. 球形压头；3. 位移传感器；4. 单作用液压缸；5. 法兰盘

2）渗透方案

选择兼容注射器式和泵站式两种渗透方式的设计方案，如图3-2所示。用户可以通过操作截止阀方便地选择任一种渗透方式。

注射器式渗透回路由变量柱塞泵、冷却器、节流阀、溢流阀、换向阀、压力表、双作用液压缸等组成。双作用液压缸活塞上、下的腔内分别充液压油和水，通过变量柱塞泵驱动活塞向下移动，下腔的水经过管路进入渗透仪中。泵站式渗透回路由定量柱塞泵、溢流阀、换向阀、压力表等组成。

定量柱塞泵一方面向破碎岩样下端提供稳定的压力，另一方面向双作用液压缸活塞下的空腔注水。

3）密封方案

岩样的密封通过渗透仪实现。渗透仪由缸筒、活塞、透水板、溢水筒、底板等组成，如图3-3所示。

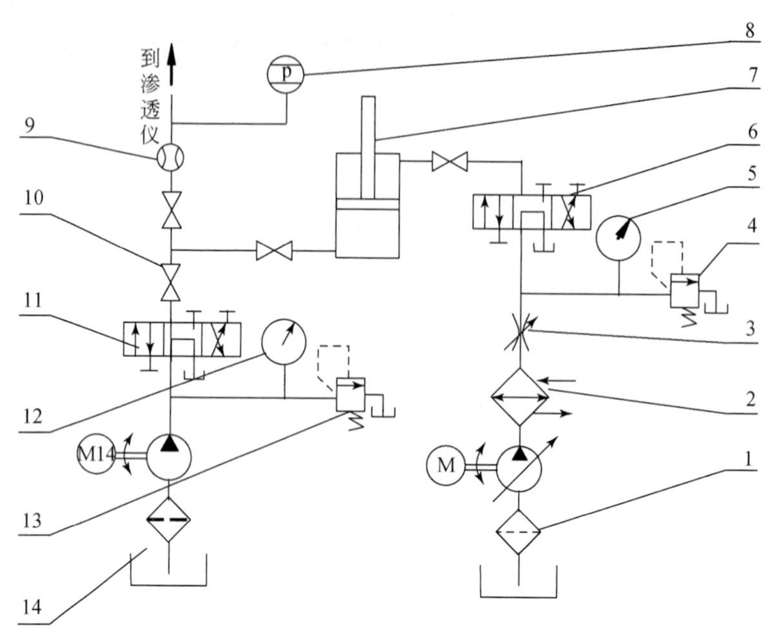

图 3-2　渗透方案

1. 变量柱塞泵；2. 冷却器；3. 节流阀；4、13. 溢流阀；5、12. 压力表；6、11. 换向阀；7. 双作用液压缸；8. 压力变送器；9. 流量传感器；10. 截止阀；14. 定量柱塞泵

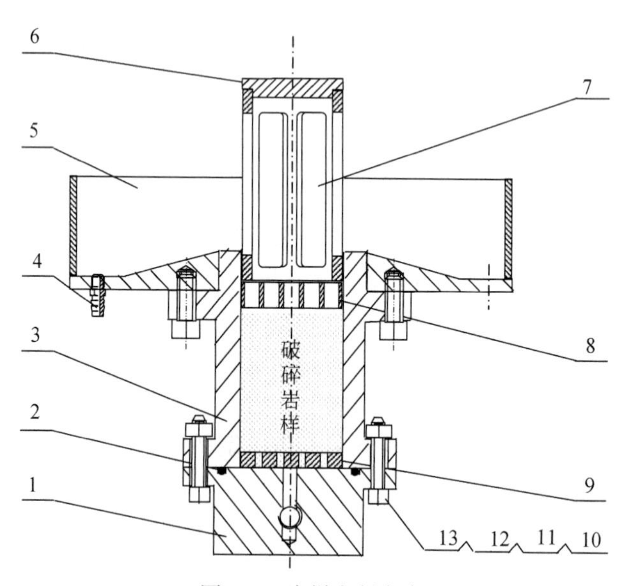

图 3-3　岩样密封方案

1. 底板；2. O 型橡胶密封圈；3. 缸筒；4. 出水管嘴；5. 托盘；6. 溢水筒盖；7. 溢水筒；8. 活塞；9. 透水板；10. 螺栓；11. 螺母；12. 平垫圈；13. 弹簧垫圈

水由底板经过透水板进入岩样孔隙中，岩样中细小颗粒随水通过活塞和溢水筒流到托盘中，细小颗粒和水的混合物经过管嘴流出。为了利用重力的作用，托盘的底板设计成锥面。由于缸筒的作用，从底板流出的水全部进入到岩样孔隙中，这样才能精确测量岩样断面的流量，从而计算渗流速度和渗透性参量。因此，缸筒是渗透仪的关键件，也是实现渗透试验的基础。底板与缸筒之间接触面通过 O 型橡胶密封圈实现密封。

4）压力控制方案

渗透回路的压力控制通过溢流阀实现。如果采用注射器式渗透方式，通过溢流阀控制液压缸上腔油液的压力，通过换算可以间接地控制水压。如果采用泵站式渗透方式，则利用溢流阀直接控制水压。

5）流动方向控制方案

轴向加载回路由三位四通换向阀控制流动方向，如图 3-4 所示。当阀芯处于

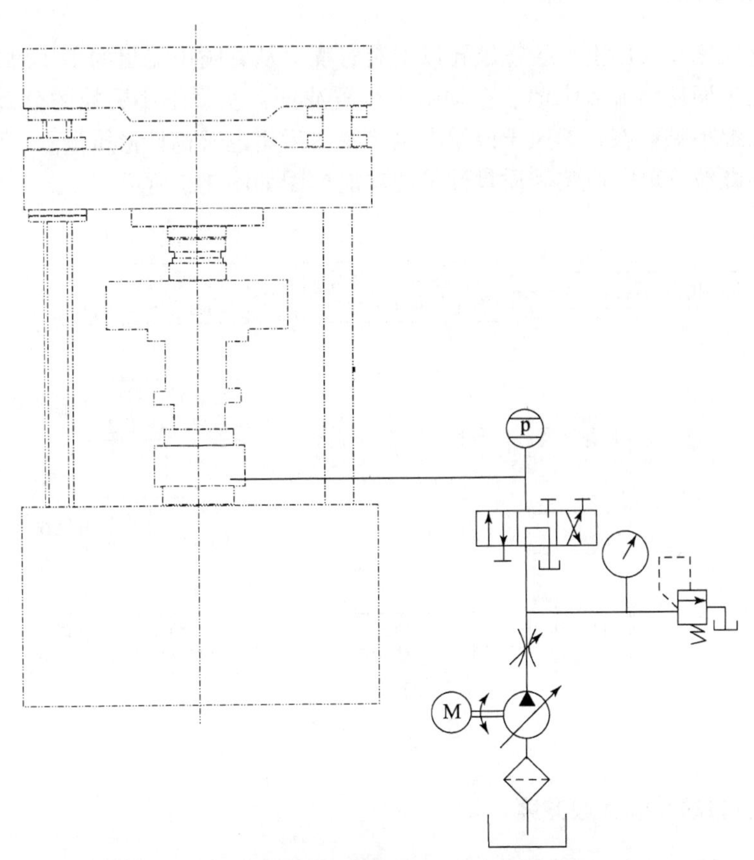

图 3-4　轴向加载回路流动方向控制方案

↑↓位置，油压推动活塞向上移动；当阀芯处于中位，活塞静止；当阀芯处于↘↗位置，则活塞在弹簧的作用下向下移动。

渗透回路流动方向也由三位四通换向阀控制，如图 3-2 所示。

6）信号采集与处理方案

在渗透回路设置流量传感器和压力变送器，在轴向加载回路设置位移传感器和压力变送器。流量传感器、位移传感器和压力变送器与无纸记录仪连接，实现信号的采集。为了便于数据处理，通过专用数据线和专用软件实现无纸记录仪与 PC 机通信。

7）开放功能方案

在渗透仪的活塞上设置通孔，可以使细小颗粒顺畅地从岩样中自由流出。在溢水筒的侧面开窗口，使细小颗粒从窗口中溢出。

8）细小颗粒收集功能方案

渗透仪托盘底面上设置螺纹孔以安装管嘴，从管嘴中流出的细小颗粒与水的混合物经过振动筛流入水池。振动筛上设置滤网，实现细小颗粒的分离和收集。收集到的细小颗粒在自然风干或用电烘箱脱水后用电子称计量质量。

细小颗粒分离、收集和质量计量的功能框图如图 3-5 所示。

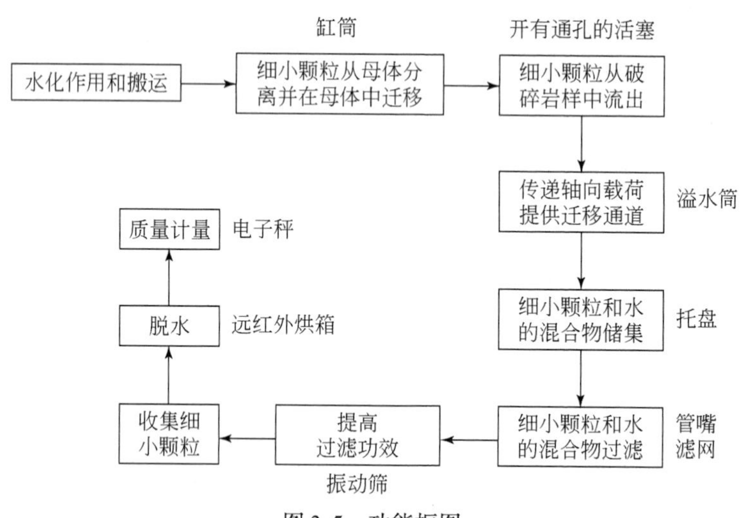

图 3-5 功能框图

9）质量的精确计量方案

配置高精度的电子秤，对从破碎岩样中流出的细小颗粒进行精确的称重。

10）液压油冷却方案

在轴向加载回路变量柱塞泵的油箱上安装裸管式油冷却器，冷却方式为水冷却。

11）渗透方式切换方案

通过设置截止阀，改变水的流动路径，可实现由注射器式渗透向泵站式渗透方式的转换。逆向转换，即由泵站式渗透向注射器式渗透方式的转换采用相同的方案（图 3-2）。

3.3.2　总设计方案

在功能分解的基础上，制订出试验系统的设计方案，如图 3-6 所示。根据经

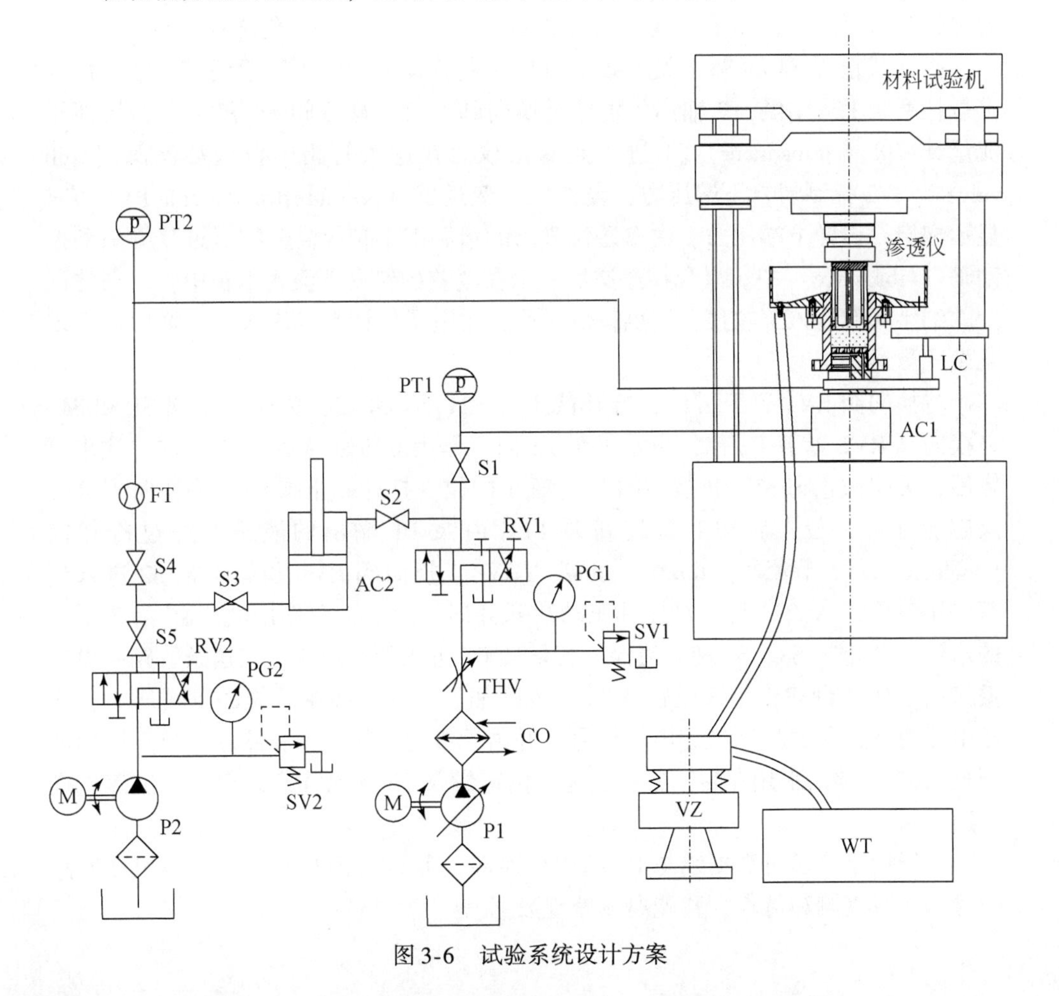

图 3-6　试验系统设计方案

济性原则，我们用变量柱塞泵（pump）P1 提供两项功能，一是驱动轴向加载回路的单作用液压缸（actuating cylinder）AC1，二是驱动渗透回路的双作用液压缸 AC2。定量柱塞泵 P2 也承担两项功能，一是向岩样下端提供压力，二是向双作用液压缸的下腔注水。

破碎岩样盛放在开放性渗透仪中，利用材料试验机的横梁移动功能，调整横梁与底座之间的距离。变量泵 P1 经过节流阀向单作用液压缸 AC1 提供压力，液压油推动活塞杆向上移动。通过活塞杆、渗透仪的底板、透水板、溢水筒、材料试验机的底座和横梁等传递载荷，使破碎岩样发生压缩变形。

破碎岩样的轴向压缩量由位移传感器（location transducer）LC 将位移转换为电压信号，电压信号由无纸记录仪实时显示和储存。当位移达到预设值时，将换向阀（reversal valve）RV1 的阀芯由↑↓位换至中位并将截止阀（switch）S1 关闭，实现岩样变形量恒定。将换向阀 RV1 的阀芯置于↘↗并打开截止阀 S1，在重力和弹簧恢复力的作用下，液压缸 AC1 的活塞杆向下移动，使岩样卸载。

打开截止阀 S4 和 S5，关闭截止阀 S3，将换向阀 RV2 阀芯置于↑↓位，启动定量柱塞泵 P2。由泵 P2 输出的水经过换向阀 RV2、截止阀 S4 和 S5、金属浮子流量计（flow transducer）FT 进入到渗透仪。在这条管路中设置溢流阀（spill valve）SV2 控制岩样下端压力，设置压力变送器（pressure tranducer）PT2 实时显示和储存岩样下端压力。由渗透仪流出的水和细小颗粒混合物通过软管引到振动筛（vibrosieve）中。混合物过滤后，水在落差的作用下流入水箱中。留在滤网上的细小颗粒经人工收集，用烘箱烘干后，用电子秤计量其质量。这样便可实现泵站式渗透。

将换向阀 RV1 置于↘↗位，打开截止阀 S2、S3 和 S5，关闭截止阀 S1 和 S4，将换向阀 RV2 置于↑↓位，由定量泵 P2 向双作用液压缸 AC2 下腔注水。注水完毕后，关闭截止阀 S5，将换向阀 RV1 置于中位。打开截止阀 S4，将换向阀 RV1 阀芯置于↑↓位，启动变量柱塞泵 P1。由泵 P1 输出的液压油经过冷却筒（cooler，CO）、节流阀（throttle value，THV）、换向阀 RV1 和截止阀 S2 进入到双作用液压缸 AC2 上腔。液压油驱动活塞杆向下运动，双作用液压缸 AC2 下腔的水经过截止阀 S3、S4 和金属浮子流量计 FT 进入到渗透仪。在这条管路中设置溢流阀 SV1 控制双作用液压缸 AC2 上腔的油压，间接控制岩样的下端压力，水压由压力变送器 PT2 转换为电压信号，并由无纸记录仪显示和储存。当双作用液压缸 AC2 下腔的水用完后，暂停试验，由定量泵 P2 再次注水，继续对破碎岩样渗透。

无纸记录仪通过数据线与 PC 机串口连接，可实现 PT1、PT2、FL 和 LC 四路信号的实时观测和储存，并能离线处理数据。

3.4　试验系统的结构设计

根据图3-6的设计方案，伴随质量流失的破碎岩石渗透试验系统由4个部件（子系统）构成，分别是轴向加载及位移控制系统（回路）、渗透系统（回路）、数据采集与分析系统和细小颗粒回收系统。试验系统的4个子系统各构件的结构协调是渗流测试的关键，图3-7是该试验系统的实物图。

图3-7　试验系统的实物图

3.4.1　轴向加载与位移控制系统

在破碎岩样渗透过程中，岩样孔隙中水压不能自行平衡，需要在岩样两端施加轴向载荷。此外，为了考虑孔隙度对渗透性参量的影响，需要对岩样进行压缩。因此，需要设计轴向加载与位移控制系统。

实现轴向加载的前提是设置具有足够刚度的（承载）框架，如果刚度不足，则当水压波动时框架发生挠曲，从而使岩样的高度和孔隙度发生变化。

根据刚度要求，本书选择30t液压式万能材料试验机作为承载结构。这种试验机具有可上下移动的横梁，便于调整基座与横梁之间的距离，无需更换垫块（改变垫块厚度）便可对破碎岩样进行加载。由于破碎岩样在压缩过程中需要的最大载荷小于30t，故无需进行刚度校核。

30t液压式万能材料试验机本身具有加载功能，但为了保持位移恒定，采用换向阀和节流阀控制加载方向和速率。因此，保留横梁移动功能，舍弃基座升降功能。

在30t液压式万能材料试验机的基础上，遵循可靠、实用、经济的原则，设计了轴向加载与位移控制系统，如图 3-1 和图 3-4 所示。

该系统由 30t 液压式万能材料试验机、单作用液压缸、变量柱塞泵、换向阀、截止阀等组成，实物如图 3-8 ~ 图 3-11 所示。

图 3-8　30t 液压式万能材料试验机

图 3-9　单作用液压缸

图 3-10　变量柱塞泵

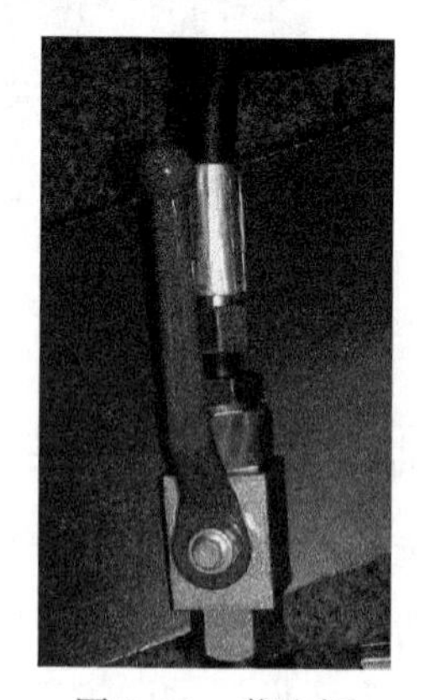

图 3-11　截止阀

其中，变量柱塞泵选用型号 SCY14-1B，额定压力为 31.5MPa，最大排量为 10mL/r，由 Y132S-4 三相异步电动机作为驱动电机，电动机的额定电压为 380V，额定功率为 5.5kW。

单作用液压缸活塞杆的最大行程为 50mm。试验时，将单作用液压缸放置于液压式万能材料试验机的加载平台上，采用 Y132S-4 三相异步电动机提供动力，通过换向阀改变动力方向，通过截止阀和溢流阀改变动力大小，进而改变单作用液压缸活塞杆上升速度，可方便、准确地改变试样的轴向位移量。

3.4.2　渗透系统

渗透系统由渗透管路与渗透仪组成。

渗透仪结构如图3-3所示，主要包括底板、透水板、缸筒、活塞、溢水筒（盖）和托盘等，实物如图3-12所示。

(a)底板　(b)缸筒　(c)透水板

(d)活塞　(e)溢水筒(盖)　(f)托盘

图3-12　渗透仪

由图3-12可见，底板设计有进水口，且有两道O型密封槽。缸筒的内径为100mm。透水板上设计有沟槽和小通孔，可以将进入缸筒中的水流均匀分散开，保证对试样施加的是均匀的渗透水压力。活塞为“蜂窝”状圆柱形通孔设计，通孔直径10mm，活塞高度25mm。溢水筒呈6个长“口”字状缺口设计，缺口高度115mm。活塞和溢水筒的独特设计可使细小颗粒自由迁移，是实现破碎岩石伴随质量流失的渗透的关键部件。

渗透管路可实现泵站式和注射器式渗透方式的切换，如图3-2所示。

泵站式渗透由定量柱塞泵、溢流阀、压力表、换向阀和截止阀等组成。如图3-13所示，定量柱塞泵的最大压力可达到8.0MPa，工作压力为7.0MPa，最大排水量约为600L/h。

注射器式渗透由变量柱塞泵（图3-10）、冷却器、节流阀、溢流阀、压力表、换向阀、定量柱塞泵（图3-13）及双作用液压缸（图3-14）等组成。

图 3-13 定量柱塞泵

图 3-14 双作用液压缸

双作用液压缸的缸筒采用无缝钢管，内径为 220mm，活塞杆为 35 号无缝钢管，直径为 160mm，其最大行程为 500mm，其结构紧凑，重量轻，具有低速性能好和缓冲性能稳定的优点。

试验时，利用注射器原理，首先用定量柱塞泵提供高压水，向双作用液压缸内注满水，将活塞杆提高到满行程，再用变量柱塞泵、Y132S-4 三相异步电动机、压力表、溢流阀和换向阀，根据需要提供稳定的带有一定压力的油压，推动活塞杆运动，从而将水以一定的渗透压力注入渗透仪。当双作用液压缸内的水渗透完后，可通过柱塞泵和油泵站中的换向阀继续注水，该操作具有可重复性，完全满足水渗透的长时间性要求。

值得一提的是，双作用液压缸的容积约为 20L，随着试验时间的增加，当试样的渗流速度达到 300L/h 时，需要频繁注水，影响试验进程，此时，试样内部形成通道，可直接改用泵站式渗透继续完成试验。

3.4.3 颗粒回收系统

颗粒回收系统中各部件之间的联系不像渗透系统和轴向加载系统那么紧密，主要由振动过滤筛、滤网、烘箱、电子秤等组成，装配图如图 3-15 所示。

图 3-16 是振动过滤筛，450 型振动过滤筛的筛框为不锈钢材质，重量轻、结构稳定、便于移动，是集颗粒分级和液体过滤为一体的单层振动筛，可用于处理量少、杂质少的物料，使用寿命长，换网方便，操作简单。为了更高效率回收细小颗粒，防止细小颗粒随水流失，试验时将筛框上的筛网卸除，换装 300 目细纱布（图 3-17），待渗透试验结束后，烘干包有细小颗粒的纱布并称重。

图 3-18 和图 3-19 分别是烘箱和电子秤。烘箱选用 202-0 电热恒温干燥箱，工作电压 220V，功率 900W，容积 25cm×25cm×25cm，工作温度 10～300℃。电子称选用 SF-400 电子计量称，最大量程 2000g，测量精度 0.1g，结构小巧。烘箱和电子称的安装位置根据实验室场地现场确定。

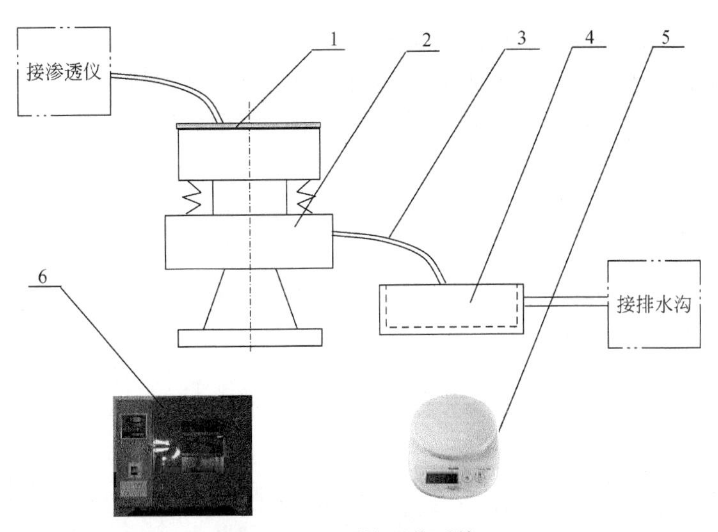

图3-15　颗粒回收系统

1. 滤网；2. 振动过滤筛；3. 软管；4. 水池（箱）；5. 电子秤；6. 烘箱

图3-16　振动过滤筛

图3-17　细纱布

图3-18　烘箱

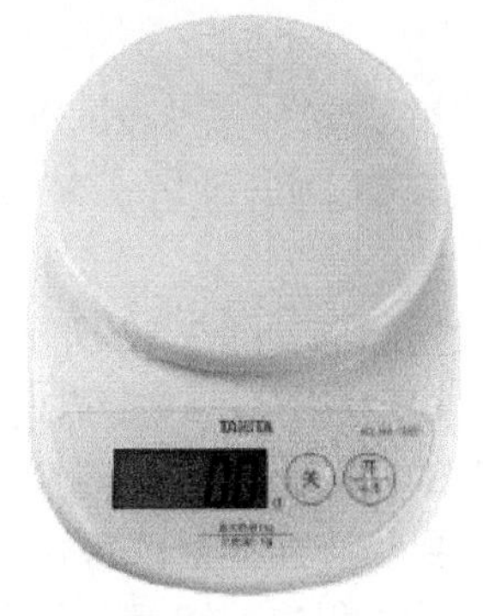

图3-19　电子秤

水箱底板长度为1500mm，宽度为1000mm，侧板高度为300mm，由聚氯乙烯板焊接而成。水箱侧面开有通孔，通过管嘴与排水管连接。水箱主要有两方面的作用：一是沉淀比滤网直径更小的颗粒，根据沉积的质量，对质量流失量进行修正；二是防止排水沟堵塞。

3.4.4　数据采集系统

数据采集系统由无纸记录仪、压力变送器、位移传感器、流量传感器和PC机组成，如图3-20所示。

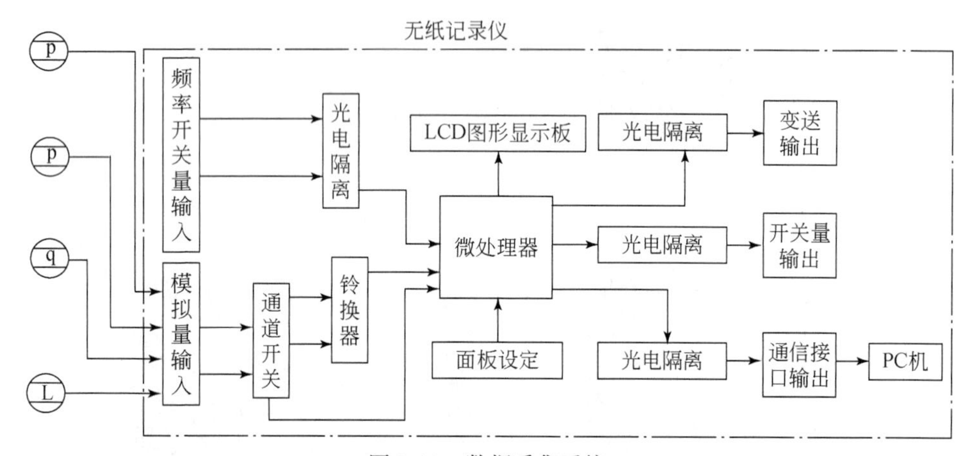

图3-20　数据采集系统

无纸记录仪如图3-21所示，HWP2100R型数据采集器较为先进，可以把传感器采集的数据保存在内存中，配套的采集软件Dolgger界面简洁，可根据用户需要，方便设置采样信号类型、采样频率和采样通道等。同时，该数据采集器可与计算机相连，简便快捷，大大提高了试验数据的处理和分析速度。

压力变送器如图3-22所示，为BP800扩散硅压阻式压力变送器，安装简单、抗震抗冲击性好、精度高、稳定性好，量程为0～16MPa，测量精度为2kPa。

流量传感器如图3-23所示，为LZ系列金属管浮子流量计，其结构简单、准确度高、稳定性好、工作可靠，能承受较高的压力，基本满足渗透试验过程中对较大流量的实时采集。该传感器要求通过法兰盘垂直固定，并连接到渗透管路里，同时要检查连接处的密封性。

在试验过程中，钢尺、秒表和压力表（图3-24）等简单数据测量工具也是必不可少的。

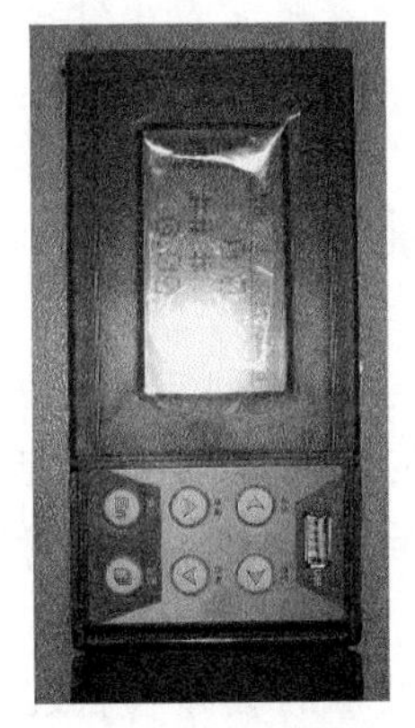

图3-21　无纸记录仪

图3-22　压力变送器

图3-23　流量传感器

图3-24　压力表

3.4.5　补充说明

试验系统的四个子系统在结构上具有相对独立性，但并不是完全独立承担若干功能，有些功能由两个子系统承担。为此，我们对试验系统的设计做如下补充说明。

(1) 轴向加载与位移控制系统提供了轴向加载及位移控制功能、流动方向控制功能和液压油冷却功能；渗透系统提供了渗透功能、密封功能、压力控制功能、开放功能、渗透方式切换功能和部分细小颗粒收集功能；数据采集系统提供了信号采集与处理功能；颗粒回收系统提供了细小颗粒收集部分功能（另外一部分功能则由渗透仪提供）。

(2) 为了结构紧凑，将托盘、活塞、溢水筒等包含在渗透仪中，因此，渗透仪不仅承担了密封功能和开放功能，还承担了部分颗粒的收集功能。

（3）渗透回路设计了三台定量柱塞泵，三台柱塞泵交替工作，避免泵体温度过高，可实现长时间连续渗透试验。

3.5 试验系统的调试

伴随质量流失的破碎岩石长时间渗透试验系统利用样机评审的方法进行了设计验证，并对试验系统的功能和性能指标进行了专业技术评审，主要包括以下方面。

（1）渗透回路的密封性。通过给渗透回路一定的负荷，检查管路、各连接处和沟槽处有无泄漏。

（2）试验系统的开放性。将含有一定量细小颗粒的破碎岩石装入渗透仪缸筒内，开启渗透压力后，明显看到含有细小颗粒的浑浊的水流出。

（3）渗透压力的稳定性。通过油泵站输出的油压能够在 0 ~ 16.0MPa 的范围内调节，并且转换后的渗透水压力范围为 0 ~ 8.0MPa，且压力波动范围只有 0.05MPa，安装稳压器后，渗透压力波动范围进一步减小。

（4）传感器的准确性。在渗透试验过程中，随着细小颗粒的流失，由于各参量的时变性，数据采集器窗口和计算机屏幕均可以看到压力和流量的变化，而且看不出明显的漂移。

（5）采集系统的可靠性。调节溢流阀开启压力，可以看到数据采集器显示的压力值和压力表读数相同，数据采集器显示的流量值与流量传感器表盘读数相同，表明数据采集器能够正常工作。

（6）颗粒回收的及时性。在试样孔隙度较大，水流量也较大时，3 位试验人员能够轻松完成对迁移的细小颗粒的及时收集。

3.6 试验系统改进的初步设想

经过调试，验证了试验系统基本达到了功能和性能的要求，但仍有不尽人意之处，需要进一步改进。经过初步思考，我们认为试验系统的主要缺陷有三点，一是加速因子偏大；二是采用泵站式渗透时压力调节精度较差；三是采用注射器式渗透时供水被频繁中断。

3.6.1 减小加速因子的设想

通过增大岩样高度、减小质量流失率的途径，达到减小加速因子的目的。为此，我们提出将渗透仪缸筒加长的改进方案，如图 3-25 所示。在这种方案中，试验系统的轴向加载机构可以选用大型的材料试验机，也可自行设计独立的加载机构。在自行设计的加载机构中（图 3-25），液压缸安装在框架的上方，以节省框架的材料、增大框架刚度、改善工艺性。

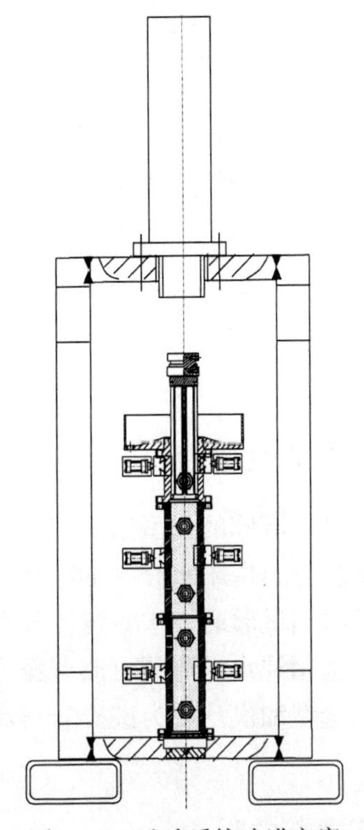

图 3-25　试验系统改进方案

缸筒采用三节组合结构，便于渗透仪的安装，减轻劳动强度。在长缸筒上可以布置多个压力变送器，以便了解压力沿岩样高度方向上的分布情况（图 3-26）。

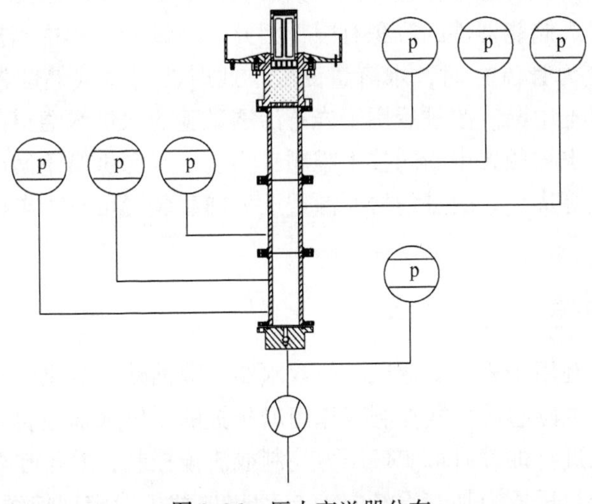

图 3-26　压力变送器分布

夹紧机构采用带有燕尾槽的 V 形块夹紧方案，如图 3-27 所示。

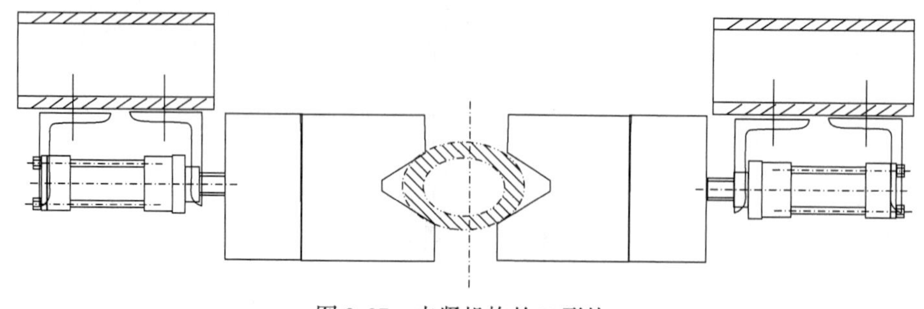

图 3-27 夹紧机构的 V 形块

3. 6. 2 改善压力调节精度的设想

改善压力调节精度可通过溢流阀的选型来实现。目前试验所用溢流阀的适用介质为油，当进行水渗透试验时，由于水介质的黏度低，出现高压难密封、低压精度难控制的弊端。并且长时间试验时，水对溢流阀具有强烈的腐蚀性，极大地影响了溢流阀的工作性能。选用纯水溢流阀可改善压力调节精度。

试验系统中纯水溢流阀选型和设计成为破碎岩石渗透试验进展中遇到的一项新的研究课题。

3. 6. 3 改善供水被频繁中断的设想

优选的伴随质量流失的破碎岩石渗透试验系统要求能够长时间、不间断地正常供水。上述试验系统中：一方面，水泵站、油泵站和储能器件之间需要人工切换，增加了试验操作者的工作量，同时频繁切换影响了试验数据的准确采集；另一方面，注射器式储能器件的容积有限，因此，在试验过程中当破碎岩石渗流突变（由渗流转变为管流）时，水流量变大，此时注射器式储能器件提供的水源不足，试验不得不中断。改进后用于岩石渗透试验的双供水通道的渗透压力加载装置，解决了供水被频繁中断的技术难题，实现了水源供给不间断、自动化和渗透压力稳定可调等优点。改进的岩石渗透压力加载装置可分为电磁感应式和液压式两种。

1）电磁感应式

电磁感应控制用于岩石渗透试验的双水路、双油路、双供水通道的渗透压力加载装置，通过电磁感应方式控制双作用增压缸的双供水通道自动切换，实现自动水源供给。在进行加载时可实现压力控制或流量控制，并可在两种控制方式间自由切换，这套渗透压力加载系统具有自动化加载、稳定、持续、可调等优点。

具体优点如下：

（1）通过双作用增压缸实现双水路自动交互供水、抽水的效果，利用自感型传感器控制双作用增压缸的双供水通道自动切换、自动水源供给，解决了原来由水泵站、油泵站和注射器式储能器件控制时中途供水中断的弊端。

（2）利用双作用增压缸和油泵站中的电磁控制装置，实现了一条管路供油-供水，另一条管路回油-抽水的双管路交互工作方式，达到了自动抽水的效果，取代了水泵站，解决了水泵站中溢流阀容易生锈的弊端。

（3）结合优点（1）和优点（2），通过双水路和双油路的双管路交互作用以及双通道供水设计，实现了试验过程中渗透压力的自动化控制，节省了工时，节约了试验成本。

（4）通过设置二位二通手动换向阀、减压阀和调速阀可以实现渗透压力加载的两种控制方式：压力控制方式和流量控制方式。二位三通换向阀手动切换至减压阀，可实现渗透压力加载的压力控制方式（压力可调）；二位三通换向阀手动切换至调速阀，可实现渗透压力加载的流量控制方式（流量精确可调）。

工作原理如图3-28所示，具体操作步骤如下所示。

步骤1：启动单向变量泵，三位四通电磁换向阀两边的电磁铁1和电磁铁2均不通电，换向阀处于中位，此时双作用增压缸销紧，油路、水路和供水通道均不工作，处于待命状态。

步骤2：二位三通手动换向阀左位接通，减压阀工作，实现压力控制的加载方式；二位三通手动换向阀右位接通，调速阀工作，实现流量控制的加载方式。

步骤3：在压力或流量某种控制的加载方式下，启动单向变量泵，当三位四通电磁换向阀左位接通、电磁铁1通电时，油箱开始供油，油通过油路1，进入双作用增压缸油腔的左侧。活塞杆向右运动，此时，左侧水腔容积增大，水箱开始供水，水流经单向阀1沿着水路1进入左侧水腔，直至左侧水腔充满水。同时，右侧水腔容积减小，水流经单向阀4沿着供水通道2经过蓄能器、压力传感器和流量传感器等进入渗透仪，实现岩石的渗透试验。

步骤4：活塞杆向右运动，一旦活塞杆运动到自感型传感器2的位置时，传感器2即发出控制信号，传输给三位四通电磁换向阀的电磁铁2，电磁铁2通电，换向阀自动接通至右位，油通过油路2，进入双作用增压缸油腔的右侧。活塞杆向左运动，此时，右侧水腔容积增大，水箱开始供水，水流经单向阀2沿着水路2进入右侧水腔，直至右侧水腔充满水。同时，左侧水腔容积减小，水流经单向阀3沿着供水通道1经过蓄能器、压力传感器和流量传感器等进入渗透仪，实现岩石的渗透试验。

步骤5：活塞杆向左运动，一旦活塞杆运动到自感型传感器1的位置时，传感器1即发出控制信号，传输给三位四通电磁换向阀的电磁铁1，电磁铁1通电，

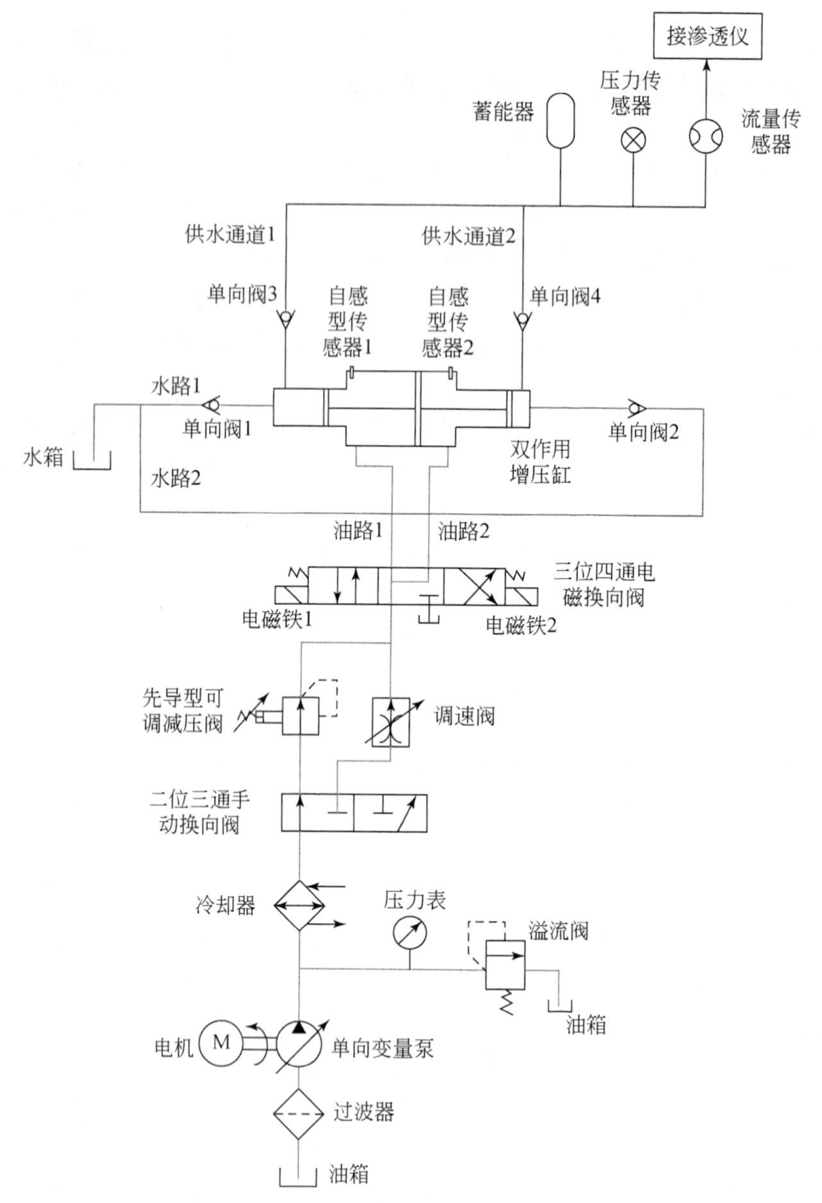

图 3-28　电磁感应式岩石渗透压力加载装置

换向阀自动接通至左位，重复步骤 3 和步骤 4，实现自动、持续供水，直至完成岩石的渗透试验。

步骤 6：为了减小感应换向时换向阀受到的冲击，三位四通电磁换向阀中位选择“P”型。调节减压阀（调速阀）可改变油路压力（流量），进而控制供水管路压力（流量），当换向阀换向时，双作用增压缸工作有间断，为了避免压力

（流量）采集出现间断点，在供水管路上安装蓄能器，减缓供水管路上压力或流量的突变。

步骤7：当系统发生阻塞时，管路压力上升，溢流阀打开，单向变量泵卸载，保证整个系统工作的安全性。

利用双水路和双油路的双管路交互作用的设计、双通道供水设计以及自感型传感器、双作用增压缸、换向阀、液压泵和电子控制装置等硬件，实现了破碎岩石渗透压力的自动化加载和加载控制方式的自由切换，且加载的压力稳定、持续、可调。

2）液压式

液压控制用于岩石渗透试验的双水路、双型四油路、双供水通道的渗透压力加载装置，利用两种类型油路（主油路和控制油路）间的往复循环切换，实现渗透压力的流量控制加载，且具有渗透压力加载的自动化、稳定、持续、可调等优点，具体如下：

（1）通过双作用增压缸实现双水路自动交互供水、抽水的效果，利用压力控制两类油路形成往复循环回路，进而控制双作用增压缸的双供水通道自动切换、自动水源供给，解决了原来由水泵站、油泵站和注射器式储能器件控制时中途供水中断的弊端；

（2）利用双作用增压缸和压力控制往复循环回路，实现了一条管路供油–供水，另一条管路回油–抽水的双管路交互工作方式，达到了自动抽水的效果，取代了水泵站，解决了水泵站中溢流阀容易生锈的弊端；

（3）结合优点1和优点2，通过双水路和双型四油路的管路交互作用以及双通道供水设计，实现了试验过程中渗透压力的自动化控制，节省了工时，节约了试验成本。

工作原理如图3-29所示，具体操作步骤如下所示。

步骤1：启动单向变量泵，当三位四通液动换向阀处于中位时，双作用增压缸销紧，油路、水路和供水通道均不工作，处于待命状态。

步骤2：当三位四通液动换向阀左位接通时，油箱开始供油，油通过主油路1进入双作用增压缸油腔的左侧，活塞杆向右运动，此时，左侧水腔容积增大，水箱开始供水，水流经单向阀1沿着水路1进入左侧水腔，直至左侧水腔充满水。同时，右侧水腔容积减小，水流经单向阀4沿着供水通道2经过蓄能器、压力传感器和流量传感器等进入渗透仪，实现岩石的渗透试验。

步骤3：当活塞杆向右运动至极限位置时（增压缸油腔的压力达到顺序阀1的额定压力），控制油路1上的顺序阀1工作，控制三位四通液动换向阀工作，换向阀换向至右位，继续工作。

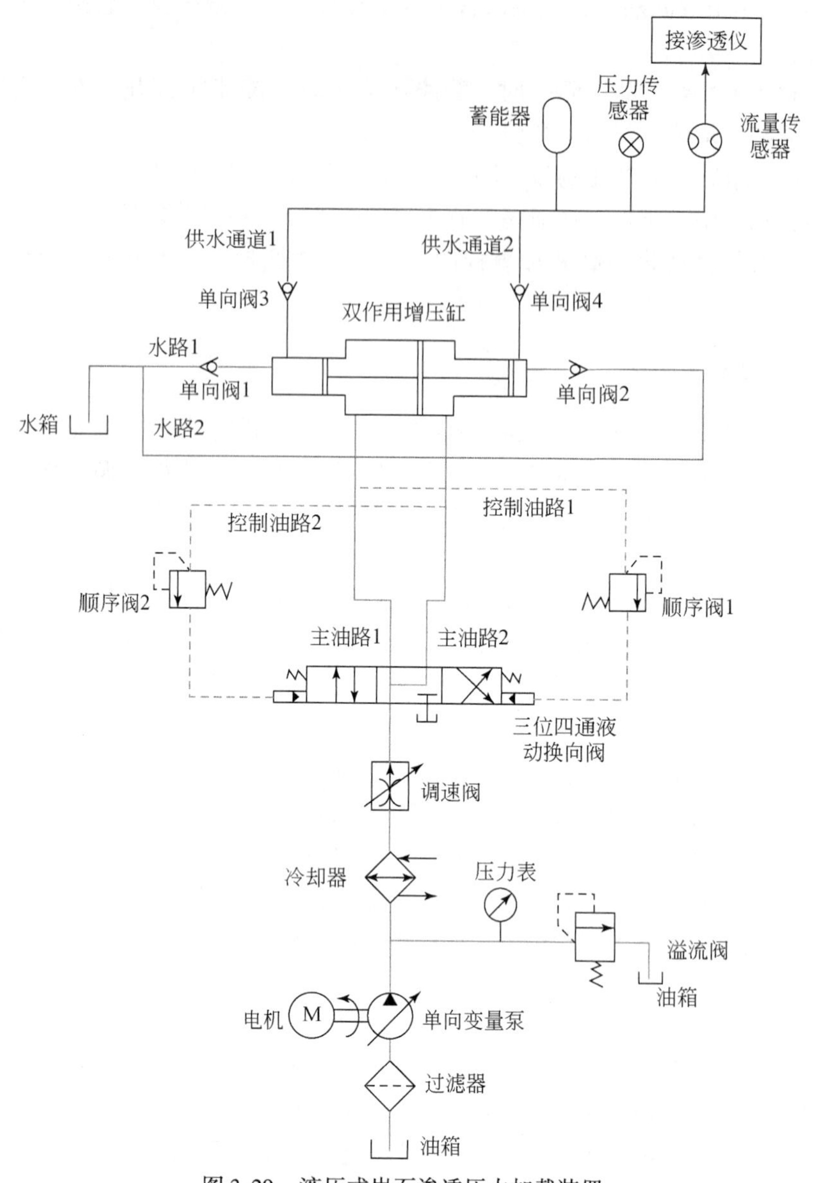

图 3-29　液压式岩石渗透压力加载装置

步骤4：三位四通液动换向阀接通至右位，油通过主油路2，进入双作用增压缸油腔的右侧，活塞杆向左运动，此时，右侧水腔容积增大，水箱开始供水，水流经单向阀2沿着水路2进入右侧水腔，直至右侧水腔充满水。同时，左侧水腔容积减小，水流经单向阀3沿着供水通道1经过蓄能器、压力传感器和流量传感器等进入渗透仪，实现岩石的渗透试验。

步骤5：当活塞杆向左运动至极限位置时（增压缸油腔的压力达到顺序阀2的额定压力），控制油路2上的顺序阀2工作，控制三位四通液动换向阀工作，换向阀换向至左位，继续工作。

步骤6：重复步骤2至步骤5，实现自动、持续供水，直至完成岩石的渗透试验。

步骤7：为了减小液动换向阀受到的冲击，三位四通电磁换向阀中位选择“P”型。调节调速阀可改变油路流量，进而控制供水管路流量，当换向阀换向时，双作用增压缸工作有间断，为了避免流量采集出现间断点，在供水通道上安装蓄能器，减缓供水通道上流量的突变。

步骤8：当系统发生阻塞时，管路压力上升，溢流阀打开，单向变量泵卸载，保证整个系统工作的安全性。

利用双条水路和双型四条油路的管路交互作用的设计、双通道供水设计，实现了破碎岩石渗透压力的自动化加载，且加载的压力稳定、持续、可调。

3.7　本章小结

伴随质量流失的破碎岩石渗透试验系统是在原有渗透试验系统的基础上改进设计的，试验系统的各个组成部分都进行了优化，经过专业人员详细的检验，该改进设计达到了预期效果，主要结论包括以下几个方面。

（1）陷落柱突水是长时间水渗流作用下，原有和次生细小颗粒随水流迁移的质量流失过程，因此，渗透试验系统不仅要有开放性的特点，同时还应有长时间渗透的特点，而不是仅仅局限在原有试验系统的180s时长。本章在原有渗透试验系统的基础上增设双作用增压缸，合理布置适当数量的截止阀，有效将已有的变量柱塞站、定量柱塞泵与双作用增压缸联系起来，利用变量柱塞站提供稳定、可调的油压，达到提供稳定可调的渗透水压力的目的。利用注射器原理，可重复循环向液压缸注水，以达到延长渗透试验的时长。实现了泵站式渗透和注射器式渗透的方便切换。长时间性和渗透压力可调是本系统区别于已有破碎岩石渗透试验系统的两大特点。

（2）针对伴随质量流失的破碎岩石渗流加速因子偏大的不足，提出了初步的改进设想，即加长渗透仪缸筒，并初步设想了配套的加载机构和压力信号采集方案。

（3）针对试验系统供水被频繁中断的不足，提出了双供水通道能自动切换的设计思想，初步设计了电磁感应式渗透压力加载装置和液压式渗透压力加载装置。这两种设计的优点是：①通过双作用增压缸实现双水路自动交互供水、抽水的效果，利用电磁感应式/液压式的工作原理，控制双作用增压缸的双供水通道自动切换、自动水源供给，解决了原来由水泵站、油泵站和注射器式储能器件控制时中途供水中断的弊端；②该设计实现了一条管路供油-供水，另一条管路回油-抽水的双管路交互工作方式，达到了自动抽水的效果，取代了水泵站，解决了水泵站中溢流阀容易生锈的弊端；③该设计实现了试验过程中渗透压力的自动化控制，节省了工时，节约了试验成本。其中，电磁感应式渗透压力加载装置还可根据用户需要实现渗透压力加载的压力控制和流量控制两种控制方式。

（4）本试验系统设计方案合理，功能完备，性能可靠。伴随质量流失的破碎岩石长时间渗透试验系统的设计，进一步完善了原有渗透试验系统，并且为后续相似渗透试验研究提供参考。

第4章　伴随质量流失的破碎岩石加速渗透试验参数计算

陷落柱揭露后，水在破碎岩体中的渗流引起的质量迁移过程通常持续几天到几个月。对于实验室试验而言，试验时间比较长。特别是考虑的影响因素较多时，试验时间更长。为了将室内考虑颗粒迁移、流失的破碎岩石渗透试验结果推广到实际陷落柱突水分析中，在较短的时间内了解陷落柱由于质量流失引起突水的机理，本书提出了伴随质量流失的破碎岩石加速渗透试验的想法。通过加速试验来加大压力梯度，快速查明考虑颗粒迁移的伴随质量流失的破碎岩体渗流失稳的机理。

伴随质量流失的破碎岩石加速渗透试验的结果分析是以有效数据为基础，在对数据进行结果分析前，首先保证试验参数的合理性。本章将在试验进行之前，给出试验参数的计算方法。

4.1　破碎岩样配比计算

破碎岩石渗透试验的粒径配比采用连续级配，即用一套规定筛孔尺寸的标准筛对混合破碎岩料进行筛分，得到混合岩料的孔径曲线是一条顺滑连续的曲线，且相邻粒径的颗粒之间有一定的比例关系。前期连续级配的计算多用 W. B. Fuller 根据实验提出的理想级配公式：

$$P=\left(\frac{d}{D}\right)^{\frac{1}{2}}\times 100\% \tag{4-1}$$

式中，P 为最大岩石干密度，g/cm^3；d 为破碎岩石的当前粒径，mm；D 为破碎岩石中的最大粒径，mm。该式认为当颗粒级配为抛物线时即为岩石的最大干密度曲线，显然这是一种理想曲线。实际混合料的级配有一定的波动范围。为了全方位了解最大干密度与粒径级配的关系，A. N. Talbol 将公式改为以下通式：

$$P=\left(\frac{d}{D}\right)^{n}\times 100\% \tag{4-2}$$

式（4-2）称为 Talbol 公式。式中，n 为 Talbol 幂指数。Talbol 公式可用来全面掌握连续级配的级配范围问题，具有重要的实际意义。为了得到详尽的试验结果，试验时连续级配系数（Talbol 幂指数）n 可取任意值，对 n 的不同取值可得到不同粒径破碎岩石所占的试样比例。

4.2　孔隙度计算

渗透试验前，将破碎岩石搅拌均匀后自然盛放于渗透仪缸筒内，通过测量盛放高度，易计算出自然盛放状态下的孔隙度 φ^* 为

$$\varphi^* = \frac{V^* - V_z}{V^*} = 1 - \frac{M}{\pi a^2 h^* \rho_s} \tag{4-3}$$

式中，V^* 为破碎岩样自然盛放状态下的体积；V_z 为同质量下致密岩样的体积；M 为破碎岩样的质量；ρ_s 为破碎岩样的质量密度；a 为缸筒内半径；h^* 为破碎岩样自然盛放时的高度。

破碎岩样受到轴向载荷作用而产生一定的轴向位移，故破碎岩样在渗透前的初始孔隙度 φ_0 为

$$\varphi_0 = \frac{V_0 - V_z}{V_0} = 1 - \frac{M}{\pi a^2 h_0 \rho_s} \tag{4-4}$$

式中，V_0 为产生一定轴向位移后破碎岩样的体积；h_0 为产生一定轴向位移后破碎岩样的高度。

渗透开始后，由于细小颗粒迁移流失，破碎岩样质量变化引起孔隙结构调整，孔隙度改变。渗透试验中任一时刻破碎岩样的当前孔隙度 φ_i 为

$$\varphi_i = 1 - \frac{M - \left(\sum \Delta m_i\right)}{\pi a^2 h_0 \rho_s} \quad (i = 1,\ 2,\ 3,\ \cdots,\ N) \tag{4-5}$$

式中，Δm_i 为任一时刻的流失质量。

渗透过程中，任一时间段内破碎岩样的孔隙度变化率 φ_i' 为

$$\varphi_i' = \frac{\varphi_i - \varphi_{i-1}}{\Delta t} \tag{4-6}$$

显然，孔隙度和孔隙度变化率随渗流时间 t 而变化，可以绘制出孔隙度-时间和孔隙度变化率-时间曲线。

4.3　流失质量计算

试验中，每隔 $\Delta t_i(i=1,\ 2,\ 3,\ \cdots,\ N)$ 时间收集一次流失的细小颗粒，烘干后称取其质量 $\Delta m_i(i=1,\ 2,\ 3,\ \cdots,\ N)$，则各时间段内破碎岩石总流失质量 $\tilde{m}$ 和破碎岩石单位体积单位时间的质量流失率 q_i 分别为

$$\tilde{m} = \sum \Delta m_i \tag{4-7}$$

$$q_i = \frac{\Delta m_i}{V_0 \Delta t_i} \tag{4-8}$$

显然，流失质量和质量流失率随渗流时间 t 而变化，可以绘制出流失质量-时间和质量流失率-时间曲线。

4.4　渗透性参量计算

陷落柱柱体内是由粒径不同的粗粒料组成的破碎岩体，在压力梯度较大、流速较高时，认为其渗流过程服从非 Darcy 流的动量方程，即

$$\rho_1 c_a \frac{\partial \vec{V}}{\partial t} = -\nabla p - \frac{\mu_0}{k}\vec{V} - \rho_1 \beta \vec{V}^2 + \rho_1 g \nabla z \tag{4-9}$$

式中，ρ_1 为流体的密度，kg/m^3；c_a 为流体加速度系数（无量纲）；$\vec{V}$ 为流体渗流速度，m/s；p 为渗透压力，MPa；∇p 为流体压力梯度，MPa/m；k 为岩样的非 Darcy 流渗透率，m^2；μ_0 为流体的动力黏度，Pa·s；β 为非 Darcy 流因子；∇z 为重力作用方向的单位矢量。

考虑到试样尺寸较小，重力作用远小于水压力作用，一般忽略不计。试验中水由底板进水管嘴流入渗透仪腔体，经过破碎岩样后由活塞孔流出，近似为自下而上的单向流，因此，试样中渗流简化为一维单相非 Darcy 渗流，则动量守恒关系可进一步表示为

$$\rho_1 c_a \frac{\partial V}{\partial t} = -\frac{\partial p}{\partial x} - \frac{\mu_0}{k} V - \rho_1 \beta V^2 \tag{4-10}$$

式中，x 为岩样铅锤方向坐标；渗流速度 V 可由流量 Q 计算，$V=\dfrac{Q}{\pi a^2}$。

在采样时刻 $t_i = i\tau$ 时展开式（4-10），可以得到：

$$\rho_1 c_a^i a_i = -G_p^i - \frac{\mu_0}{k_i} V_i - \rho_1 \beta_i V_i^2 \quad (i=0,\ 1,\ 2,\ \cdots,\ N) \tag{4-11}$$

式中，$a_i = \left.\dfrac{\partial V}{\partial t}\right|_{t=i\tau}$ 为 $t_i = i\tau$ 时刻渗流速度的当地导数；$G_p^i = \left.\dfrac{\partial p}{\partial x}\right|_{t=i\tau}$ 为 $t_i = i\tau$ 时刻的压力梯度。

破碎岩石的渗透率、非 Darcy 流 β 因子和加速度系数与孔隙度 φ 之间存在幂指数关系，即

$$\begin{cases} k_i = k_r \left(\dfrac{\varphi}{\varphi_r}\right)^{m_k} \\ \beta_i = \beta_r \left(\dfrac{\varphi}{\varphi_r}\right)^{m_\beta} \\ c_a^i = c_{ar} \left(\dfrac{\varphi}{\varphi_r}\right)^{m_c} \end{cases} \tag{4-12}$$

式中，φ_r 为孔隙度的参考值；k_r、β_r 和 c_{ar} 分别为破碎岩石样本对应于孔隙度参考值的渗透率、非 Darcy 流 β 因子和加速度系数的参考值；m_k、m_β 和 m_c 分别为对应孔隙度参考值的幂指数参考值。

基于时间序列 V_i（$i=0, 1, 2, \cdots, N$）和 G_p^i（$i=0, 1, 2, \cdots, N$），利用式（4-9）和式（4-10），可以得到采样时刻 $t_i = i\tau$（$i=0, 1, 2, \cdots, N$）的渗透率 k_i、非 Darcy 流 β 因子 β_i 和加速度系数 c_a^i（$i=0, 1, 2, \cdots, N$）。

由式（4-12）容易写出：

$$\begin{cases} \beta_i = \beta_r \left(\dfrac{k_i}{k_r}\right)^{n_\beta} \\ c_a^i = c_a^r \left(\dfrac{k_i}{k_r}\right)^{n_c} \end{cases} \tag{4-13}$$

式中，$n_\beta = m_\beta - m_k$；$n_c = m_c - m_k$。将式（4-13）代入式（4-11），得到：

$$\rho_1 c_a^r \left(\frac{k_i}{k_r}\right)^{n_c} a_i = -G_p^i - \frac{\mu_0}{k_i} V_i - \rho_1 \beta_r \left(\frac{k_i}{k_r}\right)^{n_\beta} V_i^2 \quad (i=0, 1, 2, \cdots, N) \tag{4-14}$$

式（4-14）是关于 k_i 的代数方程，可以利用数值方法，如二分法、Newton 切线法，求出其实根，即为渗透率 k_i（$i=0, 1, 2, \cdots, N$）的预估值。利用式（4-13），可以得到非 Darcy 流 β 因子和加速度系数的预估值 β_i 和 c_a^i（$i=0, 1, 2, \cdots, N$）。

在计算采样时刻的渗透性参量 k_i、β_i 和 c_a^i 的过程中，为了能够选择出式（4-13）中参量 k_r、β_r、c_a^r、n_β 和 n_c 的最优值，可以通过设计一种遗传算法，具体优化方法如下所述。

1）压力梯度、渗流速度和渗流速度当地导数时间序列的构造

采样周期为 τ，长度为 N 的压力梯度 G_p、渗流速度 V 和渗流速度当地导数 $\dfrac{\partial V}{\partial t}$ 的时间序列分别记为

$$G_p^i \ (i=0, 1, 2, \cdots, N)$$
$$V_i \ (i=0, 1, 2, \cdots, N)$$
$$a_i \ (i=0, 1, 2, \cdots, N)$$

2）编码与编码方法

第一步，参照恒定质量破碎岩样渗透试验结果，确定渗透率、非 Darcy 流 β 因子、加速度系数的参考值 k_r、β_r、c_{ar}、幂指数 n_β 和 n_c 的可能取值范围，即

$$k_r \in [k_{r1}, k_{r2}] \tag{4-15}$$

$$\beta_r \in [\beta_{r1}, \beta_{r2}] \tag{4-16}$$

$$c_{ar} \in [c_{ar1}, c_{ar2}] \tag{4-17}$$

$$n_\beta \in [n_{\beta1}, n_{\beta2}] \tag{4-18}$$

$$n_c \in [n_{c1}, n_{c2}] \tag{4-19}$$

第二步，确定基因长度，将渗透率 k_r、非 Darcy 流 β 因子 β_r、加速度系数 c_{ar}、幂指数 n_β 和 n_c 作为决策变量，将其转换为长度分别为 l_1、l_2、l_3、l_4 和 l_5，由字符 0 和 1 组成的位串：$I_{11}I_{12}\cdots I_{1l_1}$、$I_{21}I_{22}\cdots I_{2l_2}$、$I_{31}I_{32}\cdots I_{3l_3}$、$I_{41}I_{42}\cdots I_{4l_4}$ 和 $I_{51}I_{52}\cdots I_{5l_5}$，即将决策变量分别用二进制位串进行编码。

第三步，由长度为 $m=l_1+l_2+l_3+l_4+l_5$ 的二进制位串 $I_1I_2\cdots I_m$ 构成遗传算法的个体基因型，相应的表现型为

$$k_r^j = k_{r1}\left[e^{\frac{\ln\frac{k_{r2}}{k_{r1}}}{2^{l_1}-1}}\right]^j,\ j=\sum_{i=1}^{l_1}2^iI_{1i},\ j=0,\ 1,\ \cdots,\ 2^{l_1}-1 \tag{4-20}$$

$$\beta_r^j = \beta_{r1}\left[e^{\frac{\ln\frac{\beta_{r2}}{\beta_{r1}}}{2^{l_2}-1}}\right]^j,\ j=\sum_{i=1}^{l_2}2^iI_{2i},\ j=0,\ 1,\ \cdots,\ 2^{l_2}-1 \tag{4-21}$$

$$c_{ar}^j = c_{ar1}\left[e^{\frac{\ln\frac{c_{ar2}}{c_{ar1}}}{2^{l_3}-1}}\right]^j,\ j=\sum_{i=1}^{l_3}2^iI_{3i},\ j=0,\ 1,\ \cdots,\ 2^{l_3}-1 \tag{4-22}$$

$$n_\beta^j = n_{\beta1}\left[1+\frac{j}{2^{l_4}-1}\frac{n_{\beta2}-n_{\beta1}}{n_{\beta1}}\right],\ j=\sum_{i=1}^{l_4}2^iI_{4i},\ j=0,\ 1,\ \cdots,\ 2^{l_4}-1 \tag{4-23}$$

$$n_c^j = n_{c1}\left[1+\frac{j}{2^{l_5}-1}\frac{n_{c2}-n_{c1}}{n_{c1}}\right],\ j=\sum_{i=1}^{l_5}2^iI_{5i},\ j=0,\ 1,\ \cdots,\ 2^{l_5}-1 \tag{4-24}$$

3）初始种群的产生

第一步，确定初始种群规模 k_{group}。

第二步，产生随机种子数。

第三步，产生 k_{group} 个长度为 m 的二进制位串，得到初始种群

$$\text{initial\_pop}=\{I_1^iI_2^i\cdots I_m^i \mid i=1,\ 2,\ \cdots,\ k_{group}\} \tag{4-25}$$

4）渗流速度数值解的计算

第一步，对初始种群中每一个个体 chromosome（i）$=I_1^iI_2^i\cdots I_m^i$，$i=1$，2，…，k_{group}进行解码，得到个体基因的表现型，即根据式（4-20）～式（4-24）求出决策变量 k_r^i、β_r^i、c_{ar}^i、n_β^i 和 $n_c^i(i=1，2，\cdots，k_{group})$ 的值。

第二步，对每一个个体，根据压力梯度 G_p 的时间序列 $G_p^{t_i}$ 和渗流速度 V 的时间序列 V^{t_i}，利用 Newton 切线法，求出各采样时刻的渗透率 $k_r^{t_i}$、非 Darcy 流 β 因子 $\beta_r^{t_i}$ 和加速度系数 $c_{ar}^{t_i}$，$t_i=i\tau$，τ 为采样周期（$i=1，2，\cdots，N$），得到每一个个体对应的渗透率、非 Darcy 流 β 因子和加速度系数时间序列。

$$k^{t_i}\ (i=1,\ 2,\ \cdots,\ N)$$
$$\beta^{t_i}\ (i=1,\ 2,\ \cdots,\ N)$$
$$c_a^{t_i}\ (i=1,\ 2,\ \cdots,\ N)$$

第三步，构造式（4-10）的外部函数。利用变步长的四阶 Runge-Kutta 法求式（4-10）的数值解，需要构造压力梯度、渗透率、非 Darcy 流 β 因子和加速度系数非采样时刻（如 $t=2.2\tau$）的值。在变步长的四阶 Runge-Kutta 法子程序中，外部函数需要调用全区间不等距三节点 Lagrange 插值子程序，分别对压力梯度、渗透率、非 Darcy 流 β 因子和加速度系数进行全区间三节点插值。例如，时刻 $t\in(t_k，t_{k+2})$，（$k=0，1，2，\cdots，N$）的渗透率、非 Darcy 流 β 因子、加速度系数和压力梯度可按如下的插值公式计算：

$$k=k^{t_k}\frac{(t-t_{k+1})(t-t_{k+2})}{(t_k-t_{k+1})(t_k-t_{k+2})}+k^{t_{k+1}}\frac{(t-t_k)(t-t_{k+2})}{(t_{k+1}-t_k)(t_{k+1}-t_{k+2})}+k^{t_{k+2}}\frac{(t-t_k)(t-t_{k+1})}{(t_{k+2}-t_k)(t_{k+2}-t_{k+1})} \tag{4-26}$$

$$\beta=\beta^{t_k}\frac{(t-t_{k+1})(t-t_{k+2})}{(t_k-t_{k+1})(t_k-t_{k+2})}+\beta^{t_{k+1}}\frac{(t-t_k)(t-t_{k+2})}{(t_{k+1}-t_k)(t_{k+1}-t_{k+2})}+\beta^{t_{k+2}}\frac{(t-t_k)(t-t_{k+1})}{(t_{k+2}-t_k)(t_{k+2}-t_{k+1})} \tag{4-27}$$

$$c_a=c_a^{t_k}\frac{(t-t_{k+1})(t-t_{k+2})}{(t_k-t_{k+1})(t_k-t_{k+2})}+c_a^{t_{k+1}}\frac{(t-t_k)(t-t_{k+2})}{(t_{k+1}-t_k)(t_{k+1}-t_{k+2})}+c_a^{t_{k+2}}\frac{(t-t_k)(t-t_{k+1})}{(t_{k+2}-t_k)(t_{k+2}-t_{k+1})} \tag{4-28}$$

$$G_p=G_p^{t_k}\frac{(t-t_{k+1})(t-t_{k+2})}{(t_k-t_{k+1})(t_k-t_{k+2})}+G_p^{t_{k+1}}\frac{(t-t_k)(t-t_{k+2})}{(t_{k+1}-t_k)(t_{k+1}-t_{k+2})}+G_p^{t_{k+2}}\frac{(t-t_k)(t-t_{k+1})}{(t_{k+2}-t_k)(t_{k+2}-t_{k+1})} \tag{4-29}$$

第四步，以 τ 为步长，利用变步长的四阶 Runge-Kutta 法求式（4-10）的数值解，得到渗流速度计算值时间序列 V_i^*（$i=0，1，2，\cdots，N$）。

5）适应度计算

第一步，计算渗流速度的数值解 $V_i^*(i=0，1，2，\cdots，N)$ 与试验数据 $V_i(i=$

0，1，2，…，N）之间的差 E_{rr}：

$$E_{rr} = \frac{1}{N}\sum_{i=1}^{n}\left(1 - \frac{V_i^*}{V_i}\right)^2 \tag{4-30}$$

第二步，构造适应度函数并计算种群中个体的适应度。以误差 E_{rr} 构造个体的适应度：

$$\text{fitn}(i) = \frac{1}{E_{rr}^{1/4}} \quad (i=1,\ 2,\ \cdots,\ k_{\text{group}}) \tag{4-31}$$

6）选择操作

利用随机遍历法从初始种群中选择出具有交配权的 k_{cop} 个个体，个体的基因型为

$$P_{cop} = \{\text{chromosome}\ (i_1)\ |\text{chromosome}\ (i_1)\ = I_1^{i_1} I_2^{i_1} \cdots I_m^{i_1} \quad (i_1 = 1,\ 2,\ \cdots,\ k_{cop})\} \tag{4-32}$$

7）交叉操作

对 P_{cop} 中个体进行随机配对，即对每一基因位串随机产生交叉位，并按某一交叉概率 p_c 对每一对交叉个体（夫妇）进行交叉操作，得到个体集合 P_{cop}^*。

8）变异操作

对 P_{cop}^* 中每一基因位串随机产生变异位，并按某一变异概率 p_m 对每一个个体进行变异运算，得到新一代种群：

$$\text{New\_pop} = \{I_1^i I_2^i \cdots I_m^i \ | i=1,\ 2,\ \cdots,\ k_{cop}\} \tag{4-33}$$

9）停止繁殖的条件

计算新一代种群中每一个个体的适应度 $\text{fitn}(i)\ (i=1,\ 2,\ \cdots,\ k_{cop})$，如果适应度的最大值 fitn_max 大于等于预先设定的数值 s，即

$$\text{fitn\_max} \geqslant s \tag{4-34}$$

或繁殖代数等于某一事先设定的整数 N_g，则停止繁殖。如果 $\text{fitn\_max}<s$，则继续进行选择、交叉、变异运算，直到式（4-34）得以满足。对最优个体（适应度最大的个体）进行解码，即根据式（4-20）~式（4-24）将基因型转化为表现型，得到 k_r、β_r、c_{ar}、n_β 和 n_c 的最优值 k_r^{best}、β_r^{best}、c_{ar}^{best}、n_β^{best} 和 n_c^{best}。

将优选出的最优值 k_r^{best}、β_r^{best}、c_{ar}^{best}、n_β^{best} 和 n_c^{best} 代入式（4-14），再次利用 Newton 切线法，计算出各采样时刻的渗透率，再利用式（4-13）分别计算出采样时刻的非 Darcy 流 β 因子和加速度系数，即得到渗透性参量的时间序列。

4.5 伴随质量流失的破碎岩石渗透性参量计算程序

伴随质量流失的破碎岩石渗透性参量计算程序，包括应用 Newton 切线法求解非线性代数方程、利用全区间三节点不等距 Lagrange 插值法计算非采样时刻渗透性参量、应用四阶 Runge-Kutta 法求解外部函数非连续的常微分方程的数值解、利用遗传算法选择最优参考值等子程序，具体如下所示。

```
$DEBUG
        implicit double precision (A-H,p-y)
        implicit character(o,z)
c       externaL f
        dimension y(2),d(2),b1(2),c(2),g(2)
        dimension testd(3,301),tsampl(301),pgrad(301),velo(301)
        dimension testdata(7,181)
        dimension pgy(301),pgd(301),vy(301),vd(301),v1(301)
        dimension ichrom(23),igroup0(40,23),icop(20),iseq(20)
        dimension igroup(20,23),ngroup(20,23)
        dimension fitn(40),fit1(40),fit2(20)
        character ss5*9,ss6*9,ss7*9,ss8*9,ss9*9
        common/c1/perm1,perm2,beta1,beta2,ca1,ca2,dmb1,dmb2,dmc1,
          dmc2
        common/c2/visc,rou
        write(*,8)
8       format(1x,'input file name of output data,ss5')
        read(*,*) ss5
        write(*,18)
18      format(1x,'input file name of output data,ss6')
        read(*,*) ss6
        write(*,28)
28      format(1x,'input file name of output data,ss7')
        read(*,*) ss7
        write(*,38)
38      format(1x,'input file name of output data,ss8')
        read(*,*) ss8
        write(*,48)
48      format(1x,'input file name of output data,ss9')
        read(*,*) ss9
        OPEN(5,FILE=ss5,status='old')
```

```
      OPEN(6,FILE=ss6,status='new')
      OPEN(7,FILE=ss7,status='new')
      OPEN(8,FILE=ss8,status='new')
      OPEN(9,FILE=ss9,status='new')
      m=2
      m1=301
c     m1=读取的试验数据长度
      m2=m1-1
c     m2=根据试验数据计算的渗流速度、压力梯度、当地加速度时间序列长度
      m3=181
c     m3=计算渗流速度的步数(考虑利用 Newton 切线法求代数方程根在个别点实
        效,m3<m2)
      kgrp=40
c     kgrp=个体数量(群体规模),grp=group 的简写,k 为整型数的开头字母
      kcop=20
      pc=0.8d+00
      pm=0.2d+00
      mmut=6
      mcross=4
      visc=0.101d-02
      rou=0.1d+04
      pi=0.4d+01*datan(0.1d+01)
      radius=0.1d+00
      aera=0.25d+00*pi*radius**2
      height=0.1d+00
      perm1=0.5d-12
      perm2=0.7d-12
      beta1=0.24d+10
      beta2=0.26d+10
      ca1=0.18d+10
      ca2=0.22d+10
      dmb1=-0.21d+01
      dmb2=-0.17d+01
      dmc1=-0.15d+01
      dmc2=-0.11d+01
      nkr=5
      nbr=5
      ncr=5
      nmb=4
```

```
      nmc=4
      nt=nkr+nbr+ncr+nmb+nmc
      eps=0.1d-03
      eps1=0.1d-09
      do j=1,m1
      read(5,*) (testd(i,j),i=1,3)
      end do
      do i=1,m1
      tsampl(i)=dble(i-1)
      pgrad(i)=testd(2,i)/height
      velo(i)=testd(3,i)*0.1d-02/0.36d+04/aera
      end do
      call spt(m1,pgrad,pgy,pgd)
      call spt(m1,velo,vy,vd)
      ig=0
      write(6,11) ig
      write(7,11) ig
11    format('generation',i2)
      write(*,37)ig
37    format(3x,i6,'th generation population')
      call chromosome(nt,kgrp,igroup0)
      do 2100 i=1,kgrp
      do j=1,nt
      ichrom(j)=igroup0(i,j)
      end do
      call decode(nt,nkr,nbr,ncr,nmb,nmc,ichrom,
     *ikt,ibt,ict,imbt,imct,permr,betar,car,dmb,dmc)
      write(*,15)ichrom
      write(*,115)ikt,ibt,ict,imbt,imct
      write(*,125)permr,betar,car,dmb,dmc
15    format(16x,23I1)
115   format(16x,5I16)
125   format(16x,5e16.6)
      do 200 i1=1,m3
      gp=pgrad(i1)
      v=velo(i1)
      vt=velo(i1+1)-velo(i1)
      x=visc*v/gp
      call newton(x,eps1,gp,v,vt,1,permr,betar,car,dmb,dmc)
```

```
        perm=x
c       if(x.le.0.0d+00) goto 200
        beta=betar*dexp(dmb*dlog(x/permr))
        ca=car*dexp(dmc*dlog(x/permr))
        testdata(1,i1)=tsampl(i1)
        testdata(2,i1)=pgrad(i1)
        testdata(3,i1)=velo(i1)
        testdata(4,i1)=perm
        testdata(5,i1)=beta
        testdata(6,i1)=ca
        testdata(7,i1)=visc*v/gp
200     continue
145     format(7e16.6)
        i1=1
        t=0.0d+00
        ht=0.1d+01
        y(1)=0.0d+00
        y(2)=velo(1)
        v1(i1)=y(2)
        time=y(1)+ht*dble(m3-1)
36      call rkt3(t,ht,m,y,m3,testdata,eps,d,b1,c,g)
        i1=i1+1
        v1(i1)=y(2)
        t=t+ht
        IF(t.lt.time) GO TO 36
        err=0.0d+00
        do i4=1,m3
        err=err+(0.1d+01-v1(i4)/testdata(3,i4))**2/dble(m3)
        end do
        fit_individual=0.1d+01/dsqrt(dsqrt(err))
        fitn(i)=fit_individual
        fit1(i)=fitn(i)
        write(6,17)i,ikt,ibt,ict,imbt,imct,ichrom
        write(7,27)i,permr,betar,car,dmb,dmc,fitn(i)
17      format(6i8,8x,23I1)
27      format(i16,6e16.6)
2100    continue
        call bubble_sort(fit1,kgrp,kbest)
        best=fit1(kgrp)
```

```
      best1=fitn(kbest)
      write(*,171)best,best1
171   format(3x,'fit1(kgrp)=',d16.6,'fitn(kbest)=',d16.6)
      pause
      if(best.gt.0.2d+04) goto 888
c     从数量为 kgrp 初始种群中选出 kcop 个具有交配权的个体的编号 icop,iseq
      call select0(kgrp,fitn,kcop,icop,iseq)
c     select0 中没有染色体的信息,只用适应度对个体进行排序和选择
      do 201 i=1,kcop
      i1=iseq(i)
      fit2(i)=fitn(i1)
      do 201 j=1,nt
      igroup(i,j)=igroup0(i1,j)
201   continue
c     通过以上运算,具有交配权的个体的染色体也得到了
      ig=1
999   write(6,11) ig
      write(7,11) ig
      call crossover(nt,mcross,kcop,pc,igroup,ngroup)
      call mutation(kcop,nt,mmut,pm,igroup,ngroup)
      do 300 i=1,kcop
      do j=1,nt
      ichrom(j)=igroup(i,j)
      end do
      call decode(nt,nkr,nbr,ncr,nmb,nmc,ichrom,
     *  ikt,ibt,ict,imbt,imct,permr,betar,car,dmb,dmc)
      write(*,15)ichrom
      write(*,115)ikt,ibt,ict,imbt,imct
      write(*,125)permr,betar,car,dmb,dmc
      do i3=1,m3
      gp=pgrad(i3)
      v=velo(i3)
      vt=velo(i3+1)-velo(i3)
      x=visc*v/gp
      call newton(x,eps1,gp,v,vt,l,permr,betar,car,dmb,dmc)
      perm=x
c     if(x.le.0.0d+00) goto 200
      beta=betar*dexp(dmb*dlog(x/permr))
      ca=car*dexp(dmc*dlog(x/permr))
```

```
        testdata(1,i3)=tsampl(i3)
        testdata(2,i3)=pgrad(i3)
        testdata(3,i3)=velo(i3)
        testdata(4,i3)=perm
        testdata(5,i3)=beta
        testdata(6,i3)=ca
        testdata(7,i3)=visc*v/gp
        end do
        i1=1
        t=0.0d+00
        y(1)=0.0
        y(2)=velo(1)
        v1(i1)=velo(1)
        time=y(1)+ht*dble(m3-1)
361     call rkt3(t,ht,m,y,m3,testdata,eps,d,b1,c,g)
        i1=i1+1
        v1(i1)=y(2)
        T=T+ht
        IF(T.LE.time) GO TO 361
        err=0.0d+00
        do i4=1,m3
        err=err+(0.1d+01-testdata(3,i4)/v1(i4))**2/dble(m1)
        end do
        fit_individual=0.1d+01/err
        fitn(i)=fit_individual
        fit1(i)=fitn(i)
        write(6,17)i,ikt,ibt,ict,imbt,imct,ichrom
        write(7,27)i,permr,betar,car,dmb,dmc,fitn(i)
300     continue
        call bubble_sort(fit1,kgrp,kbest)
        best=fit1(kgrp)
        best1=fitn(kbest)
        write(*,171)best,best1
        pause
        ig=ig+1
        if(best.lt.0.2d+04.and.ig.lt.16) goto 999
888     do j=1,nt
        if(kbest.gt.kcop) then
        ichrom(j)=igroup0(kbest,j)
```

```
      else
      ichrom(j)=igroup(kbest,j)
      end if
      end do
      call decode(nt,nkr,nbr,ncr,nmb,nmc,ichrom,
     *      ikt,ibt,ict,imbt,imct,permr,betar,car,dmb,dmc)
      write(7,27)kbest,permr,betar,car,dmb,dmc,fitn(kbest)
      do i3=1,m3
      gp=pgrad(i3)
      v=velo(i3)
      vt=velo(i3+1)-velo(i3)
      x=visc*v/gp
      call newton(x,eps1,gp,v,vt,l,permr,betar,car,dmb,dmc)
      perm=x
      beta=betar*dexp(dmb*dlog(x/permr))
      ca=car*dexp(dmc*dlog(x/permr))
      testdata(4,i3)=perm
      testdata(5,i3)=beta
      testdata(6,i3)=ca
      write(8,145)(testdata(k1,i3),k1=1,7)
      end do
      i1=1
      t=0.0d+00
      y(1)=0.0
      y(2)=velo(1)
      time=y(1)+ht*dble(m3-1)
      write(9,165)y,testdata(3,i1)
363   call rkt3(t,ht,m,y,m3,testdata,eps,d,b1,c,g)
      i1=i1+1
      T=T+ht
      write(9,165)y,testdata(3,i1)
165   format(3e16.6)
      IF(i1.LE.m3-1) GO TO 363
      close(5)
      close(6)
      close(7)
      close(8)
      close(9)
      stop
```

```
      end

      subroutine select0(kgrp,fitn,kcop,icop,iseq)
c     随机遍历抽样法
c     从数量为 kgrp 个个体中选择 kcop 个具有交配权的个体
      implicit double precision (A-H,p-y)
      implicit character(o,z)
      dimension fitn(kgrp),fitt(kgrp),pfit(kgrp)
      dimension prob(kgrp),icop(kcop),iseq(kcop)
c     icop=先后被选择的基因型序号
c     iseq sequence number,对 icop 按升序排序
      fitt(1)=fitn(1)
      do 20 i=2,kgrp
20    fitt(i)=fitt(i-1)+fitn(i)
      tot=fitt(kgrp)
      do 30 i=1,kgrp
30    pfit(i)=fitn(i)/tot
      call random_seed ()
      call random_number(t)
      prob(1)=t/dble(kcop)
      do i=2,kcop
      prob(i)=prob(1)+dble(i-1)/dble(kcop)
      end do
      do 50 i=1,kcop
      a=prob(i)
      call minim(kgrp,i1,a,pfit)
      iseq(i)=i1
      icop(i)=i1
50    continue
c     icop 被选中的个体原始编号
c     iseq=将 icop 按升序排列
      call bubble(iseq,kcop)
      return
      end

      subroutine crossover(m,mcross,kcop,pc,igroup,ngroup)
c     crossover=交叉
      implicit double precision (A-H,p-y)
      implicit character(o,z)
```

```
      dimension n1(m),n2(m)
      dimension rd(kcop),ith(kcop)
      dimension igroup(kcop,m),ngroup(kcop,m),icross(kcop/2)
      pc1=(0.1d+01-pc)/0.2d+01
      pc2=pc1+pc
      call init_random_seed()
      do k=1,kcop/2
      call random_number(x)
      if (x.gt.pc2.or.x.lt.pc1) then
      icross(k)=0
      else
      icross(k)=1
      end if
      end do
c     生成有交配权的个体集合
c     产生 1 到 kcop 的随机排列
c     作用前 ith=1,2,3,…,kcop
c     作用后 ith 随机排序
      do i=1,kcop
      ith(i)=i
      end do
      call random_seed()
c     call init_random_seed()
      call random_number(rd)
      do i=1,kcop-1
      do j=i+1,kcop
      if (rd(i).gt.rd(j)) then
      itemp=ith(i)
      ith(i)=ith(j)
      ith(j)=itemp
      end if
      end do
      end do
c     开始配对,ith(1)与 ith(kcop)配对,ith(2)与 ith(kcop-1),...,ith(i)
        与 ith(kcop+1-i)配对
      do 100 i=1,kcop/2
      i1=ith(i)
      i2=ith(kcop+1-i)
      do j=1,m
```

```
      n1(j)=igroup(i1,j)
      n2(j)=igroup(i2,j)
      end do
c     交叉运算,开始
      do j=3,m,5
      if (icross(i).eq.1) then
      ngroup(i1,j)=n2(j)
      ngroup(i2,j)=n1(j)
      else
      ngroup(i1,j)=n1(j)
      ngroup(i2,j)=n2(j)
      end if
      end do
100   continue
c     交叉运算,结束
      return
      end

      subroutine mutation(kcop,m,mmut,pm,igroup,ngroup)
c     mutation=变异,变异位随机,变异概率=pm
      implicit double precision (A-H,p-y)
      implicit character(o,z)
      dimension igroup(kcop,m),ngroup(kcop,m)
      pm1=(0.1d+01-pm)/0.2d+01
      pm2=pm1+pm
      call init_random_seed()
      do i=1,kcop
      call random_number(x)
      call random_number(x1)
      k1=int(dble(m)*x)
      k2=max(k1,1)
      do j=1,m
      igroup(i,j)=ngroup(i,j)
      end do
      if(x1.lt.pm1.or.x1.gt.pm2) then
      if(ngroup(i,k2).eq.0) then
      igroup(i,k2)=1
      else
      igroup(i,k2)=1
```

```
      end if
      end if
      end do
      return
      end

      subroutine newton(x,eps1,gp,v,vt,l,permr,betar,car,dmb,dmc)
      impLicit doubLe precision (a-h,o-z)
      l=60
      call fs(x,y,dy,gp,v,vt,permr,betar,car,dmb,dmc)
10    if ((dabs(dy)+0.1d+01).eq.0.1d+01) then
      l=0
      write(*,20)
20    format(3x,'err! ')
      return
      end if
      x1=x-y/dy
      call fs(x1,y,dy,gp,v,vt,permr,betar,car,dmb,dmc)
      if((dabs(x1-x).ge.eps1).or.(dabs(y).ge.eps1)) then
      l=l-1
      x1=x
      if(l.eq.0) return
      goto 10
      end if
      x=x1
      return
      end

      subroutine fs(x1,y,dy,gp,v,vt,permr,betar,car,dmb,dmc)
      impLicit doubLe precision (a-h,o-z)
      common /c2/visc,rou
      if (x1.lt.0.0d+00) return
      beta=betar*dexp(dmb*dlog(x1/permr))
      ca=car*dexp(dmc*dlog(x1/permr))
      betak=beta*dmb*permr/x1
      cak=ca*dmc*permr/x1
      y=rou*ca*vt-gp+visc/x1*v+rou*beta*v**2
      dy=rou*cak*vt-visc*v/x1**2+rou*betak*v**2
      return
```

```
      end

      subroutine rkt3(t,h,m,y,m3,testdata,eps,d,b,c,g)
      impLicit doubLe precision (a-h,o-z)
      dimension y(m),d(m),a(4),b(m),c(m),g(m)
      dimension testdata(7,m3)
      hh=h
      n=1
      p=1+eps
      x=t
      do 5 i=1,m
5     c(i)-y(i)
10    if (p.ge.eps) then
      a(1)=hh/2.0
      a(2)=a(1)
      a(3)=hh
      a(4)=hh
      do 20 i=1,m
      g(i)=y(i)
      y(i)=c(i)
20    continue
      dt=h/n
      t=x
      do 100 j=1,n
      call f(t,y,2,d,m3,testdata)
      do 30 i=1,m
30    b(i)=y(i)
      do 50 k=1,3
      do 40 i=1,m
      y(i)=y(i)+a(k)*d(i)
      b(i)=b(i)+a(k+1)*d(i)/3.0
40    continue
      tt=t+a(k)
      call f(tt,y,2,d,m3,testdata)
50    continue
      do 60 i=1,m
60    y(i)=b(i)+hh*d(i)/6.0
      t=t+dt
100   continue
```

```
      p=0.0
      do 110 i=1,m
      q=dabs(y(i)-g(i))
      if (q.gt.p) p=q
110   continue
      hh=hh/2.0
      n=n+n
      goto 10
      end if
      t=x
      return
      end

      subroutine lgrg2(x,y,n,t,z)
      implicit double precision (a-h,o-z)
      dimension x(n),y(n)
      z=0.0
      if (n.le.0) return
      if (n.eq.1) then
      z=y(1)
      return
      end if
      if(n.eq.2) then
      z=(y(1)*(t-x(2))-y(2)*(t-x(1)))/(x(1)-x(2))
      return
      end if
      if(t.le.x(2)) then
      k=1
      m=3
      else if(t.ge.x(n-1)) then
      k=n-2
      m=n
      else
      k=1
      m=n
10    if(iabs(k-m).ne.1) then
      l=(k+m)/2
      if(t.lt.x(l)) then
      m=l
```

```
      else
      k=1
      end if
      goto 10
      end if
      if(dabs(t-x(k)).lt.dabs(t-x(m))) then
      k=k-1
      else
      m=m+1
      end if
      end if
      z=0.0
      do 30 i=k,m
      s=0.1d+01
      do 20 j=k,m
      if(j.ne.i) then
      s=s*(t-x(j))/(x(i)-x(j))
      end if
20    continue
      z=z+s*y(i)
30    continue
      return
      end

      subroutine spt(n,y,yy,yd)
      implicit double precision (a-h,o-z)
      dimension y(n),yy(n),yd(n)
      if (n.lt.5) then
      do 10 i=1,n
      10yy(i)=y(i)
      end if
      yy (1)=(0.69d+02*y(1)+0.4d+01*y(2)-0.6d+01*y(3)+0.4d+01*y
         (4)
*     -y(5))/0.7d+02
      yd(1)=yy(2)-yy(1)
      yy (2)=(0.2d+01*y(1)+0.27d+02*y(2)+0.12d+02*y(3)-0.8d+01*y
         (4)
*     +0.2d+01*y(5))/0.35d+02
      yd(2)=(yy(3)-yy(1))/0.2d+01
```

```
      do 20 i=3,n-2
      yy(i)=(-0.3d+01*y(i-2)+0.12d+02*y(i-1)+0.17d+02*y(i)
*     +0.12d+02*y(i+1)-0.3d+01*y(i+2))/0.35d+02
      yd(i)=0.5d+01*(yy(i+1)-yy(i-1))
20    continue
      yy(n-1)=(0.2d+01*y(n-4)-0.8d+01*y(n-3)+0.12d+02*y(n-2)
    * +0.27d+02*y(n-1)+0.2d+01*y(n))/0.35d+02
      yy(n)=(-y(n-4)+0.4d+01*y(n-3)-0.6d+01*y(n-2)
    * +0.4d+01*y(n-1)+0.69d+02*y(n))/0.7d+02
      yd(n-1)=(yy(n)-yy(n-2))/0.2d+01
      yd(n)=yy(n)-yy(n-1)
      return
      end

      subroutine f(t,y,m,d,m3,testdata)
      impLicit doubLe precision (a-h,o-z)
      dimension testdata(7,m3)
      dimension pn(m3),permn(m3),betan(m3),can(m3)
      dimension x(m3),y(m),d(m)
      common /c2/visc,rou
c     下标n表示节点,pn表示节点上压力梯度,permn表示节点上渗透率
      do i=1,181
      x(i)=testdata(1,i)
      pn(i)=testdata(2,i)
      permn(i)=testdata(4,i)
      betan(i)=testdata(5,i)
      can(i)=testdata(6,i)
      end do
      call lgrg2(x,pn,181,t,p)
      call lgrg2(x,permn,181,t,perm)
      call lgrg2(x,betan,181,t,beta)
      call lgrg2(x,can,181,t,ca)
      d(1)=0.1d+01
      d(2)=(p-visc*y(2)/perm-rou*beta*y(2)**2)/rou/ca
      return
      end

      subroutine init_random_seed()
      integer clock
```

```
      integer,dimension(:),allocatable :: seed
      call random_seed(size=n)
      allocate(seed(n))
      call system_clock(count=clock)
      seed=clock+37*(/(i-1,i=1,n)/)
      call random_seed(put=seed)
      deallocate(seed)
      end subroutine init_random_seed

      subroutine chch01(m,och,ich)
      character och
      dimension och(m),ich(m)
      do 10 i=1,m
      if(och(i).eq.'Z') then
      ich(i)=0
      else
      ich(i)=1
      end if
10    continue
      return
      end

      subroutine chch02(m,och,ich)
      character och
      dimension och(m),ich(m)
      do 10 i=1,m
      if(ich(i).eq.0) then
      och(i)='Z'
      else
      och(i)='O'
      end if
10    continue
      return
      end

      subroutine bubble_sort(a,n,kbest)
c     数据排序(升序)
      implicit double precision (a-h,o-z)
      dimension a(n)
```

```
      y=a(1)
      kbest=1
      do i=2,n
      if(a(i).gt.y) then
      y=a(i)
      kbest=i
      end if
      end do
      do i=n-1,1,-1
      do j=1,i
      if (a(j).gt.a(j+1)) then
      temp=a(j)
      a(j)=a(j+1)
      a(j+1)=temp
      end if
      end do
      end do
      return
      end subroutine

      subroutine bubble(ia,n)
c     数据排序(升序),整型数组
      dimension ia(n)
      do i=n-1,1,-1
      do j=1,i
      if (ia(j).gt.ia(j+1)) then
      itemp=ia(j)
      ia(j)=ia(j+1)
      ia(j+1)=itemp
      end if
      end do
      end do
      return
      end subroutine

      Subroutine Ngrns(i2,u,g,r,n,a)
c     正态分布,u为均值,g为均方差,n为数组长度,r为种子数,i2为映射次数
      implicit double precision (a-h,o-z)
      dimension a(n)
```

```
        s=65536.0
        w=2053.0
        v=13879.0
        do 20 j=1,n
        t=0.0
        do 10 i=1,i2
        r=w*r+v
        m=r/s
        r=r-m*s
        t=t+r/s
10      continue
        a(j)=u+g*(t-6.0)
20      continue
        Return
        end

        subroutine minim(n,i1,a,x)
        implicit double precision (A-H,p-y)
        implicit character(o,z)
        dimension x(n)
        i1=1
        dminim=x(1)
        do 10 i=2,n
        if(dabs(x(i)-a).lt.dminim) then
        dminim=x(i)
        i1=i
        end if
10      continue
        return
        end

        subroutine sum1(k1,k2,a,b)
        implicit double precision (A-H,p-y)
        dimension a(k1)
        if(k2.le.k1) then
        sum=0.0d+00
        do i=1,k2
        sum=sum+(a(i)-b)**2
        end do
```

```
      else
      return
      end if
      return
      end

      subroutine chromosome(m,kgrp,igroup)
c     nkr,nbr,ncr,nmb,nmc=基因 kr,betar,car,mb,mc 的长度
c     m=nkr+nbr+ncr+nmb,nmc=染色体的长度
c     ichrom=染色体,字符 0 and 1 连成的串
      implicit double precision (A-H,p-y)
      implicit character(o,z)
      dimension igroup(kgrp,m)
      call init_random_seed()
      do i=1,kgrp
      do k=1,m
      call random_number(t)
      if(t.lt.0.5d+00) then
      igroup(i,k)=0
      else
      igroup(i,k)=1
      end if
      end do
      end do
      return
      end

      subroutine decode(m,nkr,nbr,ncr,nmb,nmc,ichrom,
     * ikt,ibt,ict,imbt,imct,permr,betar,car,dmb,dmc)
c     需要分别输出 kr,br,cr,mb and mc 的表现型
      implicit double precision (A-H,p-y)
      implicit character(o,z)
      dimension ichrom(m)
      common/c1/perm1,perm2,beta1,beta2,ca1,ca2,dmb1,dmb2,dmc1,
        dmc2
      ikt=0
      ibt=0
      ict=0
      imbt=0
```

```
imct=0
do i=1,nkr
ikt=ikt+ichrom(i)*2**(i-1)
end do
do i=1,nbr
ibt=ibt+ichrom(nkr+i)*2**(i-1)
end do
do i=1,ncr
ict=ict+ichrom(nkr+nbr+i)*2**(i-1)
end do
do i=1,nmb
imbt=imbt+ichrom(nkr+nbr+ncr+i)*2**(i-1)
end do
do i=1,nmc
imct=imct+ichrom(nkr+nbr+ncr+nmc+i)*2**(i-1)
end do
permr=perm1*dexp(dlog(perm2/perm1)/dble(2**nkr-1))**ikt
betar=beta1*dexp(dlog(beta2/beta1)/dble(2**nbr-1))**ibt
car=ca1*dexp(dlog(ca2/ca1)/dble(2**ncr-1))**ict
dmb=dmb1+(dmb2-dmb1)*dble(imbt-1)/dble(2**nmb-1)
dmc=dmc1+(dmc1-dmc1)*dble(imct-1)/dble(2**nmc-1)
return
end

subroutine lgrg2a(x,y,n,t,z)
implicit double precision (a-h,o-z)
dimension x(n),y(n)
call minim(n,i1,t,x)
if(i1.eq.1) then
k=1
else if(i1.eq.n) then
k=n-2
else
if(t.lt.x(i1)) then
k=i1-1
else
k=i1
end if
end if
```

```
b1=(t-x(k+1))*(t-x(k+2))/(x(k)-x(k+1))/(x(k)-x(k+2))
b2=(t-x(k))*(t-x(k+2))/(x(k+1)-x(k))/(x(k+1)-x(k+2))
b3=(t-x(k))*(t-x(k+1))/(x(k+2)-x(k))/(x(k+2)-x(k+1))
z=y(k)*b1+y(k+1)*b2+y(k+2)*b3
return
end
```

4.6 伴随质量流失的破碎岩石渗透性参量计算实例

上述伴随质量流失的破碎岩石渗透性参量计算程序的核心作用是可计算出最优渗透率参考值 k_r^{best}、最优非 Darcy 流 β 因子参考值 β_r^{best}、最优加速度系数参考值 c_{ar}^{best}、最优幂指数参考值 n_β^{best} 和 n_c^{best} 下的渗透性参量。程序的优点是可以克服由于不同矿区破碎岩石的渗透性差异大、试验者经验不足等缺陷可能导致的盲目试探合理参考值，以致影响渗透性参量的计算结果。

利用上述程序可以根据作者需要输出初始种群及各代新种群的基因型位串；种群中个体的表现型 k_r、β_r、c_{ar}、n_β、n_c 和适应度；压力梯度和渗流速度的时间序列；最优个体的渗透率 k_r^{best}、非 Darcy 流 β 因子 β_r^{best}、加速度系数 c_{ar}^{best} 和适应度；渗流速度的计算值；最优基因下的渗透性参量的时间序列。

以第 5 章中 Talbol 幂指数为 0.8，压实量为 40mm 的一组试验为例，说明该程序的实施步骤。

第一步，建立压力和流量的时间序列数据文件。

将试验采集到的数据转换为三列，第一列为时间，单位为 s；第二列为压力，单位为 Pa；第三列为流量，单位为 L/h，并将其保存为 txt 文本，待程序调用。

第二步，设置相关参数。

在程序中输入有关参数，主要包括：①液体的质量密度 ρ、动力黏度 μ_0；②试样横截面面积 A、初始高度 h；③采样周期 τ、数据长度 N；④初始种群规模 k_{group}、交叉个体对数 k_{cop}、交叉概率 p_c、变异概率 p_m、交叉位、变异位、基因长度等；⑤最大繁殖代数 T、最小适应度 s；⑥Newton 切线法的最大允许误差 ε_1、Runge-Kutta 法的最大允许误差 ε；⑦参考值 k_r、β_r、c_{ar}、n_β 和 n_c 的取值范围。

本算例中各参数分别为：

（1）$\rho=1000$（kg/m^3）、$\mu_0=1.01\times10^{-3}$（Pa·s）；

（2）$A=\frac{1}{4}\pi d^2(\mathrm{m}^2)$、$d=1.00\times10^{-1}(\mathrm{m})$、$h=1.26\times10^{-1}(\mathrm{m})$；

（3）$\tau=1.0(\mathrm{s})$、$N=301$；

（4）$k_{group}=40$、$k_{cop}=10$、$p_c=0.8$、$p_m=0.2$、交叉位和变异位随机产生、基因 k_r、β_r、c_{ar}、n_β 和 n_c 的长度分别为 5、5、5、4 和 4；

（5）$T=31$、$s=2000$；

（6）$\varepsilon_1=1.0\times10^{-9}$、$\varepsilon=1.0\times10^{-4}$；

（7）$k_{r1}=0.22\times10^{-12}$（$m^2$）、$k_{r2}=0.42\times10^{-12}$（$m^2$），

$\beta_{r1}=0.17\times10^{10}$（$m^{-1}$）、$\beta_{r2}=0.19\times10^{10}$（$m^{-1}$）、$c_{ar1}=0.11\times10^{10}$、$c_{ar2}=0.15\times10^{10}$

$n_{\beta1}=-0.22\times10$、$n_{\beta2}=-0.18\times10$、$n_{c1}=-0.14\times10$、$n_{c2}=-0.10\times10$。

第三步，生成压力梯度和渗流速度时间序列。

通过读取第一步建立的压力和流量时间序列的采样数据文件，经过简单运算，得到压力梯度和渗流速度的时变曲线，如图 4-1 所示。

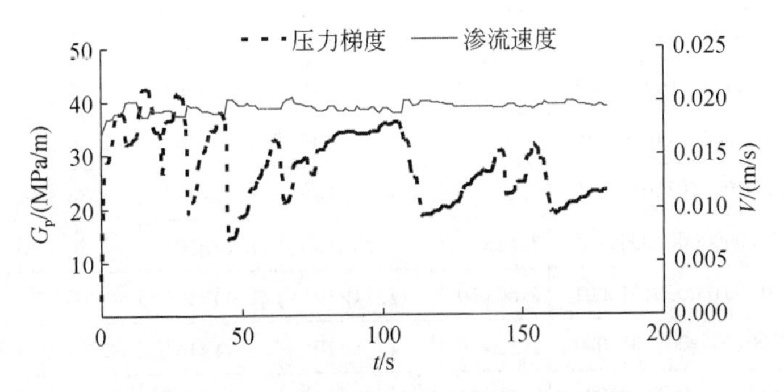

图 4-1　压力梯度和渗流速度的时变曲线

第四步，产生初始种群。

利用程序随机产生规模为 40 的初始种群，见表 4-1。

表 4-1　初始种群

序号	基因型	表现型					适应度
		k_r/m^2	β_r/m^{-1}	c_{ar}	n_β	n_c	
1	0100001101000111010111	2.29×10^{-13}	1.84×10^9	1.40×10^9	−2.09	−1.40	5.70
2	1110000110010100000000	2.55×10^{-13}	1.77×10^9	1.22×10^9	−2.23	−1.40	5.71
3	0000101110100010100010	3.07×10^{-13}	1.79×10^9	1.30×10^9	−2.17	−1.40	6.07
4	1100101100111010010001 0	3.27×10^{-13}	1.74×10^9	1.38×10^9	−2.12	−1.40	6.26
5	1000110100100100101010 1	3.14×10^{-13}	1.73×10^9	1.20×10^9	−1.96	−1.40	6.01
6	0000010011111111001001 0	2.20×10^{-13}	1.86×10^9	1.50×10^9	−1.99	−1.40	5.72
7	0010010010111010011110 0	2.39×10^{-13}	1.76×10^9	1.38×10^9	−1.91	−1.40	5.75
8	1100011100100100011011 0	2.34×10^{-13}	1.74×10^9	1.20×10^9	−1.91	−1.40	5.59
9	0101000100101001001100 0	2.71×10^{-13}	1.72×10^9	1.16×10^9	−1.99	−1.40	5.74
10	1100011010101000110111 1	2.34×10^{-13}	1.77×10^9	1.16×10^9	−2.07	−1.40	5.56

续表

序号	基因型	表现型					适应度
		k_r/m^2	β_r/m^{-1}	c_{ar}	n_β	n_c	
11	1000010110011010000 1110	2.25×10^{-13}	1.78×10^9	1.37×10^9	−2.23	−1.40	5.66
12	0011010011100111 1011100	2.83×10^{-13}	1.86×10^9	1.41×10^9	−1.93	−1.40	6.03
13	01110111100110001010010	2.95×10^{-13}	1.79×10^9	1.17×10^9	−1.96	−1.40	5.88
14	00101110000101111001000	3.34×10^{-13}	1.72×10^9	1.43×10^9	−2.15	−1.40	6.32
15	11011001010000010100001	3.86×10^{-13}	1.83×10^9	1.10×10^9	−2.09	−1.40	6.26
16	11000000000111000001001	2.34×10^{-13}	1.70×10^9	1.27×10^9	−2.23	−1.40	5.64
17	00001001011110010100101	3.07×10^{-13}	1.83×10^9	1.18×10^9	−2.09	−1.40	5.96
18	11100000110111011111001	2.55×10^{-13}	1.85×10^9	1.27×10^9	−1.83	−1.40	5.75
19	10110101100111110101110	2.89×10^{-13}	1.78×10^9	1.49×10^9	−2.09	−1.40	6.14
20	11000000100110110110010	2.34×10^{-13}	1.75×10^9	1.37×10^9	−1.88	−1.40	5.71
21	10101110000000010000101	3.41×10^{-13}	1.72×10^9	1.10×10^9	−2.20	−1.40	6.04
22	00010011001000101010001	2.60×10^{-13}	1.74×10^9	1.30×10^9	−1.96	−1.40	5.81
23	00110100100010011010000	2.83×10^{-13}	1.76×10^9	1.14×10^9	−1.93	−1.40	5.79
24	10011111000110111101001	3.71×10^{-13}	1.74×10^9	1.37×10^9	−2.04	−1.40	6.44
25	00000110010111111011001	2.20×10^{-13}	1.82×10^9	1.49×10^9	−1.93	−1.40	5.71
26	01001011100000011101110	3.20×10^{-13}	1.79×10^9	1.10×10^9	−2.04	−1.40	5.94
27	01110111101010110111110	2.95×10^{-13}	1.79×10^9	1.36×10^9	−1.88	−1.40	6.05
28	10110011001101010000010	2.89×10^{-13}	1.74×10^9	1.23×10^9	−2.20	−1.40	5.90
29	01010001000011111111010	2.71×10^{-13}	1.72×10^9	1.46×10^9	−1.83	−1.40	6.00
30	00100001000001100010011	2.39×10^{-13}	1.72×10^9	1.40×10^9	−2.01	−1.40	5.76
31	10011110110000111011000	3.71×10^{-13}	1.87×10^9	1.29×10^9	−1.93	−1.40	6.37
32	00000011011111110100111	2.20×10^{-13}	1.84×10^9	1.50×10^9	−2.09	−1.40	5.72
33	01001111000000110011101	3.20×10^{-13}	1.74×10^9	1.29×10^9	−1.99	−1.40	6.14
34	00011001100110110001100	3.63×10^{-13}	1.77×10^9	1.37×10^9	−2.20	−1.40	6.41
35	00001110011100010110010	3.07×10^{-13}	1.82×10^9	1.13×10^9	−1.88	−1.40	5.91
36	10011001001101001111100	3.71×10^{-13}	1.72×10^9	1.23×10^9	−1.85	−1.40	6.31
37	00010111100100110001110	2.60×10^{-13}	1.79×10^9	1.32×10^9	−2.20	−1.40	5.82
38	11111001010110011000110	4.20×10^{-13}	1.83×10^9	1.17×10^9	−2.15	−1.40	6.45
39	00010110100010101000100	2.60×10^{-13}	1.77×10^9	1.34×10^9	−2.17	−1.40	5.84
40	10110011011101110111011	2.89×10^{-13}	1.84×10^9	1.44×10^9	−1.88	−1.40	6.08

第五步，繁殖。

利用随机遍历法从初始种群中选择出具有交配权的 20 个个体，对 20 个个体进行随机配对；对每一基因随机产生交叉位，并按 $p_c=0.8$ 的交叉概率进行交叉操作。对交叉操作后的群体中每一个个体 5 个基因随机产生变异位，并按 $p_m=0.2$ 的变异概率进行变异操作。对变异操作后的群体中个体进行解码操作，计算相应的适应度；对适应度进行排序，得到适应度最大的个体序号 k_{best}。如果 $fitn(k_{best})<s$ 且繁殖代数 $i_g<T$，则继续繁殖，直到 $fitn(k_{best})>s$ 或繁殖代数 $i_g=T$，则停止繁殖。对编号为 k_{best} 的个体进行解码，得到最优基因 k_r^{best}、β_r^{best}、c_{ar}^{best}、n_β^{best} 和 n_c^{best}。

本算例经过 5 代繁殖后，得到 $fitn(k_{best})>s=2000$ 的个体（基因）。由于篇幅有限，表 4-2、表 4-3 和表 4-4 分别给出了第一代、第四代和第五代种群中个体的基因型、表现型及适应度。可见，第五代群体中第 16 个个体的适应度为 211×10^3，大于 2000，第 16 个个体的基因即为最优基因，$k_r^{best}=3.34\times10^{-13}(m^2)$，$\beta_r^{best}=1.72\times10^9(m^{-1})$，$c_{ar}^{best}=1.10\times10^9$，$n_\beta^{best}=-2.12$，$n_c^{best}=-1.40$。

表 4-2　第一代种群

序号	基因型	表现型					适应度
		k_r/m^2	β_r/m^{-1}	c_{ar}	n_β	n_c	
1	0100000100000000100001	2.29×10^{-13}	1.72×10^9	1.10×10^9	−2.12	−1.40	1.75×10^3
2	0000000101000000100001	2.20×10^{-13}	1.83×10^9	1.10×10^9	−2.12	−1.40	1.75×10^3
3	1000000100000000100001	2.25×10^{-13}	1.72×10^9	1.10×10^9	−2.12	−1.40	1.75×10^3
4	0000000100000000100001	2.20×10^{-13}	1.72×10^9	1.10×10^9	−2.12	−1.40	1.75×10^3
5	0000000100001000100001	2.20×10^{-13}	1.72×10^9	1.14×10^9	−2.12	−1.40	1.75×10^3
6	0000010100000000100001	2.20×10^{-13}	1.73×10^9	1.10×10^9	−2.12	−1.40	1.75×10^3
7	0000000100000000100001	2.20×10^{-13}	1.72×10^9	1.10×10^9	−2.12	−1.40	1.75×10^3
8	0000000100000000100011	2.20×10^{-13}	1.72×10^9	1.10×10^9	−2.12	−1.40	1.75×10^3
9	1000000100000000100001	2.25×10^{-13}	1.72×10^9	1.10×10^9	−2.12	−1.40	1.75×10^3
10	0000000100000000100001	2.20×10^{-13}	1.72×10^9	1.10×10^9	−2.12	−1.40	1.75×10^3
11	0000000100000000100001	2.20×10^{-13}	1.72×10^9	1.10×10^9	−2.12	−1.40	1.75×10^3
12	0000000100000010100001	2.20×10^{-13}	1.72×10^9	1.10×10^9	−2.09	−1.40	1.75×10^3
13	0010000100000000100001	2.39×10^{-13}	1.72×10^9	1.10×10^9	−2.12	−1.40	1.76×10^3
14	0000000100000010100001	2.20×10^{-13}	1.72×10^9	1.10×10^9	−2.09	−1.40	1.75×10^3
15	0000000100000000100101	2.20×10^{-13}	1.72×10^9	1.10×10^9	−2.12	−1.40	1.75×10^3
16	0000000100000000100001	2.20×10^{-13}	1.72×10^9	1.10×10^9	−2.12	−1.40	1.75×10^3
17	1000000100000000100001	2.25×10^{-13}	1.72×10^9	1.10×10^9	−2.12	−1.40	1.75×10^3

续表

序号	基因型	表现型					适应度
		k_r/m^2	β_r/m^{-1}	c_{ar}	n_β	n_c	
18	000000001000000100100001	2.20×10^{-13}	1.72×10^9	1.29×10^9	−2.12	−1.40	1.78×10^3
19	010000001000000000100001	2.29×10^{-13}	1.72×10^9	1.10×10^9	−2.12	−1.40	1.75×10^3
20	000000001000000000100001	2.20×10^{-13}	1.72×10^9	1.10×10^9	−2.12	−1.40	1.75×10^3

表 4-3　第四代种群

序号	基因型	表现型					适应度
		k_r/m^2	β_r/m^{-1}	c_{ar}	n_β	n_c	
1	010000001000000000100001	2.29×10^{-13}	1.72×10^9	1.10×10^9	−2.12	−1.40	1.75×10^3
2	000000001000000100100001	2.20×10^{-13}	1.72×10^9	1.29×10^9	−2.12	−1.40	1.78×10^3
3	001000001000000000110001	2.39×10^{-13}	1.72×10^9	1.10×10^9	−1.91	−1.40	1.76×10^3
4	000000001100000000100001	2.20×10^{-13}	1.77×10^9	1.10×10^9	−2.12	−1.40	1.75×10^3
5	000000001010010000100001	2.20×10^{-13}	1.83×10^9	1.14×10^9	−2.12	−1.40	1.75×10^3
6	000000001000000000100001	2.20×10^{-13}	1.72×10^9	1.10×10^9	−2.12	−1.40	1.75×10^3
7	000001001000000000100001	2.20×10^{-13}	1.73×10^9	1.10×10^9	−2.12	−1.40	1.75×10^3
8	010000001000010000100001	2.29×10^{-13}	1.72×10^9	1.14×10^9	−2.12	−1.40	1.76×10^3
9	000100001000000000100001	2.60×10^{-13}	1.72×10^9	1.10×10^9	−2.12	−1.40	1.81×10^3
10	000000001000000000110001	2.20×10^{-13}	1.72×10^9	1.10×10^9	−1.91	−1.40	1.75×10^3
11	000000001000000000100001	2.20×10^{-13}	1.72×10^9	1.10×10^9	−2.12	−1.40	1.75×10^3
12	000000001000000000100001	2.20×10^{-13}	1.72×10^9	1.10×10^9	−2.12	−1.40	1.75×10^3
13	100000001000000000100001	2.25×10^{-13}	1.72×10^9	1.10×10^9	−2.12	−1.40	1.75×10^3
14	000000001000000000110001	2.20×10^{-13}	1.72×10^9	1.10×10^9	−1.91	−1.40	1.75×10^3
15	000001001000000000100001	2.20×10^{-13}	1.73×10^9	1.10×10^9	−2.12	−1.40	1.75×10^3
16	001000001000000000100001	2.39×10^{-13}	1.72×10^9	1.10×10^9	−2.12	−1.40	1.76×10^3
17	000010010000000000100001	3.07×10^{-13}	1.72×10^9	1.10×10^9	−2.12	−1.40	1.99×10^3
18	001000001000000000100001	2.39×10^{-13}	1.72×10^9	1.10×10^9	−2.12	−1.40	1.76×10^3
19	000000001000000000101001	2.20×10^{-13}	1.72×10^9	1.10×10^9	−2.12	−1.40	1.75×10^3
20	000000001000100000100001	2.20×10^{-13}	1.72×10^9	1.12×10^9	−2.12	−1.40	1.75×10^3

表 4-4　第五代种群

序号	基因型	表现型					适应度
		k_r/m^2	β_r/m^{-1}	c_{ar}	n_β	n_c	
1	010000001000000000100001	2.29×10^{-13}	1.72×10^9	1.10×10^9	−2.12	−1.40	1.75×10^3
2	000000001000000000101001	2.20×10^{-13}	1.72×10^9	1.10×10^9	−2.12	−1.40	1.75×10^3

续表

序号	基因型	表现型					适应度
		k_r/m^2	β_r/m^{-1}	c_{ar}	n_β	n_c	
3	0010000100000000000100001	2.39×10^{-13}	1.72×10^9	1.10×10^9	−2.12	−1.40	1.76×10^3
4	0000000101000000000100001	2.20×10^{-13}	1.83×10^9	1.10×10^9	−2.12	−1.40	1.75×10^3
5	0000000100001000000100011	2.20×10^{-13}	1.72×10^9	1.14×10^9	−2.12	−1.40	1.75×10^3
6	0110000100000000000100001	2.49×10^{-13}	1.72×10^9	1.10×10^9	−2.12	−1.40	1.78×10^3
7	0000000101000000000100001	2.20×10^{-13}	1.83×10^9	1.10×10^9	−2.12	−1.40	1.75×10^3
8	0000010100000000000100001	2.20×10^{-13}	1.73×10^9	1.10×10^9	−2.12	−1.40	1.75×10^3
9	0000000100000000000100101	2.20×10^{-13}	1.72×10^9	1.10×10^9	−2.12	−1.40	1.75×10^3
10	0000001100000000000100001	2.20×10^{-13}	1.74×10^9	1.10×10^9	−2.12	−1.40	1.75×10^3
11	0000000100000000000100001	2.20×10^{-13}	1.72×10^9	1.10×10^9	−2.12	−1.40	1.75×10^3
12	0000000100000000000100001	2.20×10^{-13}	1.72×10^9	1.10×10^9	−2.12	−1.40	1.75×10^3
13	0000000100000000000101001	2.20×10^{-13}	1.72×10^9	1.10×10^9	−2.12	−1.40	1.75×10^3
14	0001000100000000000100001	2.60×10^{-13}	1.72×10^9	1.10×10^9	−2.12	−1.40	1.81×10^3
15	0100000100000000000100001	2.29×10^{-13}	1.72×10^9	1.10×10^9	−2.12	−1.40	1.75×10^3
16	0010100100000000000100001	3.34×10^{-13}	1.72×10^9	1.10×10^9	−2.12	−1.40	2.11×10^3
17	0000000100000000000110001	2.20×10^{-13}	1.72×10^9	1.10×10^9	−1.91	−1.40	1.75×10^3
18	0000100100000000000100001	3.07×10^{-13}	1.72×10^9	1.10×10^9	−2.12	−1.40	1.99×10^3
19	0000010100001000000100001	2.20×10^{-13}	1.73×10^9	1.14×10^9	−2.12	−1.40	1.75×10^3
20	0000000100000000010100001	2.20×10^{-13}	1.72×10^9	1.10×10^9	−2.09	−1.40	1.75×10^3

第六步，计算渗透性参量。

针对最优的基因 k_r^{best}、β_r^{best}、c_{ar}^{best}、n_β^{best} 和 n_c^{best}，代入式（4-14），则采样时刻渗透率代数方程满足：

$$\rho_l c_{ar}^{best}\left(\frac{k_i}{k_r^{best}}\right)^{n_c^{best}} a_i=-G_p^i-\frac{\mu_0}{k_i}V_i-\rho_l\beta_r^{best}\left(\frac{k_i}{k_r^{best}}\right)^{n_\beta^{best}} V_i^2\quad(i=0,\ 1,\ 2,\ \cdots,\ N) \tag{4-35}$$

利用 Newton 切线法，计算出采样时刻的渗透率；再利用式（4-13）分别计算出采样时刻的非 Darcy 流 β 因子和加速度系数。这样得到渗透率、非 Darcy 流 β 因子和加速度系数的时变曲线，如图 4-2 所示。

第七步，比较渗流速度的计算值和试验值。

基于最优基因求动量守恒方程式（4-10）的数值解，得到渗流速度计算值时间序列 $V_i^*(i=0,\ 1,\ 2,\ \cdots,\ N)$。根据 $\mathrm{fitn}(k_{best})$ 反算出渗流速度计算值与实测值的误差，有

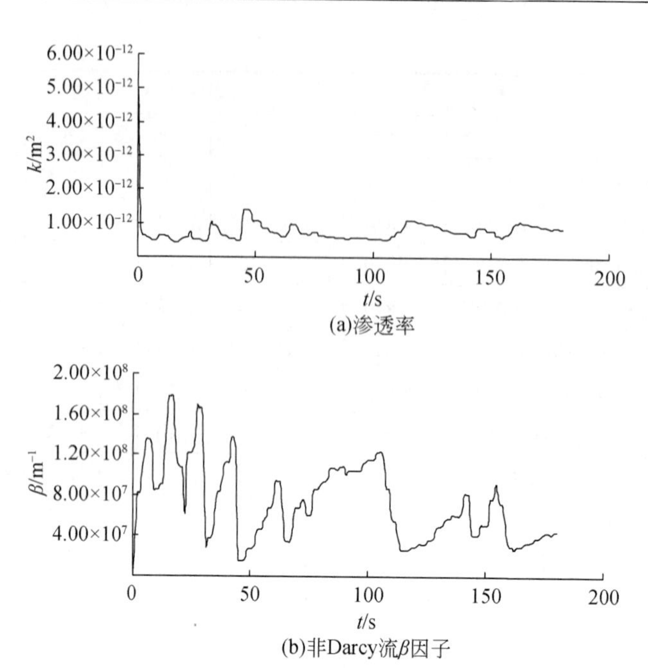

(a)渗透率

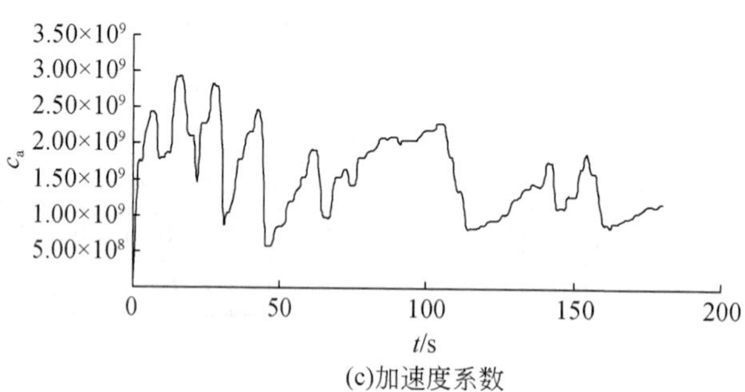

(b)非Darcy流β因子

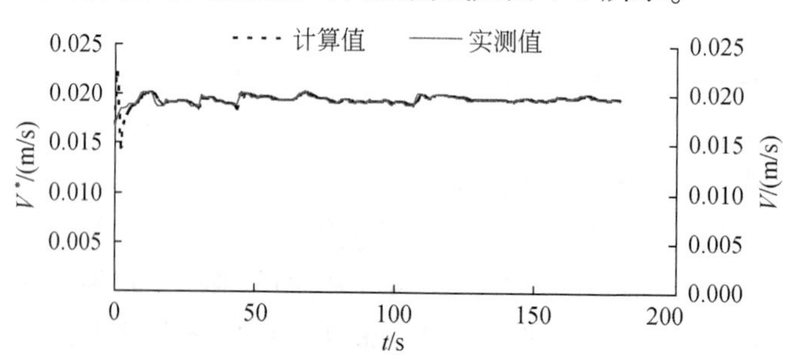

(c)加速度系数

图 4-2　采样时刻渗透性参量时变曲线

$$E_{rr}=\left[\frac{1}{\text{fitn}\ (k_{\text{best}})}\right]^4=\left(\frac{1}{2115}\right)^4=5.05\times10^{-14} \tag{4-36}$$

渗流速度的计算值与试验值的时间变曲线如图 4-3 所示。

图 4-3　渗流速度的计算值与试验值时的变曲线

实际上，只要参考值的取值范围合理，大部分试验的计算结果只繁殖1～2代便可得到适应度远远大于2000的个体，而且渗流速度计算值和试验值曲线几乎完全吻合。这里是便于读者充分了解程序实施的步骤，特意给出这组经过5代繁殖的计算结果。

4.7　本章小结

本章介绍了伴随质量流失的破碎岩石加速渗透试验的参数计算方法，是后续加速渗透试验的理论基础。本章分别给出了破碎岩样配比、孔隙度、流失质量、渗透率、非Darcy流β因子和加速度系数等的计算方法，得到如下主要结论。

（1）给出了破碎岩石样本采用Talbol连续级配时的计算公式，表达出了伴随质量流失的破碎岩石的孔隙度、孔隙度变化率、流失质量和质量流失率等参数随渗流时间变化的计算公式。

（2）建立了一种基于压力梯度和渗流速度时间序列计算伴随质量流失的破碎岩石渗透性参量（渗透率、非Darcy流β因子和加速度系数）的方法。根据破碎岩石渗透性参量之间的幂指数关系和Forchheimer关系，建立每一采样时刻渗透率的代数方程，利用Newton切线法求出代数方程的根。设计了一种遗传算法，对渗透率、非Darcy流β因子和加速度系数三者之间的幂指数函数关系中的渗透率参考值k_r、非Darcy流β因子参考值β_r、加速度系数参考值c_{ar}及幂指数参考值n_β和n_c进行优化。

（3）给出了伴随质量流失的破碎岩石渗透性参量计算程序，并通过实例详细介绍了该算法的实施步骤，验证了该算法的可靠性。

第5章　伴随质量流失的破碎岩石加速渗透试验

陷落柱突水灾害的发生与否与组成陷落柱的破碎岩体的导水性能（渗透性）直接相关。富水陷落柱中的破碎岩体在底部承压水压力的长期作用下，随着水的渗流，破碎岩体中的原始细小颗粒和由于水流溶蚀、冲蚀和磨蚀产生的次生细小颗粒流失导致陷落柱体孔隙结构变化，渗透性能改变。长时间渗流作用可能会引起破碎岩体渗流剧变，陷落柱发生渗流失稳，引发矿井突水灾害。缪协兴等[220]利用 MTS815 系列电液伺服岩石试验系统对不同岩性、不同应力状态下破碎岩石进行了渗透特性测试，得到了相应岩性破碎岩石的渗透性变化规律，并对其渗流的非线性行为进行了分析。姚邦华[95]首次考虑了渗流过程中由于颗粒迁移引起的孔隙率和渗透性的变化，对颗粒迁移作用下陷落柱的突水机理进行了初步探讨，但没有考虑到引发陷落柱突水的渗流行为是个缓慢的渐变过程这一重要特征。

本章利用第3章介绍的部分试验系统，在学者们前期研究的基础上，开展了伴随质量流失的破碎岩石加速渗透试验研究，分析破碎岩石中原始细小颗粒和次生细小颗粒随水流迁移引起的质量流失量、孔隙度、渗透性参量等参数随时间变化的规律，研究内容为陷落柱突水防治提供了试验依据。

5.1　加速因子的确定

加速试验的关键是确定加速因子，虽然可利用 Arrhenius 模型、Coffin-Manson 模型和 Norris-Lanzberg 模型等现有模型来确定加速因子，但是当针对某一具体试验条件时，上述模型不是很精确，且变量的赋值较复杂。

本章伴随质量流失的破碎岩石加速渗透试验过程中，试样的渗透水压力和初始高度保持不变，故压力梯度恒定，为恒定应力的加速试验。

假设煤田已查明的陷落柱平均高度值为 100m，其底部承压水压力约为 1 ~ 8MPa，其量级为 10^6Pa，故压力梯度的绝对值在 10^4Pa/m 量级。试验中，破碎岩样装料高度为 10^{-1}m 量级，通过渗透压力加载及控制系统向试样底部提供的水压的量级为 10^6Pa，故压力梯度绝对值在 10^7Pa/m 量级。因此，伴随质量流失的破碎岩石加速渗透试验的加速因子确定为 10^3量级左右。

5.2　试验原理及方法

采用泵站式渗透法进行伴随质量流失的破碎岩石加速渗透试验，将试验系统示意图（图3-6）中的阀2和阀3关闭，阀4处于开启状态，利用阀5控制三台定量柱塞泵交替工作，以提供渗透水压力，利用阀1提供轴向位移，其原理和方法可概括如下：

将装有破碎岩样的渗透仪置于液压式万能试验机平台，安装到位后计算破碎岩样自然盛放状态下的孔隙度 φ^*。利用载荷加载及位移控制系统对破碎岩石施加轴向载荷以控制破碎岩样的轴向位移。分别计算受载后岩样的高度 h_0 和渗透前的初始孔隙度 φ_0。启动定量柱塞泵，水连续地沿着渗透管路流动到渗透仪中，随着水在渗透管路中长时间不间断流动，破碎岩石中的原有细小颗粒和次生细小颗粒随水流一起流出，采用过滤法分阶段及时收集流失的细小颗粒，并烘干称取质量。考虑渗透管路的压力损失，柱塞泵的开启压力不等于破碎岩样底部的压力 p，该渗透水压力由安装在管路里的压力传感器读取，并实时记录。由于破碎岩样顶部与大气相通，故岩样两端的压差即为传感器读数压力 p。水流量 Q 通过流量传感器变送到数据采集器并实时显示在计算机屏幕上。同时，考虑试样高度和渗透仪缸筒的内半径，可进一步得到破碎岩样的压力梯度和水的渗流速度，利用非 Darcy 渗流动量守恒方程可以计算出渗透率 k、非 Darcy 流 β 因子及加速度系数 c_a。

渗透过程中，随着破碎岩石中细小颗粒的连续迁移、流失，试样的孔隙度、渗流速度和渗透性参量会随时间连续变化。根据渗透性参量和渗流速度的变化趋势，并结合试验现象，可以掌握伴随质量流失的破碎岩石长时间渗流的时变规律。

通过改变不同粒径破碎岩石的配比来分析配比对孔隙度、渗透性参量及质量流失率的影响；通过改变破碎岩石的轴向位移量来分析压实程度（初始孔隙度）对渗透性参量及质量流失率的影响。

5.3　试样制备及试验方案

5.3.1　试样制备

陷落柱柱体内泥岩等黏土矿物含量高达65.9%～75.1%[95]，因此，试验样品取泥岩。本次试验岩样取自山西潞安矿业（集团）有限责任公司常村煤矿，测得泥岩的单轴抗压强度为9.85MPa。试验前将岩样砸碎并筛分，取8种不同颗粒直径，分别为0～2.5mm、2.5～5mm、5～8mm、8～10mm、10～12mm、12～

15mm、15 ~ 20mm、20 ~ 25mm，如图 5-1（a）~（h）所示。

(a)0～2.5mm　(b)2.5～5mm　(c)5～8mm　(d)8～10mm　(e)10～12mm　(f)12～15mm　(g)15～20mm　(h)20～25mm

图 5-1　破碎泥岩的 8 种粒径

然后将 8 种不同粒径泥岩按照 Talbol 公式，取 Talbol 幂指数 n 的值分别为 0.1、0.2、0.3、0.4、0.5、0.6、0.7、0.8、0.9、1.0 进行配比。图 5-2（a）

和（b）是按照0.4和0.6配比得到的均匀混合料。

(a)n=0.4

(b)n=0.6

图5-2 破碎泥岩按Talbol公式配比的混合料

5.3.2 试验方案

为了得到伴随质量流失的破碎岩石长时间渗透时，其质量流失率、孔隙度及渗透性参量的时变规律，分析破碎岩石的粒径配比和压实程度两因素对质量流失率、孔隙度及渗透性参量时变规律的影响，制订了如下的试验方案：

（1）为了分析破碎岩石的粒径配比对质量流失率、孔隙度及渗透性参量的时变规律的影响，试验时将制备好的8种粒径破碎岩石按照Talbol公式，取不同的Talbol幂指数n值进行配比。

当n取不同值时，各粒径的质量分数列于表5-1。试验时，每缸装料总质量为2000g，则每种粒径的质量分配见表5-2。

表5-1 不同配比各粒径的质量分数

粒径/mm \ 质量分数 \ Talbol幂指数	0.1	0.2	0.3	0.4	0.5	0.6	0.7	0.8	0.9	1.0
0～2.5	0.794	0.631	0.501	0.398	0.316	0.251	0.200	0.158	0.126	0.100
2.5～5	0.057	0.094	0.116	0.127	0.131	0.130	0.125	0.117	0.109	0.100
5～8	0.041	0.071	0.093	0.109	0.118	0.124	0.126	0.126	0.124	0.120
8～10	0.020	0.036	0.049	0.059	0.067	0.072	0.076	0.079	0.080	0.080
10～12	0.017	0.031	0.043	0.052	0.060	0.067	0.072	0.075	0.078	0.080
12～15	0.021	0.039	0.056	0.070	0.082	0.092	0.101	0.109	0.115	0.120
15～20	0.028	0.053	0.077	0.099	0.120	0.139	0.156	0.172	0.187	0.200
20～25	0.022	0.044	0.065	0.085	0.106	0.125	0.145	0.163	0.182	0.200

表 5-2 不同配比各粒径的质量分配

Talbol 幂指数 / 质量分配 / 粒径/mm	0.1	0.2	0.3	0.4	0.5	0.6	0.7	0.8	0.9	1.0
0 ~ 2.5	1588.7	1261.9	1002.4	796.2	632.5	502.4	399.1	317.0	251.8	200.0
2.5 ~ 5	114.0	187.6	231.7	254.4	262.0	259.1	249.2	234.9	218.1	200.0
5 ~ 8	81.9	142.9	186.9	217.3	236.9	248.1	252.6	251.9	247.4	240.0
8 ~ 10	40.3	72.7	98.4	118.4	133.5	144.6	152.3	157.1	159.5	160.0
10 ~ 12	33.6	61.8	85.4	104.9	120.7	133.4	143.4	150.9	156.3	160.0
12 ~ 15	41.9	78.8	111.1	139.2	163.6	184.5	202.3	217.3	229.8	240.0
15 ~ 20	55.5	106.9	154.7	198.8	239.7	277.3	312.0	343.9	373.2	400.0
20 ~ 25	44.1	87.3	129.5	170.8	211.1	250.6	289.2	327.0	363.9	400.0

（2）为了分析压实程度（初始孔隙度 φ_0）对质量流失率、孔隙度及渗透性参量时变规律的影响，试验时取 5 种不同的压实量 Δh 值，分别为 0mm、10mm、20mm、30mm、40mm。

按不同 Talbol 幂指数配比的破碎岩样在渗透仪缸筒内的自然盛放高度不同，故其自然盛放时的孔隙度不同。当试样产生不同的轴向位移后，由于压实程度不同，因此试样的初始孔隙度不同。该方案以配比和压实量（初始孔隙度）为两个主要考虑因素，在 10 种配比和 5 种压实量下共需完成 50 组试验，每组试验的时长不低于 18000s。试验初期，根据质量流失量高频次收集流失质量，试验中后期，每隔 3600s 收集一次流失的质量，共收集 n 次流失质量，记为 $\Delta m_i(i=1,2,3,\cdots,N)$，同时通过数据采集器实时采集试样底部的水压力和流量。

5.4 试验流程

伴随质量流失的破碎岩石渗透加速试验流程分为几个主要环节，分别为配料、装料、试验系统组装、施加轴向位移、注水饱和、渗透、数据采集和卸料，其流程如图 5-3 所示。

（1）系统调试。试验开始前，根据系统装配图对试验系统进行安装并调试。开启柱塞泵，观察水压力达到 8MPa 时，渗透回路中是否有漏水现象。启动 Y132S–4 三相异步电动机、单作用液压缸及其配套的压力传感器，观察电机工作和传感器读数是否正常，并检验单作用液压缸的最大行程。开启数据采集器和配套计算机，检查数据采集器及配套软件的运行状况，确保试验过程中能够及时、准确地采集数据。

（2）配料和装料。根据配比表，相应称取各粒径的质量，并将试样均匀混合后，自然堆积放入渗透仪缸筒内，用适当的工具对试样表面进行处理，使试样表面

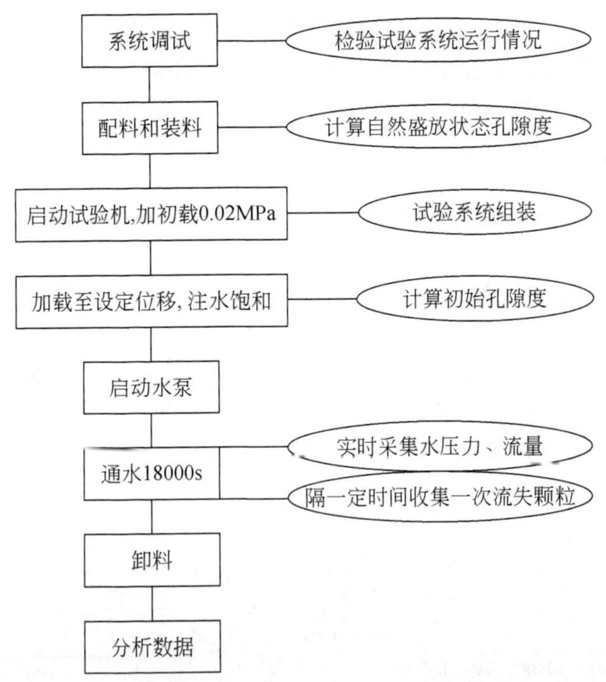

图 5-3　伴随质量流失的破碎岩石加速渗透试验流程图

平整，方便短活塞的垂直放置，确保轴向加载系统对试样施加的是垂向载荷，并记录自然盛放状态下试样的装料高度，计算自然盛放状态破碎泥岩的孔隙度。

安装好溢水筒（及筒盖）、托盘及球面压头后，启动试验机，加初载 0. 02MPa，根据试验方案加载至预设位移值，记录试样当前高度，并计算破碎泥岩的初始孔隙度。向试样内注水饱和半小时。

(3) 渗透试验。启动定量柱塞泵，试样在水压力作用下开始渗透。及时收集一定时间间隔内流失的细小颗粒，收集的方法是用 450 型振动过滤筛及 300 目细纱布及时过滤掉渗透出来的水，并对含有颗粒的细纱布进行编号，烘干后称取质量流失量。在渗透试验中利用压力和流量传感器、数据采集器及配套的计算机采集流量和水压力。

(4) 卸料。升起液压式万能试验机的横梁，打开单作用液压缸的截止阀，依次卸下溢水筒、筒盖、托盘和活塞，将试样从缸筒中清理出去，并在缸筒内表面涂上机油以防止生锈。清理试样之前可根据需要拍照，并对渗透后的试样进行烘干和称重。

5. 5　试验结果及分析

通过不同配比和不同压实量下伴随质量流失的破碎泥岩加速渗透试验，测得了试样渗透过程中的水压力、流量、质量流失量和轴向位移量等数据，并计算得到了渗流速度、压力梯度、渗透性参量、质量流失率、孔隙度及孔隙度变化率等参数。

下面具体分析伴随质量流失的破碎泥岩长时间渗透时，配比和压实量（初始孔隙度）对上述各参数的影响。

5.5.1　流失质量的变化规律

1）各配比不同压实量下流失质量的时变规律

图5-4给出了10种配比的破碎泥岩，在5级压实量下的流失质量 $\tilde{m}$ 随时间的变化规律，为了了解渗透初期流失质量的时变情况，其中右列图中的横坐标用对数刻度表示时间，将渗透试验的前1000s放大。

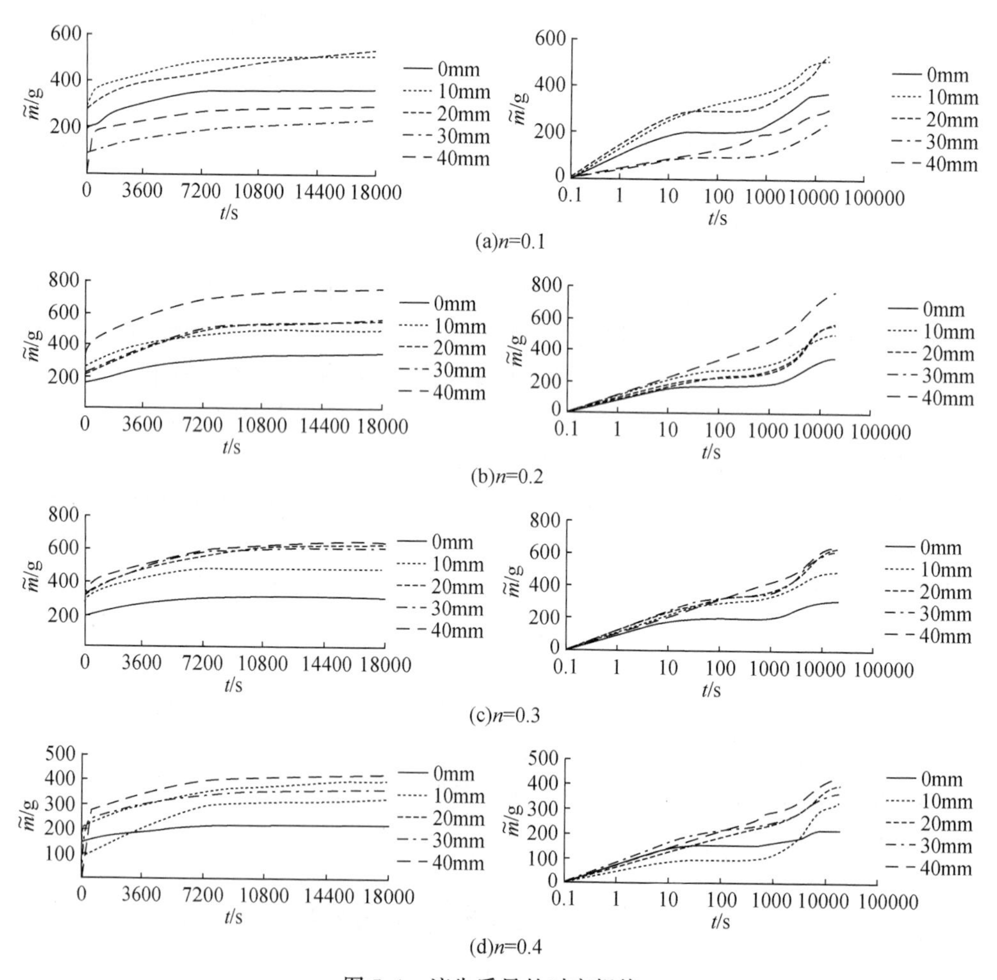

(a)n=0.1

(b)n=0.2

(c)n=0.3

(d)n=0.4

图5-4　流失质量的时变规律

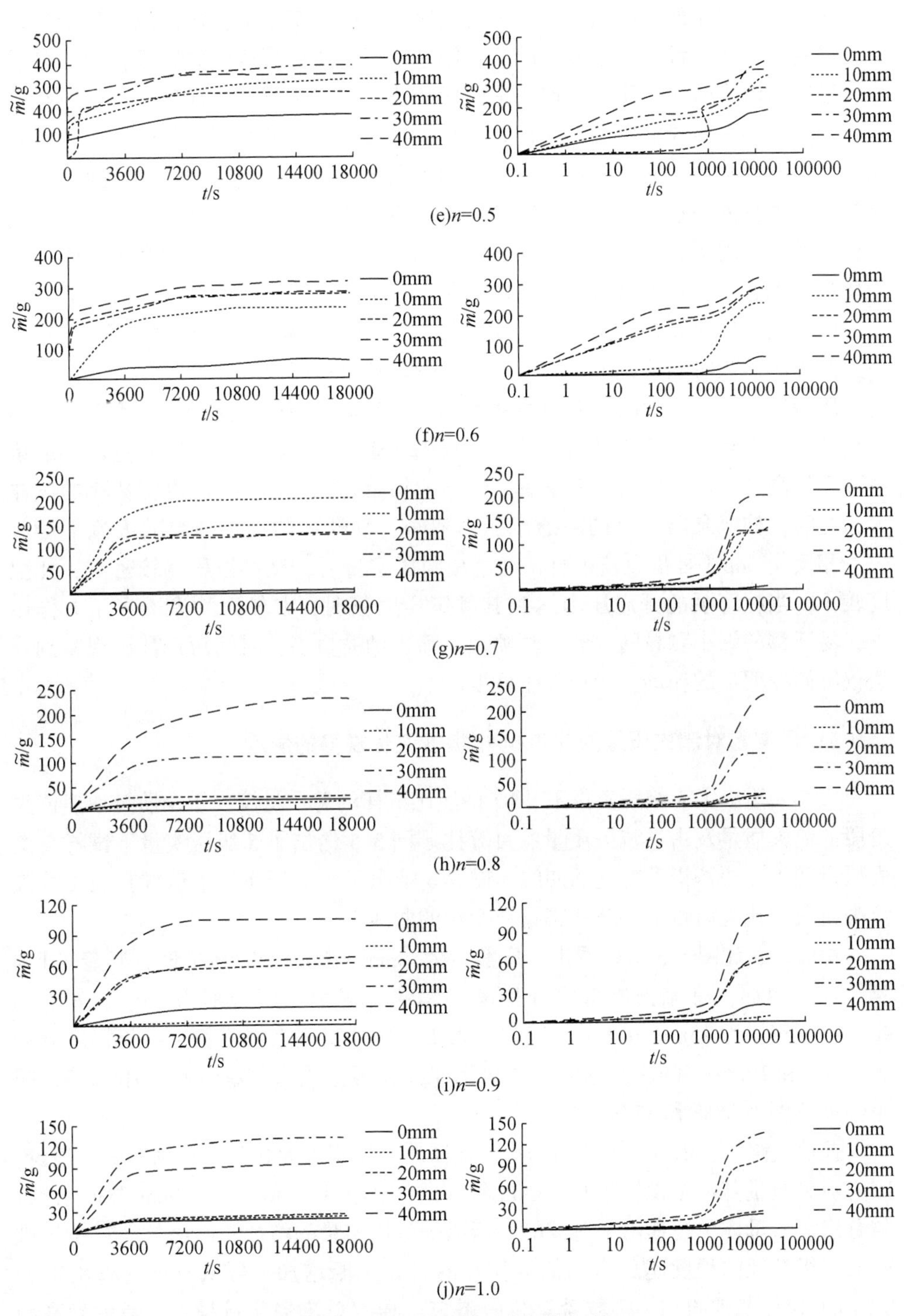

图5-4　流失质量的时变规律（续）

从图 5-4 中左列图可以看出，不同配比和不同压实量下，试样流失质量的时变规律基本一致，都经历了两个阶段：第一阶段为质量快速流失阶段；第二阶段为质量缓慢流失阶段。质量快速流失阶段的流失质量主要是试样配比中的原有低级粒径，以及高级粒径由于压实破碎产生的细小颗粒二者共同引起的。渗透试验初期，在渗透水压力的持续作用下，大量小颗粒随水流一起从母体中迁移出来，流失质量多且流失速度快。质量缓慢流失阶段的流失质量主要是由于试样在水流的长期渗透作用下，剩余的难以迁移的大颗粒与水相互作用，包括水对破碎岩石的化学溶蚀、水流对破碎岩石的冲蚀以及水流中含有的小颗粒对破碎岩石的磨蚀三方面作用，使得试样产生少量的次生细小颗粒，随水流一起迁移出来。因此，该阶段虽然试验时间长，但是其流失质量少且流失速度慢。

质量快速流失阶段的时变曲线随着 Talbol 幂指数的增加而变缓，不仅流失的质量减少，而且该阶段的时间变长。因为 Talbol 幂指数越大，同等质量试样的装料高度越高，经过相同的压实量后，试样的初始孔隙度比 Talbol 幂指数小的试样大，此时，柱塞泵能开启的渗透水压力较小，易迁移的细小颗粒随水流平稳流失。相反，Talbol 幂指数较小时，经过相同压实量后，试样被压得较密实，孔隙度较小。当柱塞泵的开启压力达到其额定压力值时，在较大的渗透水压力作用下，易迁移的细小颗粒随水流猛烈喷出，喷出的质量多，时间短，甚至观察到渗透仪缸筒有明显的振动，渗流发生剧变。

2）压实量对流失质量随 Talbol 幂指数变化规律的影响

表 5-3 给出了 5 级压实量下，10 种配比试样的总质量流失量、质量快速流失阶段的流失质量及占总流失质量的百分比。图 5-5 给出了 5 级压实量下试样总流失质量随 Talbol 幂指数变化的曲线。图 5-6 给出了 5 级压实量下试样在质量快速流失阶段的流失质量随 Talbol 幂指数变化的曲线。

由表 5-3 和图 5-5 可以看出，压实量为 0mm、10mm 和 20mm 时，随着 Talbol 幂指数的增加，总流失质量整体呈减小趋势，减小幅度分别为 95%、96% 和 96%。压实量为 30mm 和 40mm 时，在 0.2 配比处出现大幅增长，增长幅度分别为 145% 和 160%，随后，总流失质量随 Talbol 幂指数增加继续呈减小趋势，减小幅度分别为 88% 和 87%。

显然，除了 Talbol 幂指数 $n=0.1$ 试样外，压实量为 0 时的总流失质量最少，因为流失质量基本是试样中 0 ~ 5mm 粒径的细小颗粒（偶有 5 ~ 8mm 粒径颗粒）随着水流从母体中迁移出来造成的，所以随着压实量的增加，高级粒径被挤压破碎成低级粒径的程度越厉害，低级粒径的含量不断增加，可从母体迁移出来的 0 ~ 5mm粒径范围的细小颗粒含量相应增多，导致总流失质量越多。考虑到高级粒径被挤压破碎的随机性，所以从表 5-3 和图 5-4 可以发现，偶有 30mm 压实量的总流失质量大于40mm压实量的总流失质量，即偶然会出现小压实量的总流失质量大于大压实量下的总流失质量。而在Talbol幂指数 $n=0.1$ 时，压实量为0时的总流失质量并非最少，而是居中，原因是在该配比下，0～5mm粒径的小颗粒占到试样总质量的85%以上，高级粒径的颗粒含量太少，随着压实量的增加，高级粒径被挤压破碎的程度有限，压实主要是增加小颗粒之间的接触面积，使试样被压得越来越密实，导致小颗粒随水流迁移的能力反而下降，所以出现30mm和40mm压实量的总流失质量少于其余三种压实量。这也是图5-5中出现从 $n=0.1$ 到 $n=0.2$，试样总流失质量增加的原因所在。

表5-3　试样流失质量一览表

流失质量 \ 压实量/mm Talbol幂指数	0	10	20	30	40
0.1	365.6/188.6/52%	508.3/254.5/50%	581.5/268.1/46%	231/84.7/37%	293.1/153.4/52%
0.2	347.7/151.9/44%	500.1/240.2/48%	553.3/200.7/36%	564.9/207.4/37%	762.3/361.1/47%
0.3	308.4/181.3/59%	487/251.9/52%	630.5/319.8/51%	613.7/303.1/49%	641.6/330.6/52%
0.4	216.2/142.7/66%	324.9/86.1/27%	394.3/200.5/51%	361.8/182.6/51%	420.2/259.5/62%
0.5	184.6/75.1/41%	333.6/139.9/42%	276.8/205.1/74%	394.8/152.3/39%	353.9/250.7/71%
0.6	61.8/6.2/10%	236.1/32.4/14%	281/150.3/53%	286.1/185.1/65%	317.6/210.5/66%
0.7	7.2/1.0/14%	148.2/15.7/11%	129.7/19.8/15%	126.4/21.1/17%	203.7/30.7/15%
0.8	23/2.1/9%	15.5/2.2/14%	26.4/4.8/18%	109/16.7/15%	230.2/24.9/11%
0.9	17.9/1.8/10%	5.46/0.6/10%	61.7/9.6/16%	66.9/8.6/13%	105.1/15.2/14%
1.0	18.9/2.6/14%	21.1/2.7/13%	23.4/3.1/13%	130.8/20.1/15%	98/14.2/14%

注：表中台阶以上质量快速流失阶段流失质量是试样发生不同程度的渗流剧变时收集的量，台阶以下试样没有观察到明显的渗流剧变现象，收集的是10min时的量，365.61188.6/52%分别表示总质量流失量/质量快速流失阶段的流失质量/占总流量的百分比

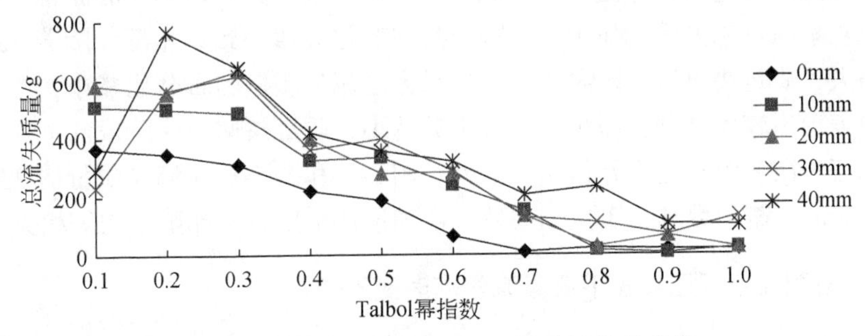

图5-5　总流失质量随Talbol幂指数变化的曲线

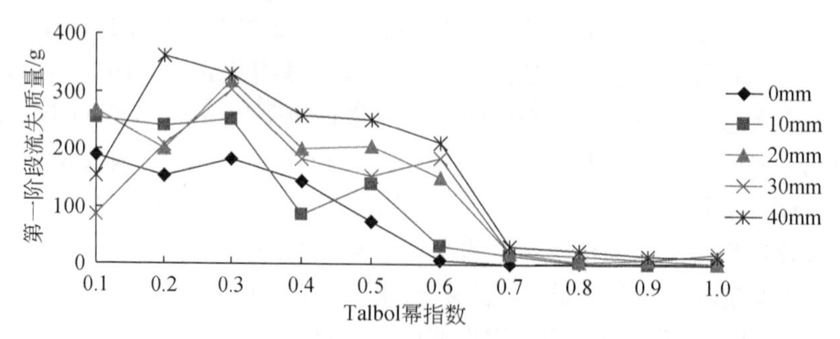

图 5-6 质量快速流失阶段的流失质量随 Talbol 幂指数变化的曲线

由表 5-3 中质量快速流失阶段的流失质量及占总流失质量的百分比可以看出，质量快速流失阶段的流失质量占总流失质量的百分比与压实量和 Talbol 幂指数密切相关。总体上，试样为 0.1 ~ 0.5 五种配比时，其质量快速流失阶段流失质量占总流失质量的百分比较高，均在 30% 以上（只有 0.4 配比试样在压实量为 10mm 时其质量快速流失阶段流失质量占总流失质量的比为 27%）；0.7 ~ 1.0 四种配比时，其百分比较低，均低于 20%；0.6 配比时随着压实量的增加，百分比由 10% 升高到 66%。综观 Talbol 幂指数和压实量对质量快速流失阶段流失质量的影响规律，可在表 5-3 中用“台阶”划分。因为 Talbol 幂指数越小，试样中容易被迁移的细小颗粒含量越高，渗透初期的流失量就越多，即质量快速流失阶段的流失质量越多，并且占总流失质量的百分比较高。同时，随着压实量的增加，试验中观察到不同剧烈程度的渗流剧变现象，而试样质量的大量流失正是发生在渗流剧变时。相反，Talbol 幂指数越大，试样中易被迁移的细小颗粒含量降低，虽然压实量增加，但其挤压破碎的程度有限，渗透初期的流失量都较少，即质量快速流失阶段的流失质量较少，且占总流失质量的百分比也很小，试验中无渗流剧变现象发生。

对比图 5-5 和图 5-6 可知，Talbol 幂指数较小时，质量快速流失阶段的流失质量占总流失质量的百分比较高。此时，质量快速流失阶段随 Talbol 幂指数的变化规律基本与总流失质量随 Talbol 幂指数的变化规律一致。相反，随着 Talbol 幂指数增大，质量快速流失阶段的流失质量占总流失质量的百分比减小，二者的变化规律表现出较大差别，即 Talbol 幂指数越小，质量快速流失阶段的流失质量在试样总流失质量中越起主导作用。此外，图 5-5 和图 5-6 中流失质量的变化规律除了与 Talbol 幂指数和压实量相关外，还和渗透水压力、孔隙结构等相关。

3）各配比不同压实量下质量流失率时变规律

图 5-7 给出了 10 种配比的破碎泥岩在 5 级压实量下质量流失率 q 随时间的变化规律，图中 0.1 ~ 0.6 配比的左图中横坐标用对数刻度来表示时间，质量快速

流失阶段以后的曲线在右图中放大。从图中可以看出，试样质量流失率的时变规律根据 Talbol 幂指数和压实量不同而不同，大致分为两类：第一类是 0.1 ~ 0.6 配比，分为快速变化和缓慢变化两个阶段；第二类是 0.7 ~ 1.0 配比，分为初始逐渐变化、快速变化和缓慢变化三个阶段。

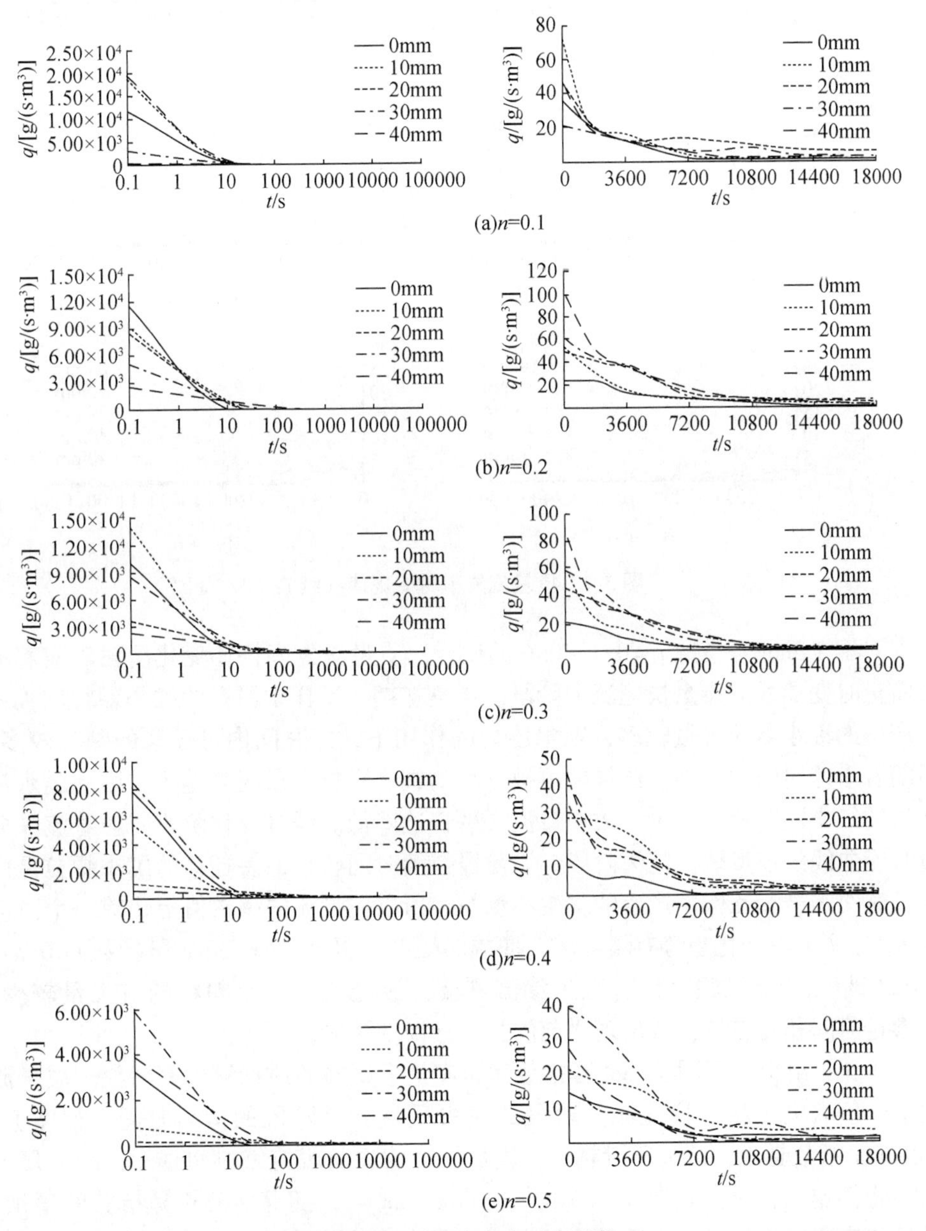

图 5-7 质量流失率时变规律

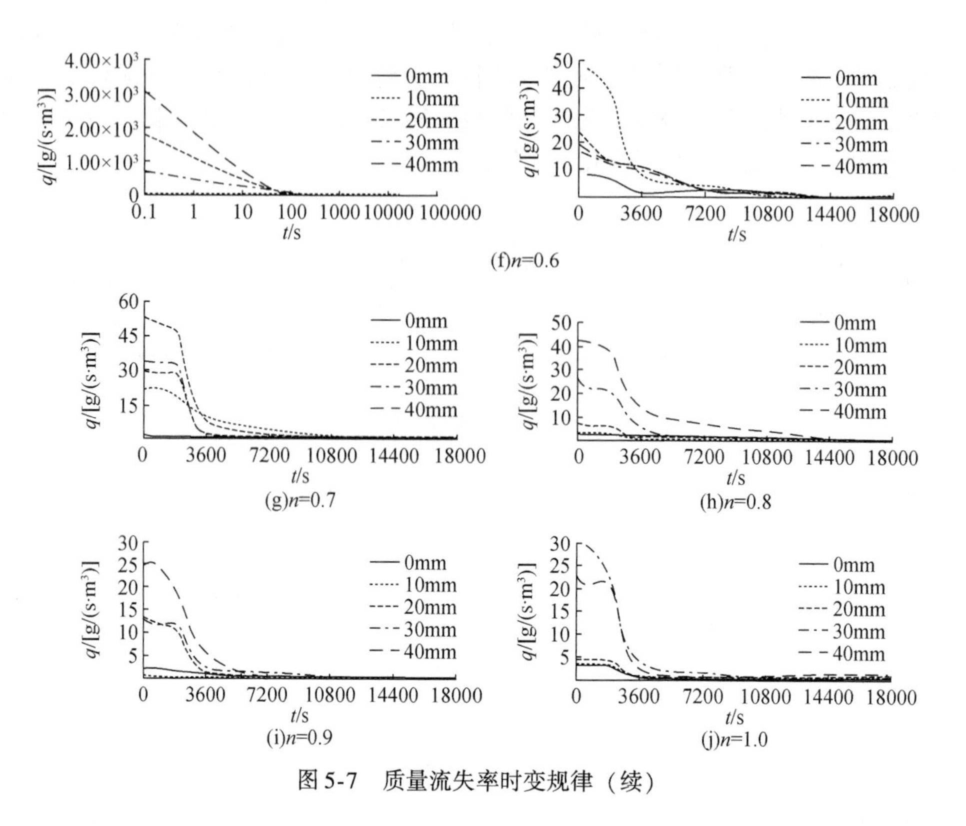

图 5-7　质量流失率时变规律（续）

对于 Talbol 幂指数 $n=0.1\sim0.6$ 的试样，质量流失率快速变化阶段对应着流失质量时变曲线的质量快速流失阶段。渗透初期，试样中原有的细小颗粒和被挤压产生的细小颗粒含量较多，在水压力的作用下，短时间内可迁移的颗粒较多，但随着渗透时间的增加，试样内可被迁移的细小颗粒含量越来越少，因此随水流流失的细小颗粒相应变少，故质量流失率快速降低。缓慢变化阶段对应着流失质量时变曲线的质量缓慢流失阶段。该阶段持续时间较长，易迁移的细小颗粒是由于长时间水岩相互作用产生的次生小颗粒，所以质量流失率数值上比前一个阶段小很多，并且其变化趋势有增有减，增减的幅度也很小。而 Talbol 幂指数 $n=0.7\sim1.0$ 的试样，由于试验时没有发生渗流剧变，渗透初期细小颗粒的流失量较少，而渗透时间相对较长，故出现之前的初始逐渐变化阶段。

表 5-4 给出了不同 Talbol 幂指数和压实量下试样的质量流失率峰值。质量流失率峰值取决于质量快速流失阶段的流失质量和该阶段的持续时间。整体上，Talbol 幂指数越小，流失质量越大，质量快速流失阶段持续时间越短，故质量流失率峰值越大，最大达到 1.92×10^4 [g/(s · m³)]；随着 Talbol 幂指数的增加，质量快速流失阶段的流失质量明显变少，而持续时间变长，因此质量流失率峰值明显降低，最低为 0.743 [g/(s · m³)]；不同试样质量流失率的量级变化范围较

大，为 $10^4 \sim 10^{-1}$ [g/(s·m^3)]。

在渗透试验初期，由于试验设备的局限性，渗透水压力的开启值受试样孔隙结构的致密性影响较大，加之试验装料的随机性和试样受挤压破坏后孔隙结构分布的不可预测性，所以同一 Talbol 幂指数下试样的质量流失率峰值并不随压实量的增加而单调变化。

峰值后的快速下降阶段的下降幅度和缓慢变化阶段的起伏变化特征基本与 Talbol 幂指数和压实量无关，主要取决于此段时间内试样内部孔隙结构、渗透水压力、水流量和水流路径等多种因素。

表 5-4　试样的质量流失率峰值

质量流失率/[g/(s·m^3)] \ 压实量/mm \ Talbol 幂指数	0	10	20	30	40
0.1	1.17×10^4	1.82×10^4	1.92×10^4	3.18×10^3	4.72×10^2
0.2	1.17×10^4	9.10×10^3	8.55×10^3	5.00×10^3	2.55×10^3
0.3	1.01×10^4	1.40×10^4	3.60×10^3	8.48×10^3	2.31×10^3
0.4	7.81×10^3	5.40×10^3	1.07×10^3	8.45×10^3	5.22×10^2
0.5	3.23×10^3	8.03×10^2	2.20×10^2	5.92×10^3	3.88×10^3
0.6	8.22×10^0	4.58×10^1	1.73×10^3	7.14×10^2	3.02×10^3
0.7	1.31×10^0	2.18×10^1	2.94×10^1	3.37×10^1	5.30×10^1
0.8	2.68×10^0	2.99×10^0	6.98×10^0	2.61×10^1	4.19×10^1
0.9	2.25×10^0	7.43×10^{-1}	1.35×10^1	1.30×10^1	2.48×10^1
1.0	3.22×10^0	3.54×10^0	4.34×10^0	3.00×10^1	2.28×10^1

5.5.2　孔隙度的变化规律

试样渗透过程中，随着流失质量的变化，其孔隙结构相应调整，因此，还需要进一步分析不同 Talbol 幂指数和不同压实量下，试样孔隙度的变化规律。

1）各配比不同压实量下孔隙度的时变规律

图 5-8 给出了 10 种配比的破碎泥岩在 5 级压实量下的孔隙度 φ 随时间的变化规律，其中右列图中的横坐标用对数刻度表示时间，将渗透试验的前 1000s 放大。

对应于流失质量的时变规律，孔隙度的时变曲线也可分为孔隙度快速变化阶段和孔隙度缓慢变化阶段。孔隙度快速变化阶段受 Talbol 幂指数和压实量影响，该段是试样内部质量大量流失的阶段，渗透过程伴随着母体中起充填作用的大量细小颗粒的持续迁移、流失，使母体中产生大量的空隙空间或形成空洞，剩余试样在水流牵引和自重的作用下，向空隙空间跌落，导致母体结构重组，试样孔隙结构发生较大变化，直至母体中原有低级粒径和由于高级粒径受挤压破碎成的低级粒径随水流一起迁移流失后，只剩余难以迁移的骨架颗粒，试样孔隙度基本达到某一临时稳定值，进入孔隙度缓慢变化阶段。在孔隙度缓慢变化阶段，孔隙度已经与 Talbol 幂指数和压实量无关，母体内部的孔隙结构基本保持稳定，渗流通道基本形成，水流对母体岩石进行长时间的溶蚀、冲蚀和磨蚀作用，将剩余骨架颗粒变得越来越圆润、光滑，伴随着极少量的细小颗粒随水流迁移流失，引起孔隙度的微小增长。若能实现超过本试验时长的长期渗透，孔隙度会以越来越慢的速度持续增加。孔隙度时变曲线的两个阶段都表现为随着 Talbol 幂指数的增加而变缓。

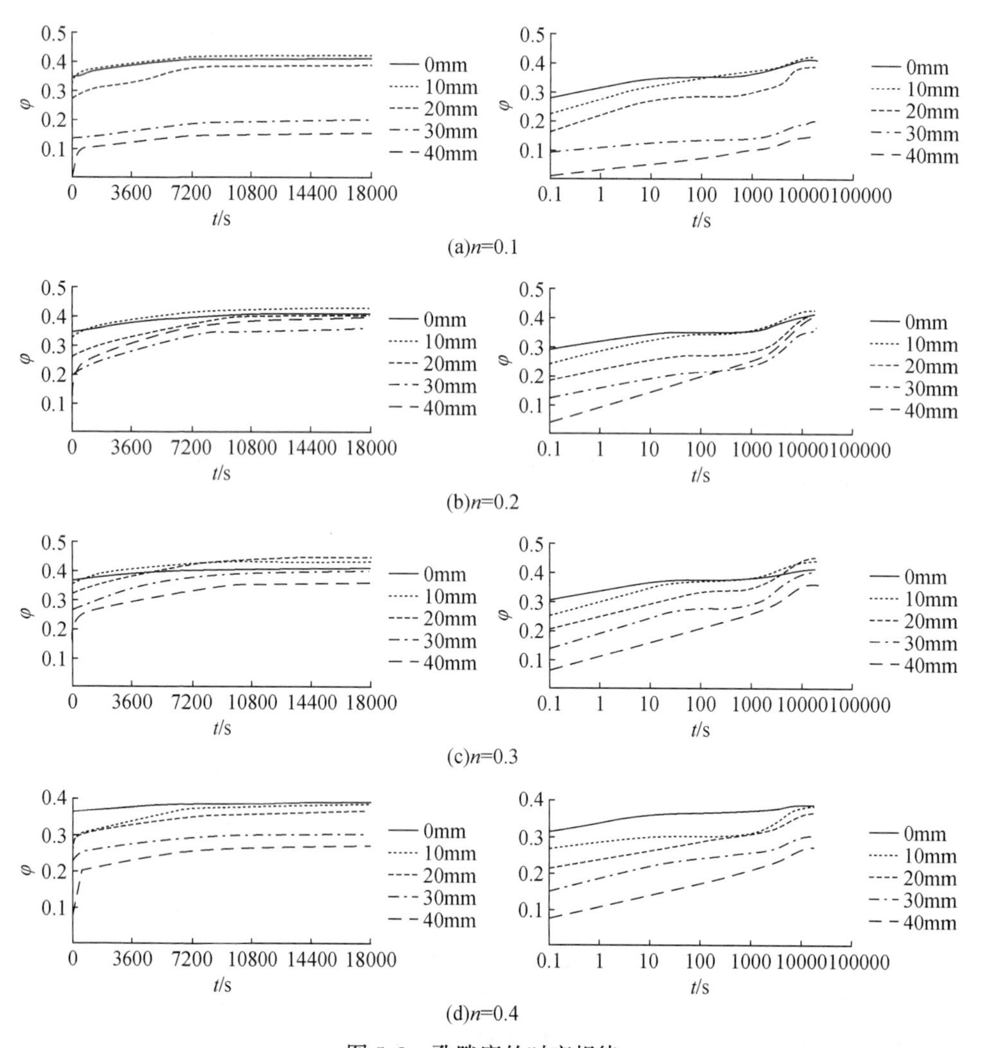

图 5-8 孔隙度的时变规律

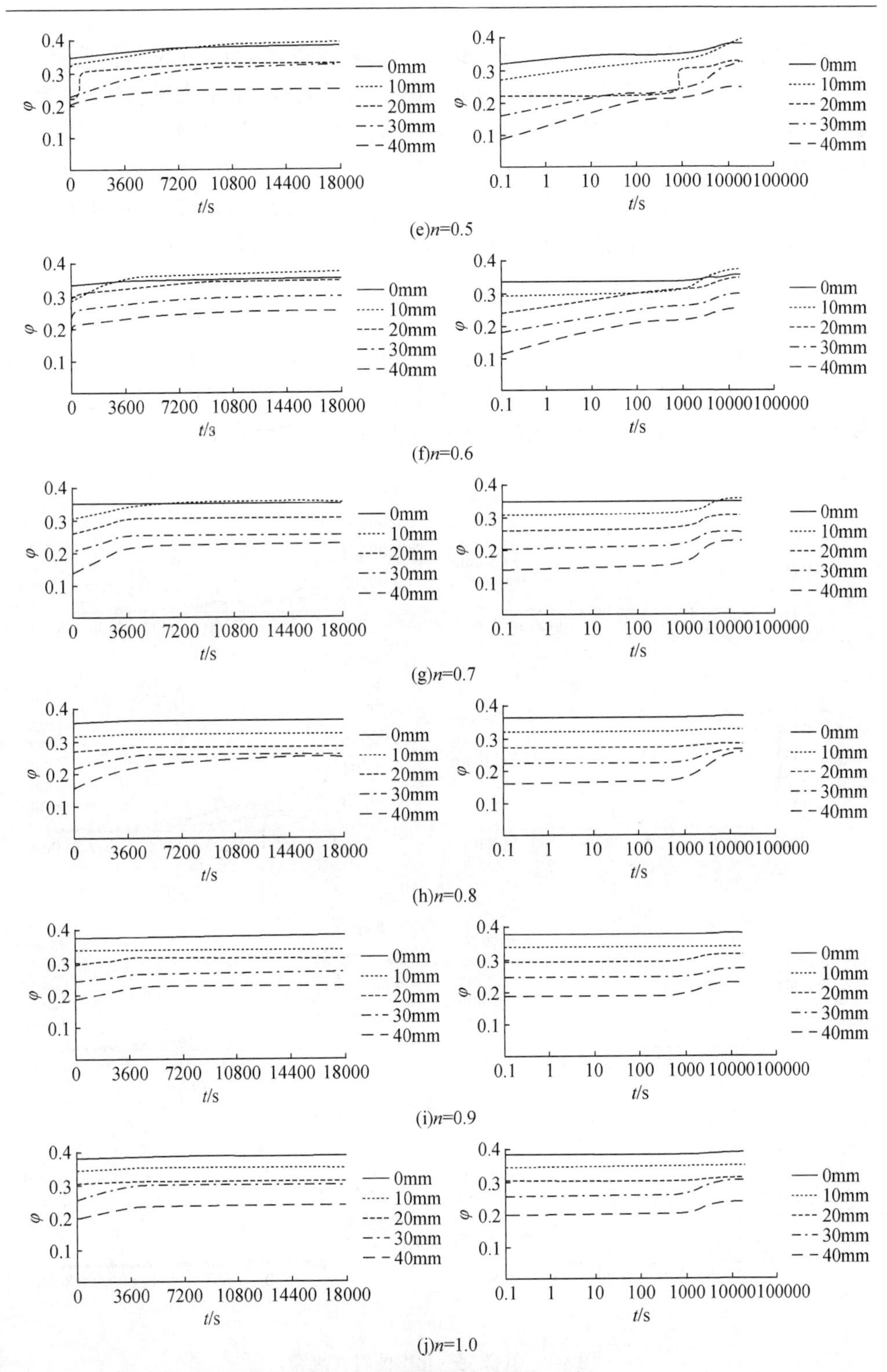

图 5-8 孔隙度的时变规律（续）

试验中发现，当试样中易迁移的细小颗粒含量较高时（如 Talbol 幂指数较小或压实量较大），质量流失量最大达到总质量的 38%，大量质量流失后引起试样整体塌陷，塌陷高度最大达到 58mm，此时，试样高度变小，由孔隙度的计算公式可知，其孔隙度反而变小。图 5-8 给出的孔隙度时变曲线均没有考虑试样由于塌陷引起的孔隙度变化，因为塌陷一般是发生在孔隙度快速变化阶段和孔隙度缓慢变化阶段的过渡时刻，该临界时刻孔隙度的突然减小不会影响两个阶段的时变规律。

2）各配比不同压实量下孔隙度变化率的时变规律

图 5-9 给出了 10 种配比的破碎泥岩在 5 级压实量下的孔隙度变化率 φ' 随时间的变化规律，图中 $n=0.1\sim0.6$ 试样的左图中只能直观看到孔隙度快速变化阶段的时变规律，孔隙度缓慢变化阶段对应的曲线在右图中放大。

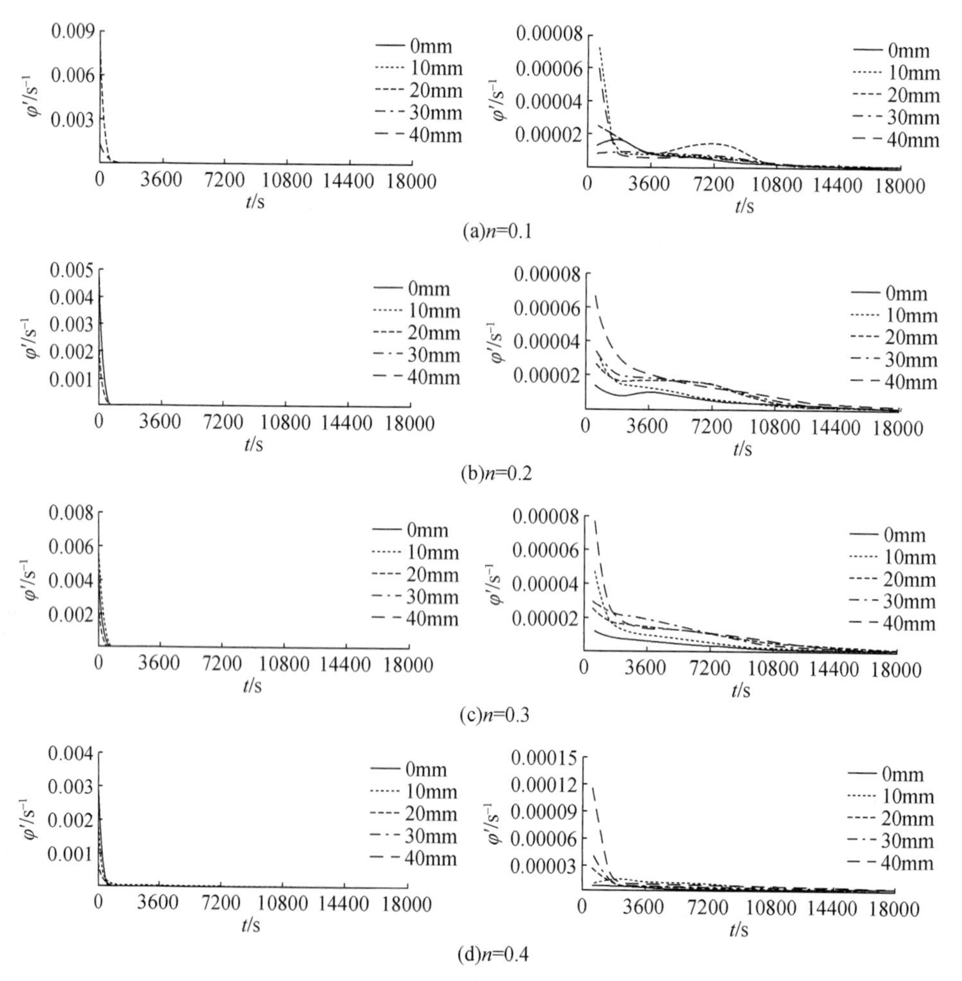

图 5-9　孔隙度变化率的时变规律

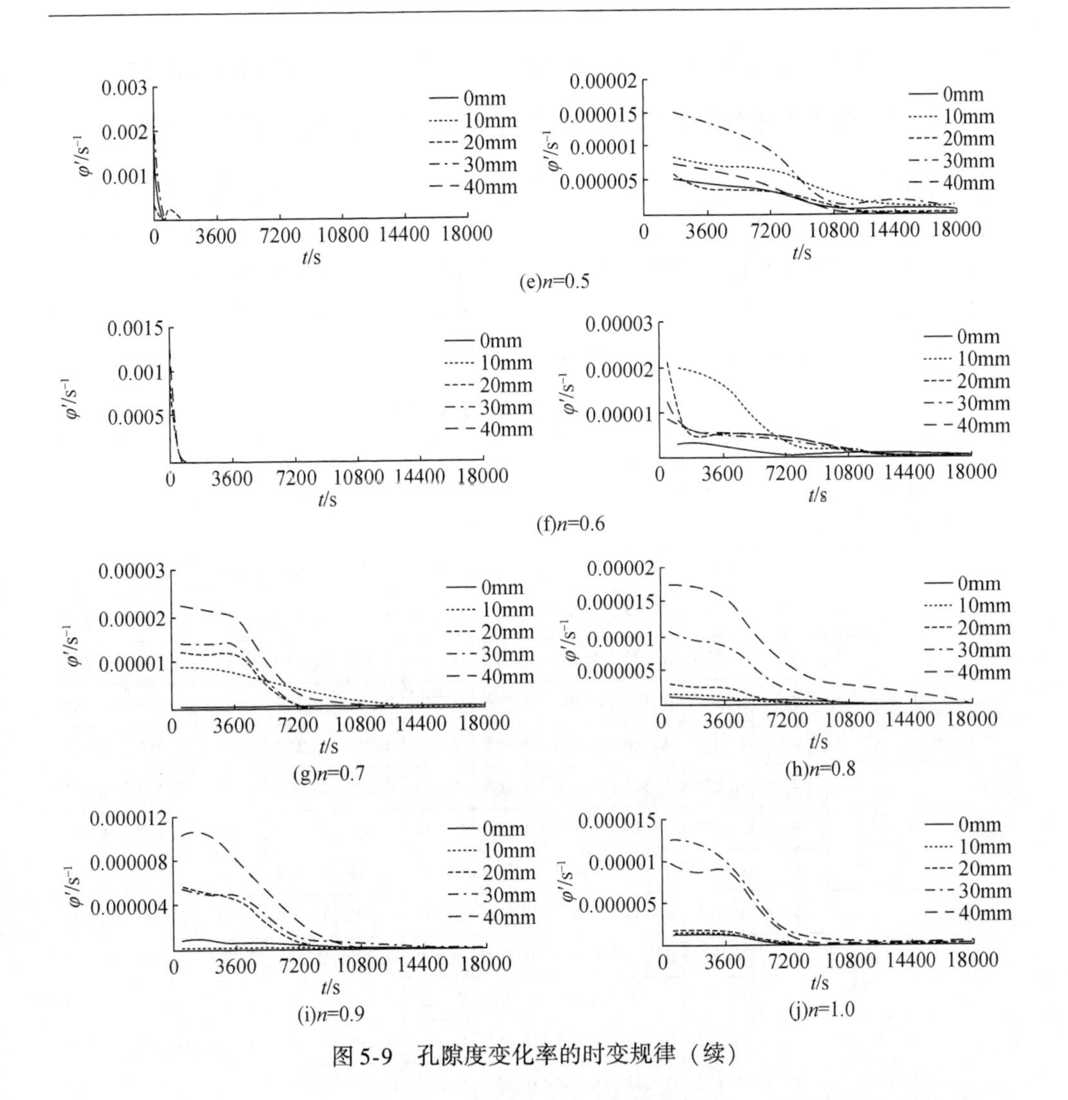

图 5-9　孔隙度变化率的时变规律（续）

观察图 5-9 可见，孔隙度变化率的时变规律与质量流失率的时变规律相似。$n=0.1\sim0.6$ 试样的孔隙度变化率时变曲线分为快速变化和缓慢变化两个阶段，$n=0.7\sim1.0$ 试样的时变曲线分为初始逐渐变化、快速变化和缓慢变化三个阶段。$n=0.1\sim0.6$ 试样，在孔隙度变化率快速变化阶段，短时间内试样流失质量多，孔隙结构大范围调整，随着渗透时间的增加，母体中可迁移颗粒几无剩余，在短时间内，水对骨架颗粒的溶蚀、冲蚀和磨蚀作用效果不明显，质量流失量明显减少，导致孔隙度变化率快速下降。此后，在长时间渗透过程中，水岩相互作用时间变长，更多的次生细小颗粒产生，并随水流迁移流失，这样一个持续少量的质量流失过程表现为孔隙度变化率的缓慢变化，其起伏变化和变化幅度与流失质量相关。而 $n=0.7\sim1.0$ 试样，之前的初始逐渐变化阶段是因为渗透初期，试样初始孔隙度较大，而试样内可迁移的细小颗粒含量少，孔隙结构变化不明显。

3）压实量对孔隙度和孔隙度变化率随 Talbol 幂指数变化规律的影响

当试样的总质量一定时，其装入渗透仪中的自然盛放高度会因为 Talbol 幂指数不同而存在差异。表 5-5 给出了 10 种配比破碎泥岩的自然盛放高度 h^* 和对应的孔隙度 φ^*，根据 5 级不同的压实量 Δh，可以计算出试样的初始高度 h_0 和对应的初始孔隙度 φ_0。同时，表中还给出了 5 级压实量下 10 种配比试样在孔隙度快速变化阶段的孔隙度稳定值 φ_1 以及试验结束时的末级孔隙度值 φ_5。

表 5-5　试样的高度及孔隙度

压实量/mm \ 孔隙度 \ Talbol 幂指数		0.1	0.2	0.3	0.4	0.5	0.6	0.7	0.8	0.9	1.0
h^*/mm		147	150	153	155	156	160	163	166	170	172
φ^*		0.278	0.293	0.307	0.315	0.320	0.337	0.349	0.361	0.376	0.383
0	φ_0	0.278	0.293	0.307	0.315	0.320	0.337	0.349	0.361	0.376	0.383
	φ_1	0.299*	0.346	0.369	0.364	0.345	0.339	0.349	0.362	0.376	0.384
	φ_5	0.367*	0.416	0.413	0.389	0.383	0.357	0.351	0.368	0.381	0.389
10	φ_0	0.226	0.242	0.258	0.268	0.273	0.293	0.307	0.320	0.337	0.345
	φ_1	0.289*	0.333	0.351	0.300	0.324	0.304	0.312	0.321	0.337	0.346
	φ_5	0.393*	0.432	0.439	0.387	0.395	0.376	0.358	0.325	0.339	0.352
20	φ_0	0.165	0.184	0.202	0.214	0.220	0.242	0.258	0.273	0.293	0.302
	φ_1	0.237*	0.266	0.330	0.293	0.300	0.299	0.265	0.275	0.296	0.303
	φ_5	0.353*	0.410	0.454	0.369	0.328	0.349	0.306	0.283	0.315	0.310
30	φ_0	0.093	0.116	0.137	0.151	0.158	0.184	0.202	0.220	0.242	0.253
	φ_1	0.132	0.208	0.268	0.229	0.222	0.259	0.211	0.226	0.245	0.260
	φ_5	0.198	0.366	0.402	0.305	0.324	0.301	0.253	0.262	0.268	0.302
40	φ_0	0.008	0.035	0.061	0.077	0.085	0.116	0.137	0.158	0.184	0.196
	φ_1	0.084	0.210	0.216	0.197	0.200	0.209	0.151	0.168	0.190	0.202
	φ_5	0.154	0.403	0.362	0.271	0.247	0.256	0.225	0.255	0.227	0.236

注：计算得到的孔隙度值是考虑了质量大量流失引起试样整体塌陷后的稳定孔隙度值，该值的测量不同步于渗流剧变发生的时刻，因此与图 5-8 对应数据略有差别

由表 5-5 可见，试样在渗透试验前的初始孔隙度在同一压实量下随着 Talbol 幂指数的增加而增加，因为 Talbol 幂指数越高，高级粒径含量越高，岩体自然堆积时，由于颗粒棱角突出，大颗粒之间不能有效接触，而低级粒径含量较低，也不能有效充填棱角之间的空隙，孔隙空间大，孔隙度大。同一 Talbol 幂指数下，

试样初始孔隙度随着压实量的增加而减小，显然，试样经过不同程度的压实后，高级粒径棱角脱落或被挤压破碎成低级粒径，小颗粒不仅有效充填空隙，并且小颗粒间有效接触，明显降低了试样的孔隙度。

经过质量快速流失阶段后，试样的孔隙度快速变化，孔隙度 φ_1 随着 Talbol 幂指数和压实量的不同都有不同幅度的上升。除了 0mm 压实量 1.0 配比试样的孔隙度 φ_1 最大外，其余各级压实量下，0.3 配比试样的孔隙度 φ_1 最大；考虑部分试验中大量质量流失后导致试样的整体塌陷，0.1 配比在不同压实量下的孔隙度 φ_1 最低，孔隙空间最小，其结构最为致密，说明经过第一阶段孔隙结构的大幅调整后，自然盛放状态下（压实量为 0mm），1.0 配比试样的孔隙结构最松散，其余四种不同压实量下，0.3 配比试样孔隙结构最松散；而 0.1 配比在各级压实量下，由于试样内部易迁移的细小颗粒含量非常多，随水流迁移、流失量大，剩余内部颗粒经过复杂的重新分配后，其孔隙结构最为合理密实。

经过质量快速流失和缓慢流失阶段后，再分析试样的孔隙度 φ_5 随 Talbol 幂指数和压实量的变化规律，可见，孔隙结构不稳定的除了 1.0 和 0.3 配比外还有 0.2 配比；孔隙结构合理密实的除了 0.1 配比外，还有 0.7、0.8 两种配比。这说明试样在后期渗透过程中，通过水流对破碎泥岩长时间的溶蚀、冲蚀和磨蚀作用，伴随不同质量的次生细小颗粒流失，使得试样内部的孔隙结构进行了调整，影响了已有的渗流通道，但是从孔隙度 φ_0、φ_1 和 φ_5 的数值上分析，其影响程度较小。

图 5-10 给出了试样末级孔隙度 φ_5 的变化率随 Talbol 幂指数变化的曲线，图 5-11 给出了孔隙度快速变化阶段孔隙度 φ_1 的变化率随 Talbol 幂指数变化的曲线。

由式（4-6）可知，末级孔隙度 φ_5 的变化率由总流失质量决定（总渗透试验时间为定值 18000s），因此，其随 Talbol 幂指数的变化规律与总流失质量随 Talbol 幂指数的变化规律一致（图 5-5）。而图 5-11 中孔隙度 φ_1 的变化率随 Talbol 幂指数变化的曲线却不同于图 5-6。因为，孔隙度 φ_1 的变化率不仅取决于质量快速流失阶段流失的质量，而且还和该阶段的历时有关，而影响该阶段历时的因素不仅与 Talbol 幂指数和压实量有关，还受到渗透水压力的影响。由于本章所用试验设备的局限性，关于水压力对伴随质量流失的破碎岩石渗透的影响将于第 7 章作专门研究。

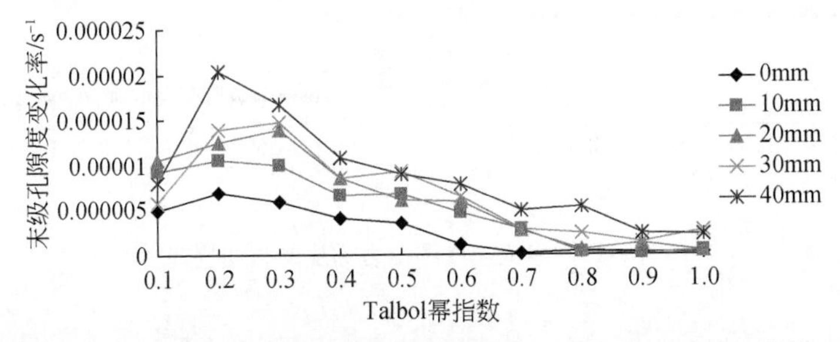

图 5-10　试样末级孔隙度 φ_5 的变化率随 Talbol 幂指数变化的曲线

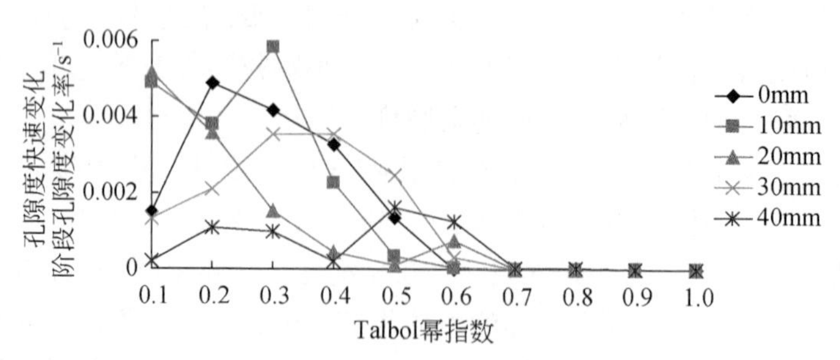

图 5-11 孔隙度快速变化阶段孔隙度 φ_1 的变化率随 Talbol 幂指数变化的曲线

5.5.3 渗流速度和压力梯度的变化规律

1）渗流速度和压力梯度的时变规律

试验中，通过流量传感器和压力传感器采集了试样底部的流量和试样底部的渗透压力，计算得到了相应的渗流速度和压力梯度。图 5-12 给出了 10 种配比破碎泥岩在 5 级压实量下的渗流速度 V 和压力梯度 G_p 的自然对数随时间的变化规律。

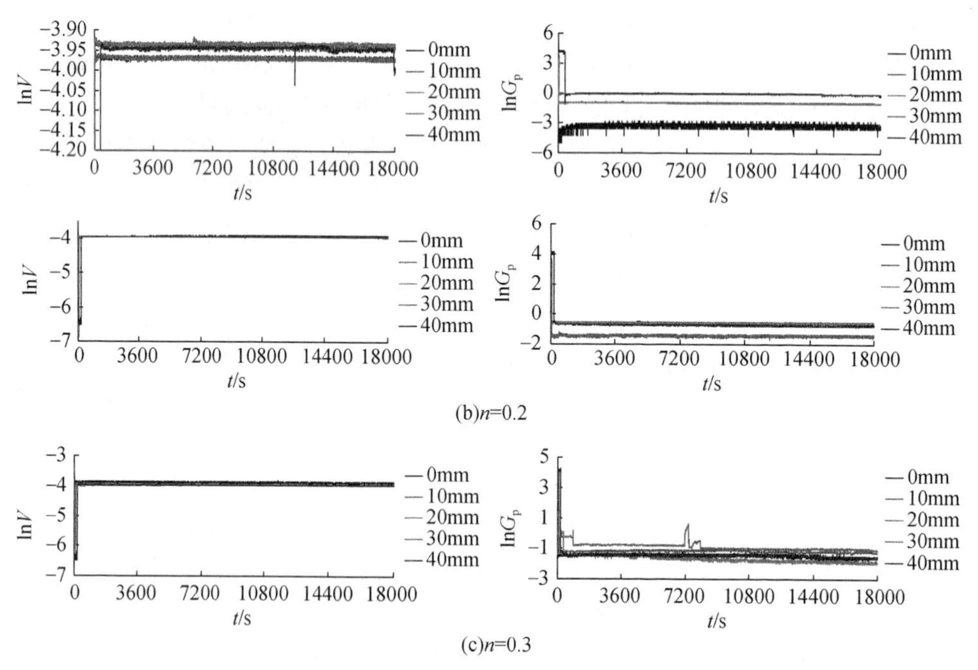

图 5-12 渗流速度和压力梯度的时变规律

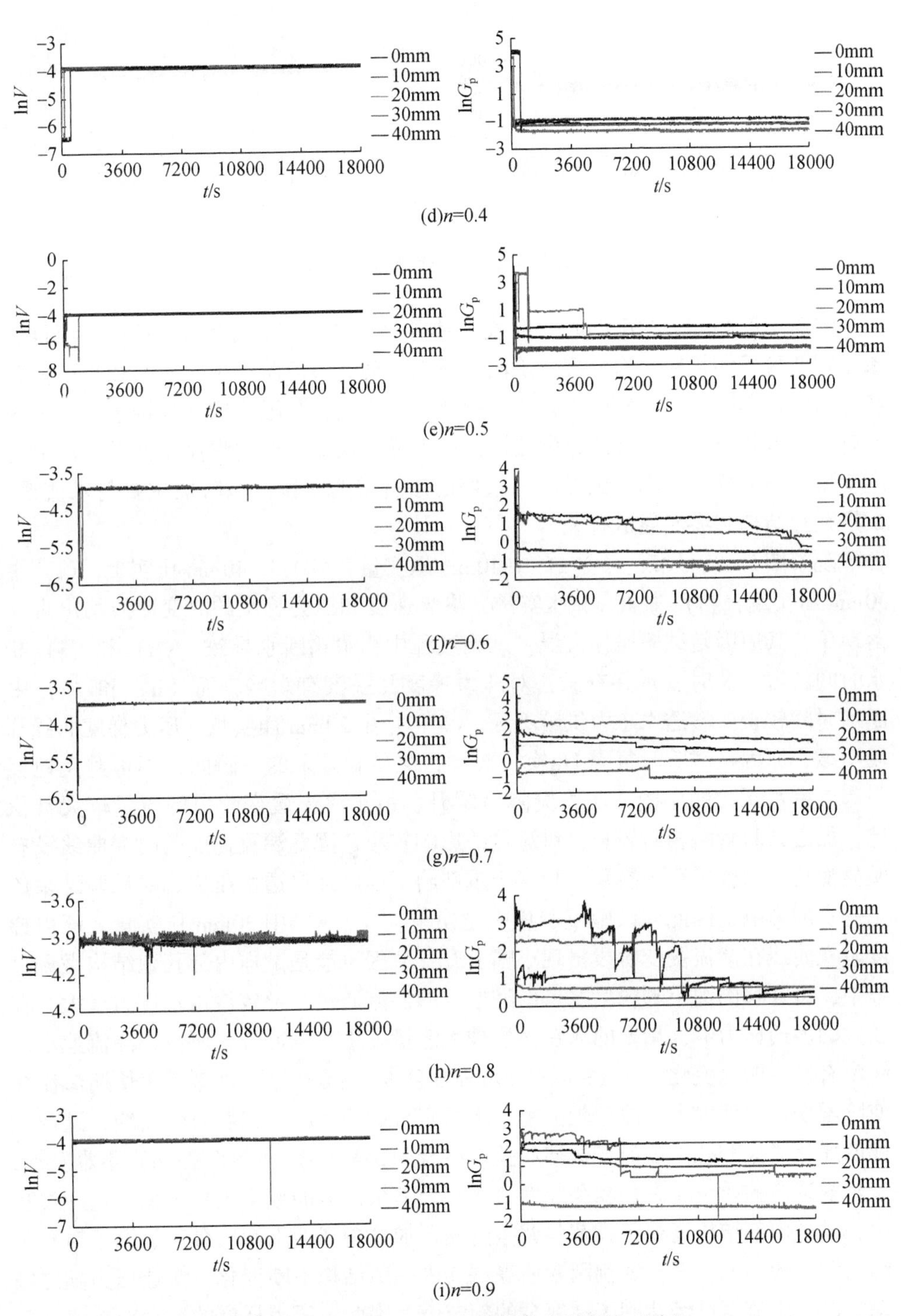

图5-12　渗流速度和压力梯度的时变规律（续）

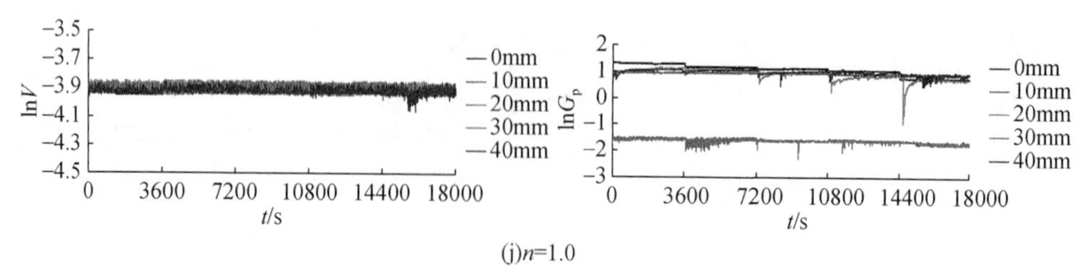

(j)n=1.0

图 5-12　渗流速度和压力梯度的时变规律（续）

渗流速度和压力梯度的时变曲线大致分为三个阶段，短暂的初始渗流阶段、渗流剧变阶段和长期的渗流缓变阶段。显然，初始渗流阶段虽然时间较短，但其经历的时长不同，与试样的 Talbol 幂指数、压实量、孔隙结构及渗透水压力等因素有关。该阶段内试样渗流速度较慢，压力梯度较高，经过渗流剧变后，渗流速度变快，压力梯度下降，试样进入长期的渗流缓变阶段。该阶段主要与水流量、试样孔隙结构和渗流通道有关。

观察图 5-12，发现：①（a）中 40mm 压实量，（h）中 40mm 压实量，（i）中 30mm 压实量，（j）中 40mm 压实量，渗流速度和压力梯度的时变曲线均出现跌落现象，其原因是试验操作失误，试验过程中，水箱断水导致，（a）和（j）断水时间较短，及时发现并补救，对压力梯度几乎没有影响，而（h）和（i）中断水时间较长，渗透水压力供给不足。②（j）中 20mm 压实量，压力梯度曲线分段明显，原因是试验时每隔 1h 换一次泵，关泵和开泵的一瞬间，不可避免地会引起渗透水压力的中断，压力突降后缓升；由于渗流缓变阶段的流量较大且稳定，加之试验管路相对较长，对流量的影响较小，因此渗流速度的时变曲线没有明显变化。试验过程中换泵，相当于重新给试样施加渗透水压力，对试验结果产生一定的影响，因此，试验应避免中途换泵。③（c）中 30mm 压实量，压力梯度时变曲线在渗流缓变阶段出现小幅上升，原因可能是试样内部孔隙结构微调过程中，可迁移的细小颗粒堵塞了已经形成的渗流通道，导致渗透水压力增大，在较大的渗透压力下，堵塞的颗粒很快被大流量高压水流冲开，所以，渗流速度曲线没有发生明显变化。④（h）中 40mm 压实量，试样的压力梯度在长期渗流缓变阶段变化幅度较大，波动较厉害，不像其余试验的压力梯度时变曲线，这与试样的质量流失和孔隙度时变规律相关。结合图 5-4（h）和图 5-8（h）不难发现，该阶段试样的质量流失量和孔隙度变化都较其余试样的幅度大。可见，这一过程中，试样内部结构还处于大范围调整阶段，加之中间断水和换泵，加剧了对孔隙结构调整的影响，多种影响因素使得试样内孔隙结构不断变化，渗透压力随之波动，此时水流量已经达到了柱塞泵的额定值，因此，压力梯度的波动对渗流速度的影响在曲线中表现不明显。

2）渗流速度和压力梯度随 Talbol 幂指数和压实量的变化规律

表 5-6 给出了 10 种配比 5 级压实量下试样在整个渗透试验过程中的渗流速度和压力梯度量级变化情况。

表 5-6　试验全程渗流速度（压力梯度）量级变化一览表

压实量/mm 渗流速度（m/s） 压力梯度/（MPa/m） Talbol 幂指数	0	10	20	30	40
0.1	$10^{-3}\sim10^{-2}$ ($10^{1}\sim10^{-2}$)	$10^{-3}\sim10^{-2}$ ($10^{1}\sim10^{-1}$)	$10^{-3}\sim10^{-2}$ ($10^{1}\sim10^{-1}$)	$10^{-3}\sim10^{-2}$ ($10^{1}\sim10^{-1}$)	$10^{-3}\sim10^{-2}$ ($10^{1}\sim10^{-1}$)
0.2	$10^{-2}\sim10^{-2}$ ($10^{-1}\sim10^{-1}$)	$10^{-3}\sim10^{-2}$ ($10^{1}\sim10^{-1}$)	$10^{-3}\sim10^{-2}$ ($10^{1}\sim10^{-1}$)	$10^{-3}\sim10^{-2}$ ($10^{1}\sim10^{-1}$)	$10^{-3}\sim10^{-2}$ ($10^{1}\sim10^{-1}$)
0.3	$10^{-2}\sim10^{-2}$ ($10^{-1}\sim10^{-1}$)	$10^{-3}\sim10^{-2}$ ($10^{1}\sim10^{-1}$)	$10^{-3}\sim10^{-2}$ ($10^{1}\sim10^{-1}$)	$10^{-3}\sim10^{-2}$ ($10^{1}\sim10^{-1}$)	$10^{-3}\sim10^{-2}$ ($10^{1}\sim10^{-1}$)
0.4	$10^{-2}\sim10^{-2}$ ($10^{0}\sim10^{-1}$)	$10^{-2}\sim10^{-2}$ ($10^{0}\sim10^{0}$)	$10^{-3}\sim10^{-2}$ ($10^{1}\sim10^{-1}$)	$10^{-3}\sim10^{-2}$ ($10^{1}\sim10^{-1}$)	$10^{-3}\sim10^{-2}$ ($10^{1}\sim10^{-1}$)
0.5	$10^{-2}\sim10^{-2}$ ($10^{0}\sim10^{-1}$)	$10^{-2}\sim10^{-2}$ ($10^{0}\sim10^{0}$)	$10^{-3}\sim10^{-2}$ ($10^{1}\sim10^{-1}$)	$10^{-3}\sim10^{-2}$ ($10^{1}\sim10^{-1}$)	$10^{-3}\sim10^{-2}$ ($10^{1}\sim10^{-1}$)
0.6	$10^{-2}\sim10^{-2}$ ($10^{0}\sim10^{-1}$)	$10^{-2}\sim10^{-2}$ ($10^{0}\sim10^{0}$)	$10^{-3}\sim10^{-2}$ ($10^{1}\sim10^{-1}$)	$10^{-3}\sim10^{-2}$ ($10^{1}\sim10^{-1}$)	$10^{-3}\sim10^{-2}$ ($10^{1}\sim10^{-1}$)
0.7	$10^{-2}\sim10^{-2}$ ($10^{0}\sim10^{0}$)	$10^{-2}\sim10^{-2}$ ($10^{0}\sim10^{-1}$)	$10^{-2}\sim10^{-2}$ ($10^{0}\sim10^{-1}$)	$10^{-2}\sim10^{-2}$ ($10^{0}\sim10^{0}$)	$10^{-3}\sim10^{-2}$ ($10^{1}\sim10^{0}$)
0.8	$10^{-2}\sim10^{-2}$ ($10^{0}\sim10^{0}$)	$10^{-2}\sim10^{-2}$ ($10^{0}\sim10^{0}$)	$10^{-2}\sim10^{-2}$ ($10^{0}\sim10^{0}$)	$10^{-2}\sim10^{-2}$ ($10^{0}\sim10^{0}$)	$10^{-2}\sim10^{-2}$ ($10^{0}\sim10^{0}$)
0.9	$10^{-2}\sim10^{-2}$ ($10^{0}\sim10^{0}$)	$10^{-2}\sim10^{-2}$ ($10^{0}\sim10^{0}$)	$10^{-2}\sim10^{-2}$ ($10^{0}\sim10^{0}$)	$10^{-2}\sim10^{-2}$ ($10^{0}\sim10^{0}$)	$10^{-2}\sim10^{-2}$ ($10^{0}\sim10^{0}$)
1.0	$10^{-2}\sim10^{-2}$ ($10^{0}\sim10^{0}$)	$10^{-2}\sim10^{-2}$ ($10^{0}\sim10^{0}$)	$10^{-2}\sim10^{-2}$ ($10^{0}\sim10^{0}$)	$10^{-2}\sim10^{-2}$ ($10^{0}\sim10^{0}$)	$10^{-2}\sim10^{-2}$ ($10^{0}\sim10^{0}$)

注：括号外是渗流速度量级变化，括号内是压力梯度量级变化

分析发现，试样在初始渗流阶段渗流速度和压力梯度的量级随着 Talbol 幂指数和压实量的不同而不同，在表 5-6 中呈台阶下沉式变化，Talbol 幂指数越小，压实量越大，渗流速度量级越小，压力梯度量级越大，分别为 10^{-3}m/s 和 10^{1}MPa/m，当压实量较小、Talbol 幂指数较大时，渗流速度量级变大到 10^{-2}m/s，压力梯度量级减小到 10^{0}MPa/m。

表 5-6 中台阶右上方的试样，由于其孔隙结构密实，初始渗流速度较小，柱塞泵达到其额定压力，在高渗透压力的持续作用下，试样发生渗流剧变，剧变时质量流失表现为猛烈的喷浆，混合浆液甚至 8mm 左右粒径的颗粒从渗透仪缸筒内通过溢水筒喷射出来，浆液四溅，缸筒内发出声响，伴随渗透仪强烈振动，动

压效果非常明显，试样内部孔隙结构变化剧烈，通过托盘和软管流出来的混合液体流速湍急，渗流速度突然升高，压力梯度突然减小，待孔隙结构调整结束后，试样才进入渗流缓变阶段。而台阶左下方的试样，随着 Talbol 幂指数升高、压实量减小，试样内部结构越来越松散，存在不同畅通程度的渗流通道，柱塞泵开启的渗透水压力越来越小，压力梯度越来越低，渗流速度越来越快，试样发生渗流剧变的现象越来越不明显，甚至无渗流剧变现象，压力梯度和渗流速度时变曲线表现为无渗流剧变阶段。此时，试样通过大量的质量流失后，孔隙结构调整至稳定状态后，直接进入长期的渗流缓变阶段。

在长期的渗流缓变阶段，试样在水流的长时间溶蚀、冲蚀和磨蚀作用下，不断有次生细小颗粒随水流迁移流失，试样孔隙空间逐渐变大，渗流通道畅通，进而水流量增大，渗透水压力降低，流量增大进一步加强水对岩体的溶蚀、冲蚀和磨蚀作用，这样一个相互作用的过程，使得试样的渗流速度随着时间增加而变快，压力梯度随着时间的增加而降低。但是由于试验时的渗透压力和试样高度变化范围有限，因此压力梯度的量级变化范围也有限，降低量最大达到 10^{-1} MPa/m。由于柱塞泵的额定流量只有 577L/h，导致渗流速度的增加有限，该阶段采集到的各试样的渗流速度量级都在 10^{-2} m/s，增加量最大达到 10^{-3} m/s，非常小。此阶段试样的渗流速度和压力梯度基本与 Talbol 幂指数和压实量无关。

5.5.4 渗透性参量的变化规律

1）渗透性参量的时变规律

通过渗流速度和压力梯度的时间序列，利用 4.4 节介绍的方法计算得到了伴随质量流失的破碎泥岩非 Darcy 流渗透性参量，包括渗透率 k、非 Darcy 流 β 因子和加速度系数 c_a。图 5-13（a）~（j）分别给出了 $n=0.1$，$n=0.2$，…，$n=1.0$ 情形下渗透率的自然对数随时间的变化曲线。图 5-14（a）~（j）分别给出了 $n=0.1$，$n=0.2$，…，$n=1.0$ 情形下非 Darcy 流 β 因子的自然对数随时间的变化曲线。图 5-15（a）~（j）分别给出了 $n=0.1$，$n=0.2$，…，$n=1.0$ 情形下加速度系数的自然对数随时间的变化曲线。

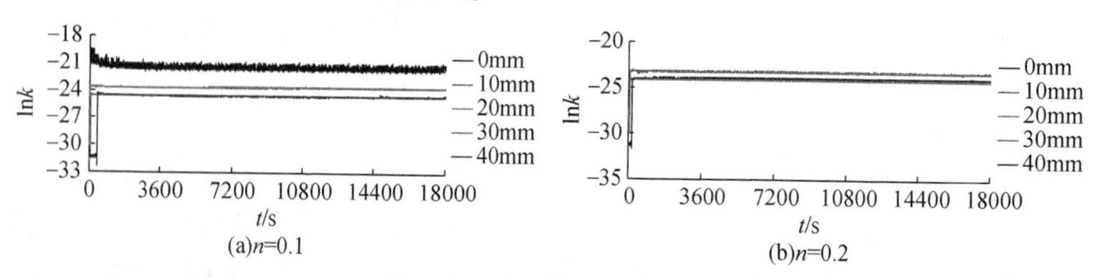

图 5-13 渗透率的时变规律

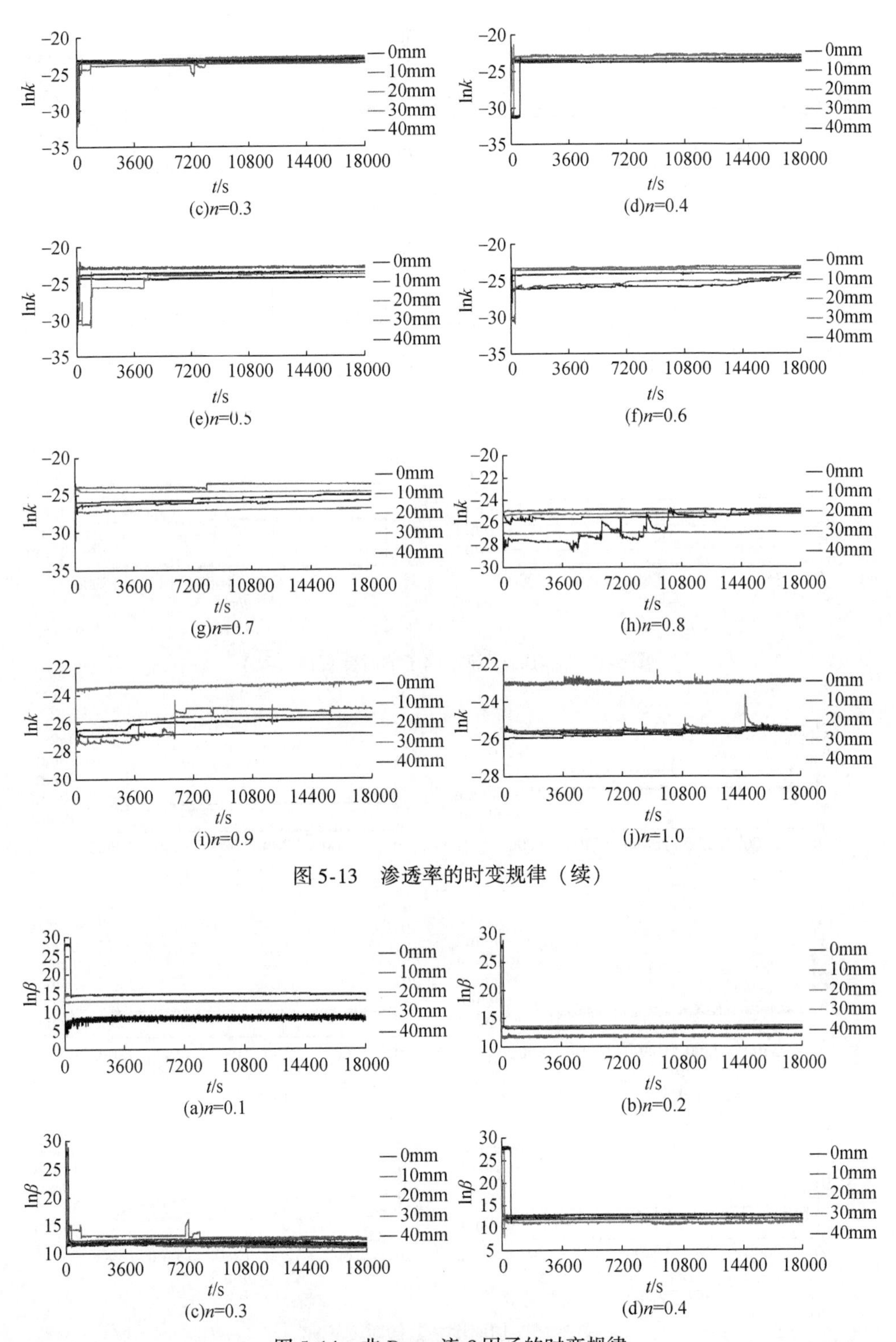

图 5-13　渗透率的时变规律（续）

图 5-14　非 Darcy 流 β 因子的时变规律

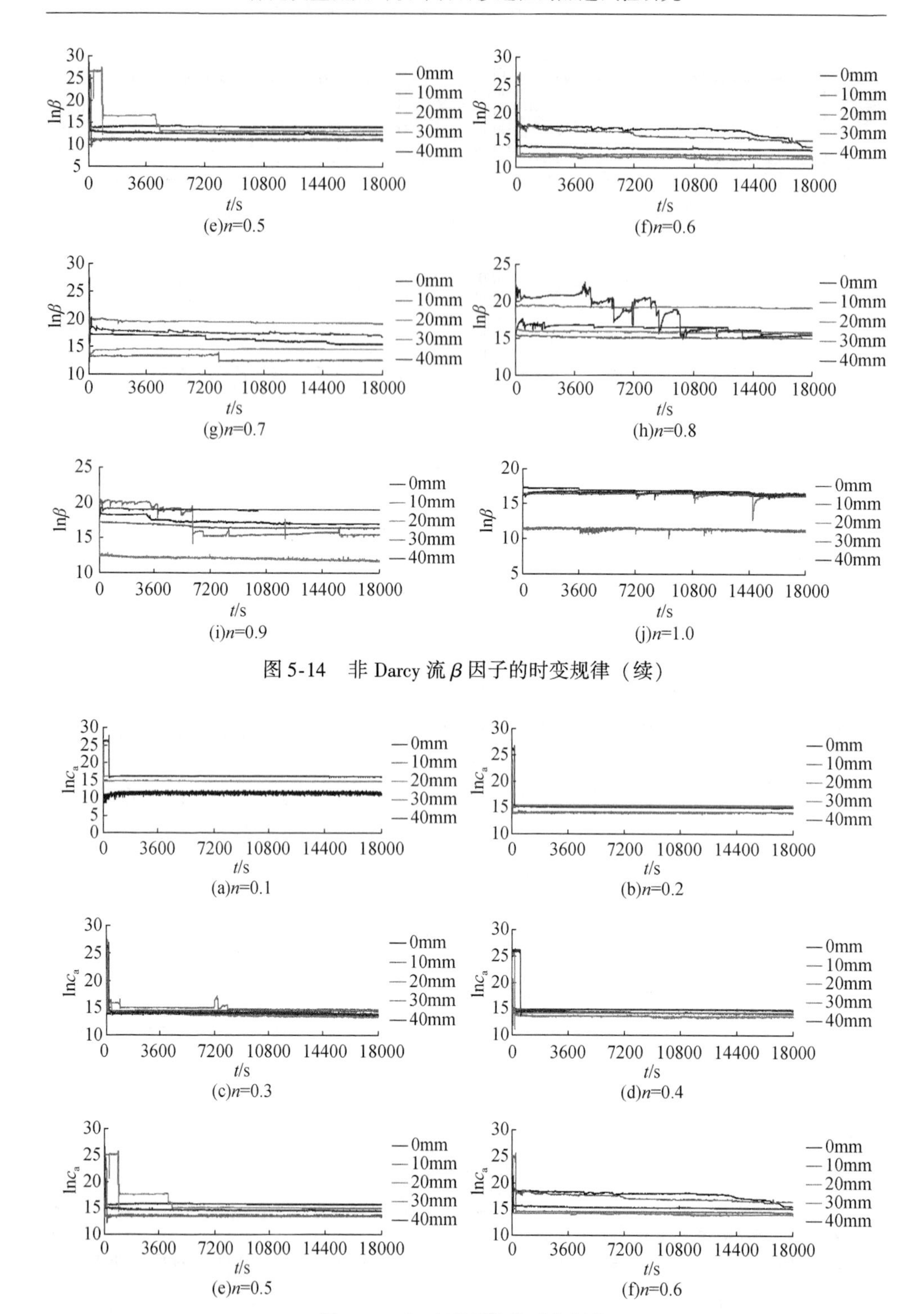

图 5-14　非 Darcy 流 β 因子的时变规律（续）

图 5-15　加速度系数的时变规律

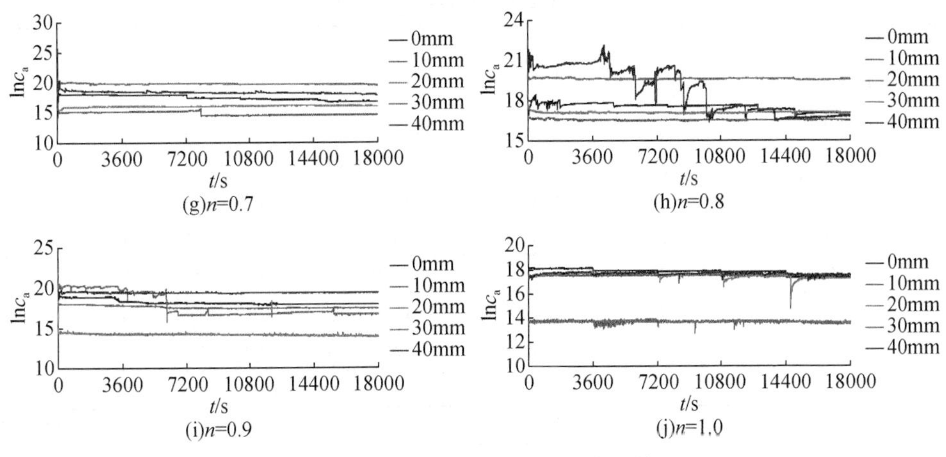

图 5-15　加速度系数的时变规律（续）

显然，渗透性参量的时变曲线与渗流速度和压力梯度相似，分为三个阶段，即短暂的初始渗流阶段、渗流剧变阶段和长期的渗流缓变阶段。

总体上，渗透率随着时间的增加而增加，非 Darcy 流 β 因子和加速度系数随着时间的增加而减小。

在初始渗流阶段，试样的渗透率很低，非 Darcy 流 β 因子和加速度系数 c_a 相对较大，经过渗流剧变阶段以后，渗透率提高，而非 Darcy 流 β 因子和加速度系数 c_a 降低，三者变化的幅度与试验时渗流剧变的明显程度相关。试样进入长期渗流缓变阶段后，在长时间渗透过程中，水的溶蚀、冲蚀和磨蚀引起的质量流失非常缓慢，从曲线上观察，渗透率的时变曲线缓增，非 Darcy 流 β 因子和加速度系数 c_a 的时变曲线缓降。

2）渗透性参量随 Talbol 幂指数和压实量的变化规律

渗透性参量的变化特征与渗流剧变阶段试样渗流剧变的程度相关，而试样的 Talbol 幂指数和压实量直接影响试样渗流剧变的程度。

（1）渗透率随 Talbol 幂指数和压实量的变化规律

表 5-7 给出了试样在 10 种配比 5 级压实量下渗透试验全程的渗透率量级变化特征。

渗透率量级变化随 Talbol 幂指数和压实量的增加呈台阶下沉式变化，能够发生渗流剧变的试样其初始渗流阶段和渗流缓变阶段的量级相差较大，从 $10^{-14}\,\mathrm{m}^2$ 到 $10^{-11}\,\mathrm{m}^2$（$10^{-10}\,\mathrm{m}^2$）剧变，不能发生渗流剧变的试样其变化范围明显小，有的甚至在同一量级范围内变化。进入长期渗流缓变阶段后，试样的渗透率量级基本不发生变化，只在数值上有微小增长。

表 5-7 试验全程渗透率量级变化一览表

Talbol 幂指数 \ 渗透率/m^2 \ 压实量/mm	0	10	20	30	40
0.1	$10^{-14}\sim10^{-10}$	$10^{-14}\sim10^{-11}$	$10^{-14}\sim10^{-11}$	$10^{-14}\sim10^{-11}$	$10^{-14}\sim10^{-11}$
0.2	$10^{-12}\sim10^{-11}$	$10^{-14}\sim10^{-11}$	$10^{-14}\sim10^{-11}$	$10^{-14}\sim10^{-11}$	$10^{-14}\sim10^{-11}$
0.3	$10^{-12}\sim10^{-11}$	$10^{-14}\sim10^{-11}$	$10^{-14}\sim10^{-11}$	$10^{-14}\sim10^{-11}$	$10^{-14}\sim10^{-11}$
0.4	$10^{-12}\sim10^{-11}$	$10^{-12}\sim10^{-11}$	$10^{-14}\sim10^{-11}$	$10^{-14}\sim10^{-11}$	$10^{-14}\sim10^{-11}$
0.5	$10^{-12}\sim10^{-11}$	$10^{-12}\sim10^{-11}$	$10^{-14}\sim10^{-11}$	$10^{-14}\sim10^{-11}$	$10^{-14}\sim10^{-11}$
0.6	$10^{-12}\sim10^{-11}$	$10^{-12}\sim10^{-11}$	$10^{-14}\sim10^{-11}$	$10^{-14}\sim10^{-11}$	$10^{-14}\sim10^{-11}$
0.7	$10^{-12}\sim10^{-11}$	$10^{-12}\sim10^{-11}$	$10^{-12}\sim10^{-11}$	$10^{-12}\sim10^{-11}$	$10^{-14}\sim10^{-11}$
0.8	$10^{-11}\sim10^{-11}$	$10^{-11}\sim10^{-11}$	$10^{-12}\sim10^{-12}$	$10^{-12}\sim10^{-12}$	$10^{-13}\sim10^{-11}$
0.9	$10^{-12}\sim10^{-12}$	$10^{-12}\sim10^{-12}$	$10^{-12}\sim10^{-11}$	$10^{-12}\sim10^{-11}$	$10^{-12}\sim10^{-11}$
1.0	$10^{-12}\sim10^{-12}$	$10^{-12}\sim10^{-12}$	$10^{-11}\sim10^{-10}$	$10^{-11}\sim10^{-10}$	$10^{-12}\sim10^{-11}$

(2) 非 Darcy 流 β 因子和加速度系数变化规律

表 5-8 给出了 10 种配比试样在 5 级压实量下渗透试验全过程的非 Darcy 流 β 因子和加速度系数量级变化特征。

表 5-8 试验全程非 Darcy 流 β 因子/加速度系数量级变化一览表

Talbol 幂指数 \ 非 Darcy 流 β 因子/m^{-1} 加速度系数 \ 压实量/mm	0	10	20	30	40
0.1	$10^{11}\sim10^{3}$/ $10^{9}\sim10^{4}$	$10^{11}\sim10^{5}$/ $10^{10}\sim10^{6}$	$10^{11}\sim10^{5}$/ $10^{11}\sim10^{6}$	$10^{11}\sim10^{6}$/ $10^{11}\sim10^{6}$	$10^{12}\sim10^{6}$/ $10^{11}\sim10^{6}$
0.2	$10^{7}\sim10^{5}$/ $10^{7}\sim10^{6}$	$10^{11}\sim10^{5}$/ $10^{10}\sim10^{6}$	$10^{11}\sim10^{5}$/ $10^{10}\sim10^{6}$	$10^{10}\sim10^{5}$/ $10^{10}\sim10^{6}$	$10^{12}\sim10^{5}$/ $10^{11}\sim10^{6}$
0.3	$10^{9}\sim10^{4}$/ $10^{7}\sim10^{5}$	$10^{11}\sim10^{5}$/ $10^{10}\sim10^{6}$	$10^{11}\sim10^{4}$/ $10^{11}\sim10^{5}$	$10^{11}\sim10^{5}$/ $10^{11}\sim10^{6}$	$10^{12}\sim10^{5}$/ $10^{11}\sim10^{6}$
0.4	$10^{8}\sim10^{5}$/ $10^{8}\sim10^{6}$	$10^{8}\sim10^{5}$/ $10^{8}\sim10^{6}$	$10^{11}\sim10^{4}$/ $10^{10}\sim10^{5}$	$10^{11}\sim10^{5}$/ $10^{10}\sim10^{6}$	$10^{12}\sim10^{5}$/ $10^{11}\sim10^{6}$
0.5	$10^{7}\sim10^{6}$/ $10^{7}\sim10^{6}$	$10^{11}\sim10^{4}$/ $10^{8}\sim10^{5}$	$10^{11}\sim10^{5}$/ $10^{10}\sim10^{6}$	$10^{9}\sim10^{4}$/ $10^{10}\sim10^{5}$	$10^{11}\sim10^{5}$/ $10^{11}\sim10^{6}$
0.6	$10^{7}\sim10^{6}$/ $10^{8}\sim10^{6}$	$10^{8}\sim10^{6}$/ $10^{8}\sim10^{7}$	$10^{11}\sim10^{5}$/ $10^{10}\sim10^{6}$	$10^{11}\sim10^{5}$/ $10^{10}\sim10^{6}$	$10^{9}\sim10^{5}$/ $10^{10}\sim10^{6}$
0.7	$10^{7}\sim10^{6}$/ $10^{7}\sim10^{7}$	$10^{9}\sim10^{5}$/ $10^{8}\sim10^{6}$	$10^{10}\sim10^{6}$/ $10^{9}\sim10^{6}$	$10^{8}\sim10^{8}$/ $10^{8}\sim10^{8}$	$10^{11}\sim10^{7}$/ $10^{11}\sim10^{7}$
0.8	$10^{6}\sim10^{6}$/ $10^{7}\sim10^{7}$	$10^{6}\sim10^{6}$/ $10^{7}\sim10^{7}$	$10^{7}\sim10^{6}$/ $10^{7}\sim10^{7}$	$10^{8}\sim10^{8}$/ $10^{8}\sim10^{8}$	$10^{9}\sim10^{6}$/ $10^{9}\sim10^{7}$

续表

压实量/mm 非Darcy流β因子/m⁻¹加速度系数 Talbol幂指数	0	10	20	30	40
0.9	$10^8 \sim 10^7$/ $10^8 \sim 10^7$	$10^7 \sim 10^7$/ $10^7 \sim 10^7$	$10^8 \sim 10^5$/ $10^8 \sim 10^6$	$10^8 \sim 10^6$/ $10^8 \sim 10^7$	$10^8 \sim 10^8$/ $10^8 \sim 10^8$
1.0	$10^7 \sim 10^7$/ $10^7 \sim 10^7$	$10^7 \sim 10^7$/ $10^7 \sim 10^7$	$10^7 \sim 10^6$/ $10^7 \sim 10^7$	$10^4 \sim 10^4$/ $10^5 \sim 10^5$	$10^7 \sim 10^7$/ $10^7 \sim 10^7$

注：“/”前为非Darcy流β因子量级变化，“/”后为加速度系数量级变化

显然，Talbol幂指数为0.1、压实量为0的试样的非Darcy流β因子和加速度系数在渗流剧变后，量级降低最多，二者渗流缓变阶段的量级分别低到$10^3 m^{-1}$和$10^4 m^{-1}$，这与该试样在渗流剧变后的渗流通道形式有关。0.1配比试样中易迁移的细小颗粒含量非常高，压实量为0时，试样处于未压实状态，如散沙堆积，在渗透水压力的作用下，试样内部很快形成筛网状渗流通道，此时试样的渗流形式更接近Darcy流。

表5-8中，非Darcy流β因子和加速度系数二者的台阶下沉方式基本一致，而且类似于渗透率的台阶特征。

总之，表中右上方的试样由于有明显的渗流剧变阶段，即试样发生了渗流剧变，非Darcy流β因子和加速度系数量级变化范围大，试样的渗流属于非稳定渗流。而表中左下方的试样，随着Talbol幂指数增加、压实量减小，在渗透试验全程量级变化范围越来越小，甚至个别试样量级没有发生变化，即其渗流速度的变化率很小，渗流状态较稳定。

5.6　试验的不足

通过对伴随质量流失的破碎泥岩渗透加速试验现象的观察和试验结果的分析，发现存在以下几点不足之处。

（1）为了能够准确反映破碎泥岩在渗透过程中试样的流失质量和质量流失率的时变规律，需要实时收集随水流一起迁移出来的细小颗粒。而实质上，实时获取流失质量存在诸多困难：①试样在初始渗流阶段，水流量非常小，随水流一起迁移出的颗粒非常少且粒径非常小，并与水一起成浆液状，从细纱布（300目）漏掉而无法收集到。②由于试样初始渗流阶段的时长随配比和压实量的不同而存在较大差异，实时收集颗粒的时间间隔更不好把握。③试样发生渗流剧变的时间特别短，大部分试验只有短短的几秒钟，而且具有突发性，伴随流量的突增，瞬间流失大量细小颗粒，时间短而流失颗粒多，短时间内多次收集不具有可

操作性。因此，本章试验第一次收集和计量流失颗粒的时间间隔根据试验现象分为两种：第一种是有渗流剧变发生时，从试验开始到试样发生渗流剧变为止，收集流失颗粒；第二种是无明显渗流剧变发生时，10min 收集一次流失颗粒。后续60min 以内取 10min 和 30min 两个间隔收集，60min 以后设 60min 为一间隔点记录流失质量。因为初始渗流和渗流剧变的时间较短，且初始渗流阶段颗粒流失量极少，进行多次颗粒收集不具有可操作性，而在渗流缓慢变化阶段质量变化很小，收集的时间间隔太短会引起流失质量收集时误差太大而不准确，因此，从初始渗流到渗流剧变发生之间流失质量的时变规律将会受到影响。

（2）每组试验的渗流初始阶段的时间长短和能否观察到渗流剧变现象不仅跟 Talbol 幂指数、压实量有关，而且还和渗透压力密切相关。遗憾之处是试样的渗透水压力由定量柱塞泵提供，其开启压力主要由破碎泥岩的孔隙结构的致密性决定，若试样足够致密，其开启压力直接达到泵的额定压力 7 ~ 8MPa 而无法调节；若试样较松散，其开启压力非常小，同样无法调节。

5.7 本章小结

本章采用试验方法研究了 10 种 Talbol 幂指数和 5 级压实量下伴随质量流失的破碎泥岩渗透加速试验中流失质量、质量流失率、孔隙度、孔隙度变化率、渗流速度、压力梯度、渗透率、非 Darcy 流 β 因子和加速度系数等参数的时变规律，分析了各参数受 Talbol 幂指数和压实量影响的特征，得到如下主要结论。

（1）各种配比和各级压实量下破碎泥岩的质量流失量的时变曲线分为质量快速流失阶段和质量缓慢流失阶段。质量快速流失阶段与试样的 Talbol 幂指数和压实程度有关，质量快速流失阶段的时变曲线随着 Talbol 幂指数的增加而变缓，不仅流失的质量减少，而且该阶段的时间变长。质量缓慢流失阶段与水对破碎岩石作用的时长以及水对岩石的溶蚀、冲蚀和磨蚀作用有关。Talbol 幂指数越小，压实量越大，质量快速流失阶段的流失质量占总流失质量的百分比越高，试样的质量大量流失发生在渗流剧变时；反之，Talbol 幂指数越大，压实量越小，快速流失阶段的流失质量占总流失质量的百分比越低，并且试验中无明显的渗流剧变现象发生。

（2）破碎泥岩质量流失率的时变曲线根据 Talbol 幂指数分为两类：一类是 $n=0.1 \sim 0.6$ 试样，曲线分为快速变化和缓慢变化两个阶段；另一类是 $n=0.7 \sim 1.0$ 试样，曲线分为初始逐渐变化、快速变化和缓慢变化三个阶段。质量流失率峰值随着 Talbol 幂指数的增大而减小，其量级变化范围较大，从 $10^4 \sim 10^{-1}$ [g/(s · m^3)] 变化；但是质量流失率峰值不随着压实量的增加而单调变化，与试样内部孔隙结构和渗透水压力相关。

（3）试样的初始孔隙度在同一压实量下随着Talbol幂指数的增加而增加，同一Talbol幂指数随着压实量的增加而减小。各种Talbol幂指数和各级压实量下破碎泥岩的孔隙度的时变曲线分为快速变化阶段和缓慢变化阶段。快速变化阶段受Talbol幂指数和压实量影响，随着大量细小颗粒的流失，试样内部形成空隙或空洞，引起试样孔隙结构大范围调整，直至剩余难以迁移的骨架颗粒，试样的孔隙度值达到一个相对稳定值。孔隙度缓慢变化阶段与Talbol幂指数和压实量无关，试样内孔隙结构基本保持稳定。随着试样的长时间渗透，孔隙度以越来越慢的速度持续增长。水对岩石的长时间溶蚀、冲蚀和磨蚀作用影响了已有的渗流通道，但影响程度较小。

（4）各种Talbol幂指数和各级压实量下破碎泥岩的孔隙度变化率的时变曲线类似于质量流失率的时变曲线。末级孔隙度 φ_5 变化率与试样的总流失质量密切相关，其变化规律与总流失质量随Talbol幂指数和压实量的变化规律基本一致；孔隙度快速变化阶段的孔隙度 φ_1 变化率不仅与该阶段流失的质量有关，还和该阶段的渗流时间相关。由于渗透水压力的影响，该阶段孔隙度变化率随Talbol幂指数和压实量的变化规律不同于该阶段流失质量随Talbol幂指数和压实量的变化规律。

（5）渗流速度和压力梯度的时变曲线分为初始渗流阶段、渗流剧变阶段和长期的渗流缓变阶段。初始渗流阶段的时长与Talbol幂指数、压实量和渗透水压力相关，随着Talbol幂指数的减小和压实量的增大，渗流速度变小而压力梯度变大。渗流剧变阶段的渗流速度和压力梯度变化呈“台阶下沉式”，台阶左下方（Talbol幂指数大、压实量小）试样内部结构松散，存在渗流通道，试样没有明显的渗流剧变现象；否则，台阶右上方（Talbol幂指数小、压实量大）会观察到动压效果显著的伴随大量质量流失的喷浆现象，并且渗流速度突然升高，压力梯度突然降低，喷浆越猛烈，渗流速度和压力梯度的变化幅度变大，最大的变化范围分别为 $10^{-3}\sim10^{-2}$ m/s 和 $10^{1}\sim10^{-2}$ MPa/m。渗流缓变阶段，试样内部渗流通道畅通，孔隙空间大，其渗流速度和压力梯度变化较缓慢，基本与Talbol幂指数和压实量无关。

（6）渗透性参量的时变曲线同样分为初始渗流阶段、渗流剧变阶段和渗流缓变阶段。随着渗流时间的增加，渗透率增加，而非Darcy流 β 因子和加速度系数减小。渗透率、非Darcy流 β 因子和加速度系数的量级变化随Talbol幂指数和压实量的增加同样呈“台阶下沉式”变化。能够观察到渗流剧变现象的试样，渗透率、非Darcy流 β 因子和加速度系数的量级变化范围较大，分别为 $10^{-14}\sim10^{-10}$ m^2、$10^{11}\sim10^{3}$ m^{-1} 和 $10^{11}\sim10^{4}$，否则，其变化范围小，甚至在同一量级。

第 6 章　伴随质量流失的破碎岩石渗流系统中参数间的关系

伴随质量流失的破碎岩石加速渗透试验过程中，随着颗粒的迁移、流失，破碎岩石的质量流失率、孔隙度、渗流速度、压力梯度、渗透率、非 Darcy 流 β 因子和加速度系数等参数随渗透时间的变化而变化。同时，各参数间相互影响、相互制约，形成了一个复杂的时变动力学系统。本章结合第 5 章加速渗透试验的试验现象、数据和试验结果分析，借助数学手段建立伴随质量流失的破碎岩石渗流系统中参数间的关系，并通过最优化计算确定参数关系表达式中的相关系数值，为后续伴随质量流失的破碎岩体渗流系统动力学响应计算做基础。

6.1　质量流失率与孔隙度和时间的关系

第 5 章中伴随质量流失的破碎岩石长时间渗透过程中，由于母体中细小颗粒迁移、流失，引起试样孔隙度随时间变化。试样的质量流失率受孔隙度和时间的共同影响。通过对流失质量、质量流失率、孔隙度和孔隙变化率的时变规律的研究，根据质量流失率-时间曲线的形状和孔隙度-时间曲线的形状，构造质量流失率与孔隙度、时间的形状函数。三者关系表述为

$$q=C_1\varphi e^{-\chi_1 t}+C_2(\varphi_{\text{stable}}-\varphi)(1-e^{-\chi_2 t}) \tag{6-1}$$

式中，φ_{stable} 为质量缓慢流失过程终了时的孔隙度稳定值，显然 φ_{stable} 取决于 Talbol 幂指数和压实量（初始孔隙度）。

式（6-1）中系数 C_1 和 C_2 的单位和 q 相同，为 $g/(s\cdot m^3)$，幂指数 χ_1 和 χ_2 的单位为 s^{-1}。不同 Talbol 幂指数和不同初始孔隙度下质量流失率的系数 C_1 和 C_2、幂指数 χ_1 和 χ_2 用遗传算法确定，计算程序见 6.2 节，算例见 6.3 节。

利用程序计算得到了 10 种配比试样在 5 级压实量下，质量流失率的系数 C_1、C_2 和幂指数 χ_1、χ_2 的取值（表 6-1）。

表 6-1　系数 C_1、C_2 和幂指数 χ_1、χ_2 的取值

n	压实量/mm	φ_0	C_1/[$g/(s\cdot m^3)$]	C_2/[$g/(s\cdot m^3)$]	χ_1/s^{-1}	χ_2/s^{-1}
0.1	0	0.279	8.98×10^4	7.68×10^2	1.12×10^{-3}	2.18×10^{-5}
	10	0.226	1.73×10^5	1.11×10^2	1.19×10^{-3}	2.34×10^{-5}
	20	0.165	1.75×10^5	4.05×10^2	1.06×10^{-3}	3.26×10^{-5}

续表

n	压实量/mm	φ_0	C_1/[g/(s·m³)]	C_2/[g/(s·m³)]	χ_1/s^{-1}	χ_2/s^{-1}
0.1	30	0.094	4.61×10^5	4.10×10^3	1.75×10^{-3}	6.54×10^{-5}
	40	0.009	5.36×10^5	7.79×10^3	4.60×10^{-3}	6.54×10^{-5}
0.2	0	0.293	4.00×10^3	5.50×10^2	4.09×10^{-3}	3.40×10^{-5}
	10	0.242	3.50×10^4	2.44×10^3	5.43×10^{-3}	3.37×10^{-5}
	20	0.184	6.30×10^4	2.96×10^3	5.24×10^{-3}	3.30×10^{-5}
	30	0.116	5.84×10^4	3.57×10^3	5.08×10^{-3}	3.27×10^{-5}
	40	0.036	9.65×10^4	2.84×10^3	1.35×10^{-2}	2.93×10^{-4}
0.3	0	0.307	4.45×10^5	1.40×10^3	1.05×10^{-3}	1.40×10^{-6}
	10	0.258	5.70×10^4	3.45×10^3	1.23×10^{-3}	1.46×10^{-6}
	20	0.203	1.31×10^5	3.32×10^3	6.40×10^{-4}	1.10×10^{-6}
	30	0.138	2.36×10^5	4.50×10^3	1.36×10^{-3}	1.52×10^{-6}
	40	0.061	6.32×10^5	8.50×10^3	4.30×10^{-3}	3.64×10^{-6}
0.4	0	0.316	9.20×10^4	3.10×10^3	1.30×10^{-4}	5.00×10^{-7}
	10	0.269	2.01×10^4	1.65×10^4	8.00×10^{-4}	1.64×10^{-5}
	20	0.214	3.10×10^4	2.71×10^4	2.55×10^{-3}	1.64×10^{-5}
	30	0.152	1.20×10^5	1.57×10^4	8.00×10^{-4}	1.64×10^{-5}
	40	0.078	2.78×10^5	1.03×10^5	3.64×10^{-3}	4.81×10^{-5}
0.5	0	0.320	1.01×10^5	1.41×10^4	1.00×10^{-4}	1.65×10^{-5}
	10	0.274	2.93×10^4	2.85×10^3	1.00×10^{-4}	5.00×10^{-6}
	20	0.220	9.98×10^2	1.67×10^4	1.46×10^{-3}	2.07×10^{-5}
	30	0.158	4.78×10^6	5.20×10^4	1.00×10^{-4}	3.64×10^{-5}
	40	0.086	5.75×10^6	5.13×10^4	4.77×10^{-3}	1.46×10^{-4}
0.6	0	0.337	3.31×10^1	3.46×10^1	6.40×10^{-3}	8.00×10^{-6}
	10	0.293	2.12×10^2	1.96×10^2	2.75×10^{-2}	1.46×10^{-5}
	20	0.242	9.94×10^3	8.16×10^1	4.48×10^{-2}	2.70×10^{-5}
	30	0.184	5.26×10^3	3.11×10^2	2.56×10^{-2}	2.07×10^{-5}
	40	0.116	3.88×10^4	4.33×10^2	5.36×10^{-2}	2.84×10^{-5}
0.7	0	0.349	6.01×10^1	4.18×10^0	2.57×10^{-5}	2.20×10^{-8}
	10	0.307	9.63×10^2	5.04×10^3	5.13×10^{-4}	1.00×10^{-7}
	20	0.258	1.54×10^3	4.70×10^3	5.29×10^{-4}	5.00×10^{-8}
	30	0.203	4.80×10^2	6.60×10^3	7.64×10^{-4}	1.00×10^{-7}
	40	0.138	1.28×10^4	1.24×10^4	8.20×10^{-4}	3.77×10^{-7}

续表

n	压实量 /mm	φ_0	C_1/ [g/(s·m³)]	C_2/ [g/(s·m³)]	χ_1/s^{-1}	χ_2/s^{-1}
0.8	0	0.361	2.90×10^2	5.50×10^1	1.10×10^{-5}	8.00×10^{-9}
	10	0.320	9.35×10^0	5.50×10^1	1.00×10^{-5}	2.08×10^{-8}
	20	0.274	2.55×10^1	4.16×10^1	6.40×10^{-5}	4.00×10^{-8}
	30	0.220	1.61×10^3	1.20×10^2	1.00×10^{-5}	1.20×10^{-8}
	40	0.158	3.60×10^4	2.53×10^3	5.29×10^{-4}	1.00×10^{-7}
0.9	0	0.376	5.97×10^0	5.60×10^2	1.10×10^{-5}	1.00×10^{-7}
	10	0.337	2.82×10^2	6.75×10^2	2.60×10^{-5}	4.14×10^{-6}
	20	0.293	4.62×10^1	7.40×10^2	6.40×10^{-5}	1.00×10^{-6}
	30	0.242	5.35×10^1	8.61×10^2	1.00×10^{-5}	4.80×10^{-6}
	40	0.184	6.84×10^4	1.69×10^3	5.13×10^{-4}	5.89×10^{-6}
1.0	0	0.383	8.40×10^0	4.08×10^3	5.13×10^{-5}	7.00×10^{-8}
	10	0.345	1.39×10^2	1.37×10^4	5.13×10^{-4}	1.00×10^{-7}
	20	0.302	3.76×10^2	7.00×10^3	5.21×10^{-4}	4.06×10^{-7}
	30	0.253	6.09×10^3	4.00×10^4	5.25×10^{-4}	4.14×10^{-7}
	40	0.197	2.48×10^3	4.50×10^4	5.22×10^{-4}	5.60×10^{-7}

利用指数函数分别拟合 $n=0.1$，$n=0.2$，…，$n=1.0$ 时，C_1、C_2、χ_1、χ_2 与初始孔隙度 φ_0 的关系，如式（6-2）所示。表 6-2 给出了指数关系式中各系数 A_1、A_2、A_3、A_4 和各指数 b_1、b_2、b_3、b_4 的取值。

$$\begin{cases} C_1 = A_1 e^{b_1\varphi_0} \\ C_2 = A_2 e^{b_2\varphi_0} \\ \chi_1 = A_3 e^{b_3\varphi_0} \\ \chi_2 = A_4 e^{b_4\varphi_0} \end{cases} \tag{6-2}$$

表 6-2　系数 A_1、A_2、A_3、A_4 和指数 b_1、b_2、b_3、b_4 的取值

n	A_1/ [g/(s·m³)]	b_1	A_2/ [g/(s·m³)]	b_2	A_3/s^{-1}	b_3	A_4/s^{-1}	b_4
0.1	6.53×10^5	−6.71	7.38×10^3	−12.83	3.53×10^{-3}	−5.03	7.77×10^{-5}	−4.77
0.2	2.05×10^5	−10.2	5.28×10^3	−5.29	1.16×10^{-2}	−3.77	1.79×10^{-4}	−7.03
0.3	4.85×10^5	−4.13	1.21×10^4	−6.28	3.70×10^{-3}	−5.17	3.00×10^{-6}	−3.45
0.4	3.27×10^5	−7.37	2.02×10^5	−11.59	8.81×10^{-3}	−10.82	2.09×10^{-4}	−14.73

续表

n	A_1/[g/(s · m³)]	b_1	A_2/[g/(s · m³)]	b_2	A_3/s^{-1}	b_3	A_4/s^{-1}	b_4
0.5	2.53×10^{7}	−24.2	1.36×10^{5}	−9.59	6.41×10^{-3}	−13.48	2.69×10^{-4}	−11.31
0.6	2.31×10^{6}	−30.7	1.52×10^{3}	−9.89	1.39×10^{-1}	−7.24	5.82×10^{-5}	−5.02
0.7	1.01×10^{5}	−18.88	2.22×10^{6}	−29.04	9.01×10^{-3}	−13.09	1.28×10^{-6}	−10.87
0.8	1.36×10^{6}	−31.2	1.43×10^{4}	−17.61	2.25×10^{-3}	−15.87	2.61×10^{-7}	−8.95
0.9	7.19×10^{6}	−36.71	3.75×10^{3}	−5.24	2.51×10^{-3}	−14.51	1.97×10^{-4}	−16.72
1.0	4.13×10^{6}	−31.5	6.09×10^{5}	−12.56	5.17×10^{-3}	−9.32	7.35×10^{-6}	−11.68

表 6-2 是限于第 5 章加速渗透试验中 10 种 Talbol 幂指数下岩石样本的系数 A_1、A_2、A_3、A_4 和指数 b_1、b_2、b_3、b_4 值。若想得到试验样本以外的系数 A_1、A_2、A_3、A_4 和指数 b_1、b_2、b_3、b_4 值，则可将上表构造成 10 行 9 列的矩阵，利用一元三点不等距 Lagrange 插值法计算，详见本书 10.2 节。

6.2　破碎岩石质量流失率计算程序

破碎岩石质量流失率计算程序主要包括计算质量流失率、孔隙度和时间三者表达式中的最优系数值子程序和计算最优系数下的质量流失率子程序等。具体如下所示。

```
$DEBUG
        implicit double precision (A-H,p-z)
        dimension testdata(9,2),testd(9,3)
        dimension ichrom(24),igroup0(80,24),icop(50),iseq(50)
        dimension igroup(50,24),ngroup(50,24)
        dimension fitn(80),fit1(80),fit2(50),fit3(50)
        dimension porous(12),dmdt(12),x(12),y(12)
        dimension yd(12),qm(12)
        double precision mass
        character ss5*9,ss6*9,ss7*9,ss8*9
        common /c1/testd
        common /c2/c10,c11,c20,c21,cap10,cap11,cap20,cap21
        common /c3/porst
        write(*,8)
8       format(1x,'input file name of output data,ss5')
        read(*,*) ss5
```

```
      write(*,18)
18    format(1x,'input file name of output data,ss6')
      read(*,*) ss6
      write(*,28)
28    format(1x,'input file name of output data,ss7')
      read(*,*) ss7
      write(*,38)
38    format(1x,'input file name of output data,ss8')
      read(*,*) ss8
      open(5,file=ss5,status='old')
      open (6,file =ss6,status='new')
      open (7,file =ss7,status='new')
      open (8,file =ss8,status='new')
      m1=8
      pi=0.4d+01*datan(0.1d+01)
      radius=0.5d-01
      height=0.132d+00
      volume=pi*radius**2*height
      do i=1,m1
      read(5,*) (testdata(i,j),j=1,2)
      x(i)=testdata(i,1)
      y(i)=testdata(i,2)
      end do
      do i=1,m1-1
      yd(i)=(y(i+1)-y(i))/(x(i+1)-x(i))
      qm(i)=yd(i)/volume
      end do
      yd(m1)=yd(m1-1)
      qm(m1)=qm(m1-1)
21    format(4e16.6)
31    format(3x,4e12.6)
      densr=0.2401d+04
      mass=0.2d+01
      do i=1,m1
      porous(i)=0.1d+01-(mass-0.1d-03*y(i))/volume/densr
      testd(i,1)=x(i)
      testd(i,2)=porous(i)
      testd(i,3)=qm(i)
      end do
```

```
      porst=porous(m1)*0.105d+01
      c1r=qm(1)/porous(1)
      c10=0.1d+01*c1r
      c11=0.1d+04*c1r
      c2r=qm(3)/(porst-porous(3))
      c20=0.1d+01*c2r
      c21=0.1d+03*c2r
      cap10=0.1d-04
      cap11=0.1d-02
      cap20=0.01*cap10
      cap21=0.01*cap11
      kgrp=80
      kcop=50
      pc=0.8d+00
      pm=0.2d+00
      mmut=6
      mcross=4
      n1=6
      n2=6
      n3=6
      n4=6
      nt=n1+n2+n3+n4
      m1=8
      ig=0
      write(6,11) ig
      write(7,11) ig
11    format('generation',i16)
      write(*,37)ig
37    format(3x,i6,'th generation population')
      call chromosome(nt,kgrp,igroup0)
      do 2100 i=1,kgrp
      do j=1,nt
      ichrom(j)=igroup0(i,j)
      end do
      call decode(n1,n2,n3,n4,ichrom,
*     ic1,ic2,kap1,kap2,c1,c2,cap1,cap2)
15    format(16x,24I1)
115   format(16x,4I16)
125   format(4x,4e16.6)
```

```
        call fitness(m1,c1,c2,cap1,cap2,afit)
        fitn(i)=afit
        fit1(i)=afit
        write(6,17)i,ic1,ic2,kap1,kap2,ichrom
        write(7,27)i,c1,c2,cap1,cap2,fitn(i)
17      format(5i8,8x,24I1)
27      format(i16,5e16.6)
2100    continue
        call bubble_sort(fit1,kgrp,kbest)
        best=fit1(kgrp)
        best1=fitn(kbest)
        write(7,27)kbest,c1,c2,cap1,cap2,best
        if(best.gt.0.2d+04) goto 888
        call select0(kgrp,fitn,kcop,icop,iseq)
        do 201 i=1,kcop
        i1=iseq(i)
        fit2(i)=fitn(i1)
        do 201 j=1,nt
        igroup(i,j)=igroup0(i1,j)
201     continue
        ig=1
999     write(6,11) ig
        write(7,11) ig
        call crossover(nt,mcross,kcop,pc,igroup,ngroup)
        call mutation(kcop,nt,mmut,pm,igroup,ngroup)
        do 300 i=1,kcop
        do j=1,nt
        ichrom(j)=igroup(i,j)
        end do
        call decode(n1,n2,n3,n4,ichrom,
*       ic1,ic2,kap1,kap2,c1,c2,cap1,cap2)
        write(*,15)ichrom
        call fitness(m1,c1,c2,cap1,cap2,afit)
        fit2(i)=afit
        fit3(i)=afit
        write(6,17)i,ic1,ic2,kap1,kap2,ichrom
        write(7,27)i,c1,c2,cap1,cap2,fit2(i)
300     continue
        call bubble_sort(fit3,kcop,kbest)
```

```
      best=fit3(kcop)
      best1=fit2(kbest)
      write(7,27)kbest,c1,c2,cap1,cap2,best
      write(7,27)kbest,c1,c2,cap1,cap2,best1
      ig=ig+1
      if(best.lt.0.2d+04.and.ig.lt.301) goto 999
888   do j=1,nt
      if(kbest.gt.kcop) then
      ichrom(j)=igroup0(kbest,j)
      else
      ichrom(j)=igroup(kbest,j)
      cnd if
      end do
      call decode(n1,n2,n3,n4,ichrom,
*     ic1,ic2,kap1,kap2,c1,c2,cap1,cap2)
      do i=1,m1
      time=testd(i,1)
      porous(i)=testd(i,2)
      z1=dexp(-cap1*time)
      z2=dexp(-cap2*time)
      z3=c1*porous(i)*z1
      z4=c2*(porst-porous(i))*(0.1d+01-z2)
      dmdt(i)=z3+z4
      write(8,212)testd(i,1),testd(i,2),y(i),yd(i),dmdt(i),qm(i)
212   format(6e16.6)
      end do
      close(5)
      close(6)
      close(7)
      close(8)
      stop
      end

      subroutine fitness(m1,c1,c2,cap1,cap2,fitn)
      implicit double precision (A-H,o-z)
      dimension testd(9,3),porous(m1),dmdt(m1)
      dimension x(m1),t(m1)
      common /c1/testd
      common /c3/porst
```

```
      do i=1,m1
      t(i)=testd(i,1)
      porous(i)=testd(i,2)
      dmdt(i)=testd(i,3)
      z1=dexp(-cap1*t(i))
      z2=dexp(-cap2*t(i))
      z3=c1*porous(i)*z1
      z4=c2*(porst-porous(i))*(0.1d+01-z2)
      x(i)=z3+z4
      end do
      sum=0.0d+00
      do k=1,m1
      sum=sum+(0.1d+01-x(k)/dmdt(k))**2
      end do
      fitn=0.1d+01/dsqrt(sum)
      return
      end

      subroutine select0(kgrp,fitn,kcop,icop,iseq)
      implicit double precision (A-H,p-y)
      implicit character(o,z)
      dimension fitn(kgrp),fitt(kgrp),pfit(kgrp)
      dimension prob(kgrp),icop(kcop),iseq(kcop)
      fitt(1)=fitn(1)
      do 20 i=2,kgrp
20    fitt(i)=fitt(i-1)+fitn(i)
      tot=fitt(kgrp)
      do 30 i=1,kgrp
30    pfit(i)=fitn(i)/tot
      call random_seed ()
      call random_number(t)
      prob(1)=t/dble(kcop)
      do i=2,kcop
      prob(i)=prob(1)+dble(i-1)/dble(kcop)
      end do
      do 50 i=1,kcop
      a=prob(i)
      call minim(kgrp,i1,a,pfit)
      iseq(i)=i1
```

```
      icop(i)=i1
50    continue
      call bubble(iseq,kcop)
      return
      end

      subroutine crossover(m,mcross,kcop,pc,igroup,ngroup)
      implicit double precision (A-H,p-y)
      implicit character(o,z)
      dimension n1(m),n2(m)
      dimension rd(kcop),ith(kcop)
      dimension igroup(kcop,m),ngroup(kcop,m),icross(kcop/2)
      pc1=(0.1d+01-pc)/0.2d+01
      pc2=pc1+pc
      call init_random_seed()
      do k=1,kcop/2
      call random_number(x)
      if (x.gt.pc2.or.x.lt.pc1) then
      icross(k)=0
      else
      icross(k)=1
      end if
      end do
      do i=1,kcop
      ith(i)=i
      end do
      call random_seed()
      call random_number(rd)
      do i=1,kcop-1
      do j=i+1,kcop
      if (rd(i).gt.rd(j)) then
      itemp=ith(i)
      ith(i)=ith(j)
      ith(j)=itemp
      end if
      end do
      end do
      do 100 i=1,kcop/2
      i1=ith(i)
```

```
      i2=ith(kcop+1-i)
      do j=1,m
      n1(j)=igroup(i1,j)
      n2(j)=igroup(i2,j)
      end do
      do j=3,m,5
      if (icross(i).eq.1) then
      ngroup(i1,j)=n2(j)
      ngroup(i2,j)=n1(j)
      else
      ngroup(i1,j)=n1(j)
      ngroup(i2,j)=n2(j)
      end if
      end do
100   continue
      return
      end

      subroutine mutation(kcop,m,mmut,pm,igroup,ngroup)
      implicit double precision (A-H,p-y)
      implicit character(o,z)
      dimension igroup(kcop,m),ngroup(kcop,m)
      pm1=(0.1d+01-pm)/0.2d+01
      pm2=pm1+pm
      call init_random_seed()
      do i=1,kcop
      call random_number(x)
      call random_number(x1)
      k1=int(dble(m)*x)
      k2=max(k1,1)
      do j=1,m
      igroup(i,j)=ngroup(i,j)
      end do
      if(x1.lt.pm1.or.x1.gt.pm2) then
      if(ngroup(i,k2).eq.0) then
      igroup(i,k2)=1
      else
      igroup(i,k2)=1
      end if
```

```
end if
end do
return
end

subroutine init_random_seed()
integer clock
integer,dimension(:),allocatable :: seed
call random_seed(size=n)
allocate(seed(n))
call system_clock(count=clock)
seed=clock+37*(/(i-1,i=1,n)/)
call random_seed(put=seed)
deallocate(seed)
end subroutine init_random_seed
subroutine bubble_sort(a,n,kbest)
implicit double precision (a-h,o-z)
dimension a(n)
y=a(1)
kbest=1
do i=2,n
if(a(i).gt.y) then
y=a(i)
kbest=i
end if
end do
do i=n-1,1,-1
do j=1,i
if (a(j).gt.a(j+1)) then
temp=a(j)
a(j)=a(j+1)
a(j+1)=temp
end if
end do
end do
return
end subroutine

subroutine bubble(ia,n)
```

```
      dimension ia(n)
      do i=n-1,1,-1
      do j=1,i
      if (ia(j).gt.ia(j+1)) then
      itemp=ia(j)
      ia(j)=ia(j+1)
      ia(j+1)=itemp
      end if
      end do
      end do
      return
      end subroutine

      subroutine minim(n,i1,a,x)
      implicit double precision (A-H,p-y)
      implicit character(o,z)
      dimension x(n)
      i1=1
      dminim=x(1)
      do 10 i=2,n
      if(dabs(x(i)-a).lt.dminim) then
      dminim=x(i)
      i1=i
      end if
10    continue
      return
      end

      subroutine chromosome(m,kgrp,igroup)
      implicit double precision (A-H,p-y)
      implicit character(o,z)
      dimension igroup(kgrp,m)
      call init_random_seed()
      do i=1,kgrp
      do k=1,m
      call random_number(t)
      if(t.lt.0.5d+00) then
      igroup(i,k)=0
      else
```

```
      igroup(i,k)=1
      end if
      end do
      end do
      return
      end

      subroutine decode(n1,n2,n3,n4,ichrom,
     *      ic1,ic2,kap1,kap2,c1,c2,cap1,cap2)
c     需要分别输出 kr,br,cr,mb and mc 的表现型
      implicit double precision (A-H,p-y)
      dimension ichrom(n1+n2+n3+n4)
      common /c2/c10,c11,c20,c21,cap10,cap11,cap20,cap21
      ic1=0
      ic2=0
      kap1=0
      kap2=0
      do i=1,n1
      ic1=ic1+ichrom(i)*2**(n1-i)
      end do
      do i=1,n2
      ic2=ic2+ichrom(n1+i)*2**(n2-i)
      end do
      do i=1,n3
      kap1=kap1+ichrom(n1+n2+i)*2**(n3-i)
      end do
      do i=1,n4
      kap2=kap2+ichrom(n1+n2+n3+i)*2**(n4-i)
      end do
      c1=c10+(c11-c10)*dble(ic1)/dble(2**n1-1)
      c2=c20+(c21-c20)*dble(ic2)/dble(2**n2-1)
      cap1=cap10+(cap11-cap10)*dble(kap1)/dble(2**n3-1)
      cap2=cap20+(cap21-cap20)*dble(kap2)/dble(2**n4-1)
      return
      end

      subroutine Lagr(x1,x2,x3,y1,y2,y3,dy1,dy2,dy3)
      implicit double precision (A-H,p-y)
      call Lagrange(x1,x2,x3,y1,y2,y3,x1,dy1)
```

```
call Lagrange(x1,x2,x3,y1,y2,y3,x2,dy2)
call Lagrange(x1,x2,x3,y1,y2,y3,x3,dy3)
return
end

subroutine Lagrange(x1,x2,x3,y1,y2,y3,x,dy)
implicit double precision (A-H,p-y)
dy=y1*(2.0*x-x2-x3)/(x1-x2)/(x1-x3)
dy=dy+y2*(2.0*x-x3-x1)/(x2-x1)/(x2-x3)
dy=dy+y3*(2.0*x-x1-x2)/(x3-x1)/(x3-x2)
return
end
```

6.3　破碎岩石质量流失率计算实例

上述破碎岩石质量流失率计算程序的主要作用是可计算出式（6-1）中最优系数 C_1^{best}、C_2^{best}、χ_1^{best} 和 χ_2^{best} 下的质量流失率。程序的优点是可以克服试验者经验不足可能导致的盲目试探合理参考值，以致影响质量流失率计算结果。

程序可以根据作者需要输出初始种群及各代新种群的基因型位串；种群中个体的表现型 C_1、C_2、χ_1、χ_2 和适应度；最优个体 C_1^{best}、C_2^{best}、χ_1^{best}、χ_2^{best} 的表现型和适应度；质量流失率的试验值；最优基因下的质量流失率的时间序列。

下面取第 5 章中 Talbol 幂指数为 0.8，压实量为 40mm 的一组试验为例，说明该程序的实施步骤。

第一步，建立流失质量的时间序列数据文件。

将试验采集到的数据转换为两列，第一列为时间，单位为 s，第二列为流失质量，单位为 g，并将其保存为 txt 文本，待程序调用。

第二步，设置相关参数。

在程序中输入有关参数，主要包括：①试样横截面面积 A、初始高度 h；②采样周期 τ、数据长度 N；③初始种群规模 k_{group}、交叉个体对数 k_{cop}、交叉概率 p_c、变异概率 p_m、交叉位、变异位、基因长度等；④最大繁殖代数 T、最小适应度 s；⑤系数 C_1、C_2、χ_1、χ_2 的取值范围。

本算例中各参数取值分别为

（1）$A=\frac{1}{4}\pi d^2(\mathrm{m}^2)$、$d=1.00\times10^{-1}(\mathrm{m})$、$h=1.26\times10^{-1}(\mathrm{m})$；

（2）$\tau=1.0(\mathrm{s})$、$N=8$；

（3）$k_{group}=80$、$k_{cop}=25$、$p_c=0.8$、$p_m=0.2$、交叉位和变异位随机产生、基

因 C_1、C_2、χ_1 和 χ_2 的长度均为 6；

（4）$T=31$、$s=2000$；

（5）$C_{11}=1.23\times10^3$ [g/(s · m³)]、$C_{12}=8.54\times10^4$ [g/(s · m³)]、$C_{21}=3.31\times10^2$ [g/(s · m³)]、$C_{22}=9.61\times10^5$ [g/(s · m³)]、$\chi_{11}=2.83\times10^{-5}$ (s^{-1})、$\chi_{12}=5.47\times10^{-3}$ (s^{-1})、$\chi_{21}=0.31\times10^{-7}$ (s^{-1})、$\chi_{22}=2.11\times10^{-5}$ (s^{-1})。

第三步，生成孔隙度和流失质量的时间序列。

通过读取第一步建立的流失质量时间序列的采样数据文件，经过简单运算，得到孔隙度的时间序列，并将流失质量的时间序列一起输出，如图 6-1 所示。

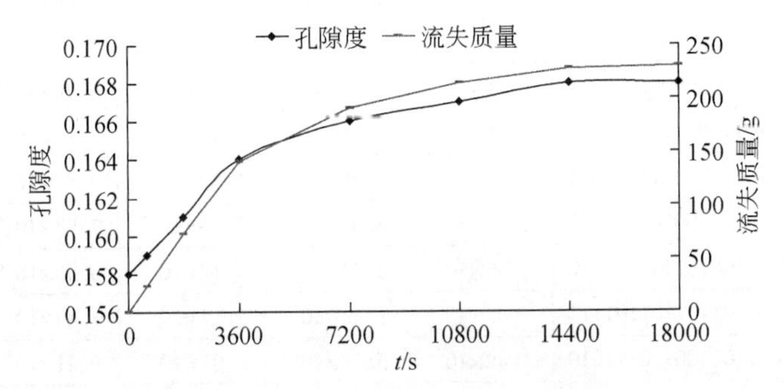

图 6-1　孔隙度和流失质量的时变曲线

第四步，产生初始种群。

利用程序随机产生规模为 80 的初始种群，见表 6-3。

表 6-3　初始种群

序号	基因型	表现型				适应度
		C_1/[g/(s · m³)]	C_2/[g/(s · m³)]	χ_1/s^{-1}	χ_2/s^{-1}	
1	000101011010001000010110	2.35×10^3	1.05×10^5	1.36×10^{-4}	3.56×10^{-6}	9.80
2	111111101011010001010100	2.65×10^4	1.73×10^5	2.77×10^{-4}	3.24×10^{-6}	9.38
3	111110001000000011000110	2.61×10^4	3.24×10^4	5.71×10^{-5}	1.04×10^{-6}	9.46
4	001011010010001101001011	4.85×10^3	7.25×10^4	2.14×10^{-4}	1.83×10^{-6}	9.78
5	100110011001011001001010	1.61×10^4	1.01×10^5	4.03×10^{-4}	1.67×10^{-6}	1.03×10^1
6	001111101010111010010000	6.51×10^3	1.69×10^5	9.21×10^{-4}	2.61×10^{-6}	1.00×10^1
7	100011000111001101001001	1.48×10^4	2.84×10^4	2.14×10^{-4}	1.51×10^{-6}	9.76
8	110110101110101101110010	2.28×10^4	1.85×10^5	7.17×10^{-4}	7.96×10^{-6}	1.02×10^1
9	010010111010001011100111 0	7.76×10^3	2.09×10^5	3.71×10^{-4}	2.30×10^{-6}	9.95
10	001010100010010001110111	4.43×10^3	1.37×10^5	2.77×10^{-4}	8.74×10^{-6}	9.91
11	010101111011000110011100	9.01×10^3	2.37×10^5	1.04×10^{-4}	4.50×10^{-6}	9.61

续表

序号	基因型	表现型				适应度
		C_1/[g/(s·m^3)]	C_2/[g/(s·m^3)]	χ_1/s^{-1}	χ_2/s^{-1}	
12	011101111110001101101001	1.23×10^4	2.49×10^5	2.14×10^{-4}	6.54×10^{-6}	1.00×10^1
13	000111111010101111001100	3.18×10^3	2.33×10^5	7.49×10^{-4}	1.99×10^{-6}	1.00×10^1
14	011001001110011011111001	1.07×10^4	5.65×10^4	4.34×10^{-4}	9.06×10^{-6}	9.62
15	010001010011100110001010	7.34×10^3	7.65×10^4	6.07×10^{-4}	1.67×10^{-6}	9.91
16	000100000100001000111001	1.93×10^3	1.63×10^4	1.36×10^{-4}	9.06×10^{-6}	1.06×10^1
17	101100101111000010000011	1.86×10^4	1.89×10^5	4.14×10^{-5}	5.71×10^{-7}	1.01×10^1
18	110011110000000000000111	2.15×10^4	1.93×10^5	1.00×10^{-5}	1.20×10^{-6}	9.73
19	011011110111000100101101	1.15×10^4	2.21×10^5	7.29×10^{-5}	7.17×10^{-6}	1.03×10^1
20	001111010111001011000001	6.51×10^3	9.26×10^4	1.83×10^{-4}	2.57×10^{-7}	1.02×10^1
21	111001110010000100010010	2.40×10^4	2.01×10^5	7.29×10^{-5}	2.93×10^{-6}	1.02×10^1
22	100001111100101101110110	1.40×10^4	2.41×10^5	7.17×10^{-4}	8.59×10^{-6}	9.97
23	111011100101101101101111	2.48×10^4	1.49×10^5	7.17×10^{-4}	7.49×10^{-6}	9.16
24	101011001101100110111010	1.82×10^4	5.24×10^4	6.07×10^{-4}	9.21×10^{-6}	9.98
25	000010110100010000011001	1.10×10^3	2.09×10^5	2.61×10^{-4}	4.03×10^{-6}	9.25
26	111101011010010001101001	2.57×10^4	1.05×10^5	2.77×10^{-4}	6.54×10^{-6}	9.83
27	010010001000100101000110	7.76×10^3	3.24×10^4	5.91×10^{-4}	1.04×10^{-6}	9.60
28	010000010111000001011100	6.93×10^3	9.26×10^4	2.57×10^{-5}	4.50×10^{-6}	9.67
29	010000100101011111100110	6.93×10^3	1.49×10^5	4.97×10^{-4}	6.07×10^{-6}	9.34
30	000111111000100100010100	3.18×10^3	2.25×10^5	5.76×10^{-4}	3.24×10^{-6}	9.71
31	100101111010100001110001	1.57×10^4	2.33×10^5	5.29×10^{-4}	7.80×10^{-6}	1.04×10^1
32	111011100011100111111101	2.48×10^4	1.41×10^5	8.11×10^{-4}	9.69×10^{-6}	9.57
33	010110011111010110111010	9.43×10^3	1.25×10^5	3.56×10^{-4}	9.21×10^{-6}	9.65
34	011001010111010001011000	1.07×10^4	9.26×10^4	2.77×10^{-4}	3.87×10^{-6}	9.76
35	000110000111011110001101	2.76×10^3	2.84×10^4	4.81×10^{-4}	2.14×10^{-6}	1.09×10^1
36	111110000100100111011100	2.61×10^4	1.63×10^4	6.23×10^{-4}	4.50×10^{-6}	9.61
37	000001110010000011001100	6.81×10^2	2.01×10^5	5.71×10^{-5}	1.99×10^{-6}	9.68
38	111111011101001010111000	2.65×10^4	1.17×10^5	1.67×10^{-4}	8.90×10^{-6}	1.03×10^1
39	110011010001000000010110	2.15×10^4	6.85×10^4	1.00×10^{-5}	3.56×10^{-6}	9.74
40	010010111000101110110101	7.76×10^3	2.25×10^5	7.33×10^{-4}	8.43×10^{-6}	9.94
41	010010101111011011110011	7.76×10^3	1.89×10^5	4.34×10^{-4}	8.11×10^{-6}	7.70
42	011001100111011001011110	1.07×10^4	1.57×10^5	4.03×10^{-4}	4.81×10^{-6}	6.58
43	000101010101101100010011	2.35×10^3	8.46×10^4	7.01×10^{-4}	3.09×10^{-6}	7.72
44	111011010101101010111111	2.48×10^4	8.46×10^4	6.70×10^{-4}	1.00×10^{-5}	7.98

续表

序号	基因型	表现型				适应度
		C_1/[g/(s·m^3)]	C_2/[g/(s·m^3)]	χ_1/s^{-1}	χ_2/s^{-1}	
45	001011101111110110100110	4.85×10^3	1.89×10^5	8.59×10^{-4}	6.07×10^{-6}	6.50
46	111000011101000011111111	2.36×10^4	1.17×10^5	5.71×10^{-5}	1.00×10^{-5}	6.76
47	010101010101000101000101	9.01×10^3	8.46×10^4	8.86×10^{-5}	8.86×10^{-7}	6.76
48	010111100101100101001011	9.84×10^3	1.49×10^5	5.91×10^{-4}	1.83×10^{-6}	6.65
49	011011111001101011011111	1.15×10^4	2.29×10^5	6.86×10^{-4}	4.97×10^{-6}	6.51
50	011100110011000000100010	1.19×10^4	2.05×10^5	1.00×10^{-5}	5.44×10^{-6}	6.68
51	000101010111101011011000	2.35×10^3	9.26×10^4	6.86×10^{-4}	3.87×10^{-6}	6.70
52	111101101101010110011011	2.57×10^4	1.81×10^5	3.56×10^{-4}	4.34×10^{-6}	6.34
53	110000111001001011111101	2.03×10^4	2.29×10^5	1.83×10^{-4}	9.69×10^{-6}	6.73
54	100010100101111000000101	1.44×10^4	1.49×10^5	8.90×10^{-4}	8.86×10^{-7}	6.74
55	100010011000010110111011	1.44×10^4	9.66×10^4	3.56×10^{-4}	9.37×10^{-6}	8.03
56	110111011011001010011010	2.32×10^4	1.09×10^5	1.67×10^{-4}	4.19×10^{-6}	7.80
57	100011101101011000100001	1.48×10^4	1.81×10^5	3.87×10^{-4}	5.29×10^{-6}	7.59
58	011010000000011110111011	1.11×10^4	2.53×10^2	4.81×10^{-4}	9.37×10^{-6}	7.79
59	010111111000011101001001	9.84×10^3	2.25×10^5	4.66×10^{-4}	1.51×10^{-6}	6.62
60	001001011111010000001000	4.01×10^3	1.25×10^5	2.61×10^{-4}	1.36×10^{-6}	6.60
61	010101010011011001001100	9.01×10^3	7.65×10^4	4.03×10^{-4}	1.99×10^{-6}	7.64
62	010000111101000101110101	6.93×10^3	2.45×10^5	8.86×10^{-5}	8.43×10^{-6}	7.81
63	011001111001101110101011	1.07×10^4	2.29×10^5	7.33×10^{-4}	6.86×10^{-6}	6.77
64	001100001100100110010111	5.26×10^3	4.84×10^4	6.07×10^{-4}	3.71×10^{-6}	6.44
65	101110111111101010111111	1.94×10^4	2.53×10^5	6.70×10^{-4}	1.00×10^{-5}	6.36
66	001001001111001111111011	4.01×10^3	6.05×10^4	2.46×10^{-4}	9.37×10^{-6}	7.93
67	000111101100110001000011	3.18×10^3	1.77×10^5	7.80×10^{-4}	5.71×10^{-7}	7.64
68	010110011111111010101100	9.43×10^3	1.25×10^5	9.21×10^{-4}	7.01×10^{-6}	6.49
69	001110110001111000000101	6.09×10^3	1.97×10^5	8.90×10^{-4}	8.86×10^{-7}	6.64
70	100100001001010011010110	1.53×10^4	3.64×10^4	3.09×10^{-4}	3.56×10^{-6}	6.71
71	011010100110000101010000	1.11×10^4	1.53×10^5	8.86×10^{-5}	2.61×10^{-6}	7.83
72	111010011001110001000000	2.44×10^4	1.01×10^5	7.80×10^{-4}	1.00×10^{-7}	6.73
73	010010010100111001000000	7.76×10^3	8.06×10^4	9.06×10^{-4}	1.00×10^{-7}	8.18
74	100000111110010001100111	1.36×10^4	2.49×10^5	2.77×10^{-4}	6.23×10^{-6}	7.78
75	101011010001000000010101	1.82×10^4	6.85×10^4	1.00×10^{-5}	3.40×10^{-6}	8.04
76	011110101111011101110110	1.28×10^4	1.89×10^5	4.66×10^{-4}	8.59×10^{-6}	6.52
77	000011010111100011011000	1.51×10^3	9.26×10^4	5.60×10^{-4}	3.87×10^{-6}	6.54

续表

序号	基因型	表现型				适应度
		C_1/[g/(s·m³)]	C_2/[g/(s·m³)]	χ_1/s⁻¹	χ_2/s⁻¹	
78	000011110010101111000101	1.51×10^{3}	2.01×10^{5}	7.49×10^{-4}	8.86×10^{-7}	6.67
79	111010101101010001001000	2.44×10^{4}	1.81×10^{5}	2.77×10^{-4}	1.36×10^{-6}	6.76
80	011011001100110110110101	1.15×10^{4}	4.84×10^{4}	8.59×10^{-4}	8.43×10^{-6}	6.71

第五步，繁殖。

利用随机遍历法从初始种群中选择出具有交配权的50个个体，对50个个体进行随机配对；对每一基因随机产生交叉位，并按 $p_c=0.8$ 的交叉概率进行交叉操作。对交叉操作后的群体中每一个体五个基因随机产生变异位，并按 $p_m=0.2$ 的变异概率进行变异操作。对变异操作后的群体中个体进行解码操作，计算相应的适应度；对适应度进行排序，得到适应度最大的个体序号 k_{best}。如果 fitn（k_{best}）$<s$ 且繁殖代数 $i_g<T$，则继续繁殖，直到 fitn（k_{best}）$>s$ 或繁殖代数 $i_g=T$，则停止繁殖。对编号为 k_{best} 的个体进行解码，得到最优基因 C_1^{best}、C_2^{best}、χ_1^{best} 和 χ_2^{best}。

本算例经过两代繁殖后，得到 fitn（k_{best}）$>s=2000$ 的个体（基因）。表6-4和表6-5分别给出了第一代和第二代种群中个体的基因型、表现型及适应度。可见，第二代群体中第2个个体的适应度为 2.24×10^3，大于2000。第2个个体的基因即为最优基因，$C_1^{best}=3.60\times10^4$ [g/(s·m³)]，$C_2^{best}=2.53\times10^3$ [g/(s·m³)]、$\chi_1^{best}=5.29\times10^{-4}$ (s⁻¹) 和 $\chi_2^{best}=1.00\times10^{-7}$ (s⁻¹)。

表6-4　第一代种群

序号	基因型	表现型				适应度
		C_1/[g/(s·m³)]	C_2/[g/(s·m³)]	χ_1/s⁻¹	χ_2/s⁻¹	
1	100000010000000000000010	1.36×10^{4}	6.45×10^{4}	1.00×10^{-5}	4.14×10^{-7}	1.77×10^{3}
2	000000010000000000000010	2.65×10^{2}	6.45×10^{4}	1.00×10^{-5}	4.14×10^{-7}	1.77×10^{3}
3	000000010000000001000000	2.65×10^{2}	6.45×10^{4}	2.57×10^{-5}	1.00×10^{-7}	1.78×10^{3}
4	000000011000000000000010	2.65×10^{2}	9.66×10^{4}	1.00×10^{-5}	4.14×10^{-7}	1.77×10^{3}
5	000000010000000000000010	2.65×10^{2}	6.45×10^{4}	1.00×10^{-5}	4.14×10^{-7}	1.77×10^{3}
6	000000010000000100000010	2.65×10^{2}	6.45×10^{4}	7.29×10^{-5}	4.14×10^{-7}	1.77×10^{3}
7	000000010000000000000010	2.65×10^{2}	6.45×10^{4}	1.00×10^{-5}	4.14×10^{-7}	1.77×10^{3}
8	000000010000000000001010	2.65×10^{2}	6.45×10^{4}	1.00×10^{-5}	1.67×10^{-6}	1.77×10^{3}

续表

序号	基因型	表现型				适应度
		C_1/[g/(s·m^3)]	C_2/[g/(s·m^3)]	χ_1/s^{-1}	χ_2/s^{-1}	
9	00010001000000000000000010	1.93×10^{3}	6.45×10^{4}	1.00×10^{-5}	4.14×10^{-7}	1.77×10^{3}
10	10000001000000000000000010	1.36×10^{4}	6.45×10^{4}	1.00×10^{-5}	4.14×10^{-7}	1.77×10^{3}
11	10100000000001000010000000	1.69×10^{4}	2.53×10^{2}	5.29×10^{-4}	1.00×10^{-7}	1.77×10^{3}
12	00000001000001000000000010	2.65×10^{2}	6.45×10^{4}	2.61×10^{-4}	4.14×10^{-7}	1.78×10^{3}
13	00000001000000000010000010	2.65×10^{2}	6.45×10^{4}	4.14×10^{-5}	4.14×10^{-7}	1.77×10^{3}
14	00000001000010000000000010	2.65×10^{2}	6.45×10^{4}	5.13×10^{-4}	4.14×10^{-7}	1.77×10^{3}
15	00000001000100000000000010	2.65×10^{2}	6.85×10^{4}	1.00×10^{-5}	4.14×10^{-7}	1.77×10^{3}
16	00000001000000000010000010	2.65×10^{2}	6.45×10^{4}	4.14×10^{-5}	4.14×10^{-7}	1.82×10^{3}
17	00000001000000000000000010	2.65×10^{2}	6.45×10^{4}	1.00×10^{-5}	4.14×10^{-7}	1.77×10^{3}
18	00000001000000000000000010	2.65×10^{2}	6.45×10^{4}	1.00×10^{-5}	4.14×10^{-7}	1.79×10^{3}
19	00000011000000000000000010	2.65×10^{2}	1.93×10^{5}	1.00×10^{-5}	4.14×10^{-7}	1.77×10^{3}
20	00000001010000000000000010	2.65×10^{2}	8.06×10^{4}	1.00×10^{-5}	4.14×10^{-7}	1.78×10^{3}
21	01000001000000000000000010	6.93×10^{3}	6.45×10^{4}	1.00×10^{-5}	4.14×10^{-7}	1.77×10^{3}
22	00000001001000000000000010	2.65×10^{2}	7.25×10^{4}	1.00×10^{-5}	4.14×10^{-7}	1.78×10^{3}
23	00000001000000000000000010	2.65×10^{2}	6.45×10^{4}	1.00×10^{-5}	4.14×10^{-7}	1.77×10^{3}
24	01000001000000000000000010	6.93×10^{3}	6.45×10^{4}	1.00×10^{-5}	4.14×10^{-7}	1.78×10^{3}
25	00000001000000100000000010	2.65×10^{2}	6.45×10^{4}	1.36×10^{-4}	4.14×10^{-7}	1.84×10^{3}
26	00000001000000000000010010	2.65×10^{2}	6.45×10^{4}	1.00×10^{-5}	2.93×10^{-6}	1.86×10^{3}
27	00100000000000000001000000	3.60×10^{3}	2.53×10^{2}	2.57×10^{-5}	1.00×10^{-7}	1.81×10^{3}
28	01000001000000000000000010	6.93×10^{3}	6.45×10^{4}	1.00×10^{-5}	4.14×10^{-7}	1.77×10^{3}
29	00000001000000000000000010	2.65×10^{2}	6.45×10^{4}	1.00×10^{-5}	4.14×10^{-7}	1.77×10^{3}
30	10000001000000000000000010	1.36×10^{4}	6.45×10^{4}	1.00×10^{-5}	4.14×10^{-7}	1.78×10^{3}
31	00000001000000000000000010	2.65×10^{2}	6.45×10^{4}	1.00×10^{-5}	4.14×10^{-7}	1.77×10^{3}
32	00010001000000000000000010	1.93×10^{3}	6.45×10^{4}	1.00×10^{-5}	4.14×10^{-7}	1.77×10^{3}
33	00000001000000000000000010	2.65×10^{2}	6.45×10^{4}	1.00×10^{-5}	4.14×10^{-7}	1.77×10^{3}
34	00000001010000000000000010	2.65×10^{2}	8.06×10^{4}	1.00×10^{-5}	4.14×10^{-7}	1.77×10^{3}
35	00000011000000000000000010	2.65×10^{2}	1.93×10^{5}	1.00×10^{-5}	4.14×10^{-7}	1.86×10^{3}
36	00000001000010000000000010	2.65×10^{2}	6.45×10^{4}	5.13×10^{-4}	4.14×10^{-7}	1.76×10^{3}
37	00000001000000000000000010	2.65×10^{2}	6.45×10^{4}	1.00×10^{-5}	4.14×10^{-7}	1.84×10^{3}
38	00000001000000000000100010	2.65×10^{2}	6.45×10^{4}	1.00×10^{-5}	5.44×10^{-6}	1.77×10^{3}

续表

序号	基因型	表现型				适应度
		$C_1/[g/(s\cdot m^3)]$	$C_2/[g/(s\cdot m^3)]$	χ_1/s^{-1}	χ_2/s^{-1}	
39	00000001000000000000000110	2.65×10^2	6.45×10^4	1.00×10^{-5}	1.04×10^{-6}	1.77×10^3
40	00000001000000000000000010	2.65×10^2	6.45×10^4	1.00×10^{-5}	4.14×10^{-7}	1.77×10^3
41	01000001000000000000000010	6.93×10^3	6.45×10^4	1.00×10^{-5}	4.14×10^{-7}	1.77×10^3
42	00000001000000000000000010	2.65×10^2	6.45×10^4	1.00×10^{-5}	4.14×10^{-7}	1.77×10^3
43	10000001000000000000000010	1.36×10^4	6.45×10^4	1.00×10^{-5}	4.14×10^{-7}	1.77×10^3
44	00000001000000000000100010	2.65×10^2	6.45×10^4	1.00×10^{-5}	5.44×10^{-6}	1.78×10^3
45	00000001000000000000000010	2.65×10^2	6.45×10^4	1.00×10^{-5}	4.14×10^{-7}	1.77×10^3
46	00000001001000000000000010	2.65×10^2	7.25×10^4	1.00×10^{-5}	4.14×10^{-7}	1.77×10^3
47	00000001000100000000000010	2.65×10^2	6.85×10^4	1.00×10^{-5}	4.14×10^{-7}	1.76×10^3
48	00000001000000001000000010	2.65×10^2	6.45×10^4	7.29×10^{-5}	4.14×10^{-7}	1.77×10^3
49	00000001000000000001010000	2.65×10^2	6.45×10^4	2.57×10^{-5}	2.61×10^{-6}	1.77×10^3
50	00000001000000000000000010	2.65×10^2	6.45×10^4	1.00×10^{-5}	4.14×10^{-7}	1.77×10^3

表 6-5　第二代种群

序号	基因型	表现型				适应度
		$C_1/[g/(s\cdot m^3)]$	$C_2/[g/(s\cdot m^3)]$	χ_1/s^{-1}	χ_2/s^{-1}	
1	10000001000010000000000010	1.36×10^4	6.45×10^4	5.13×10^{-4}	4.14×10^{-7}	1.77×10^3
2	00000001000010000000000010	3.60×10^4	2.53×10^3	5.29×10^{-4}	1.00×10^{-7}	2.24×10^3
3	00000001000000000000000010	2.65×10^2	6.45×10^4	1.00×10^{-5}	4.14×10^{-7}	1.77×10^3
4	00000001100000000000000010	2.65×10^2	9.66×10^4	1.00×10^{-5}	4.14×10^{-7}	1.77×10^3
5	00000001000000000000000010	2.65×10^2	6.45×10^4	1.00×10^{-5}	4.14×10^{-7}	1.77×10^3
6	00000001000000001000000010	2.65×10^2	6.45×10^4	7.29×10^{-5}	4.14×10^{-7}	1.77×10^3
7	00000001000000000000000010	2.65×10^2	6.45×10^4	1.00×10^{-5}	4.14×10^{-7}	1.77×10^3
8	00000001000010000000001010	2.65×10^2	6.45×10^4	5.13×10^{-4}	1.67×10^{-6}	1.77×10^3
9	00010001000000000000000010	1.93×10^3	6.45×10^4	1.00×10^{-5}	4.14×10^{-7}	1.77×10^3
10	10000001000000000000000010	1.36×10^4	6.45×10^4	1.00×10^{-5}	4.14×10^{-7}	1.77×10^3
11	10000001000000000000000010	1.36×10^4	6.45×10^4	1.00×10^{-5}	4.14×10^{-7}	1.77×10^3
12	00000001000001000000000010	2.65×10^2	6.45×10^4	2.61×10^{-4}	4.14×10^{-7}	1.77×10^3
13	00000001000000000100000010	2.65×10^2	6.45×10^4	4.14×10^{-5}	4.14×10^{-7}	1.81×10^3
14	00000001000010000000000010	2.65×10^2	6.45×10^4	5.13×10^{-4}	4.14×10^{-7}	1.77×10^3

续表

序号	基因型	表现型				适应度
		C_1/[g/(s·m^3)]	C_2/[g/(s·m^3)]	χ_1/s^{-1}	χ_2/s^{-1}	
15	0000000100010000000000010	2.65×10^2	6.85×10^4	1.00×10^{-5}	4.14×10^{-7}	1.77×10^3
16	0000000100000000010000010	2.65×10^2	6.45×10^4	4.14×10^{-5}	4.14×10^{-7}	1.77×10^3
17	0000000100000000000000010	2.65×10^2	6.45×10^4	1.00×10^{-5}	4.14×10^{-7}	1.78×10^3
18	0000000100000000001000000	2.65×10^2	6.45×10^4	2.57×10^{-5}	1.00×10^{-7}	1.77×10^3
19	0000001100000000000000010	2.65×10^2	1.93×10^5	1.00×10^{-5}	4.14×10^{-7}	1.77×10^3
20	0000000101000000000000010	2.65×10^2	8.06×10^4	1.00×10^{-5}	4.14×10^{-7}	1.78×10^3
21	0100000100000000000000010	6.93×10^3	6.45×10^4	1.00×10^{-5}	4.14×10^{-7}	1.77×10^3
22	0000000100100000000000010	2.65×10^2	7.25×10^4	1.00×10^{-5}	4.14×10^{-7}	1.77×10^3
23	0000000100000000000000010	2.65×10^2	6.45×10^4	1.00×10^{-5}	4.14×10^{-7}	1.77×10^3
24	0100000100001000000000010	6.93×10^3	6.45×10^4	5.13×10^{-4}	4.14×10^{-7}	1.77×10^3
25	0000000100000001000000010	2.65×10^2	6.45×10^4	1.36×10^{-4}	4.14×10^{-7}	1.77×10^3
26	0000000100000000000010010	2.65×10^2	6.45×10^4	1.00×10^{-5}	2.93×10^{-6}	1.77×10^3
27	0000000100001000000000010	2.65×10^2	6.45×10^4	5.13×10^{-4}	4.14×10^{-7}	1.77×10^3
28	0100000100000000000000010	6.93×10^3	6.45×10^4	1.00×10^{-5}	4.14×10^{-7}	1.77×10^3
29	0000000100000000000000010	2.65×10^2	6.45×10^4	1.00×10^{-5}	4.14×10^{-7}	1.77×10^3
30	1000000100000000000000010	1.36×10^4	6.45×10^4	1.00×10^{-5}	4.14×10^{-7}	1.77×10^3
31	0000000100000000000000010	2.65×10^2	6.45×10^4	1.00×10^{-5}	4.14×10^{-7}	1.77×10^3
32	0001000100000000000000010	1.93×10^3	6.45×10^4	1.00×10^{-5}	4.14×10^{-7}	1.78×10^3
33	0000000100000000000000010	2.65×10^2	6.45×10^4	1.00×10^{-5}	4.14×10^{-7}	1.77×10^3
34	0000000101000000000000010	2.65×10^2	8.06×10^4	1.00×10^{-5}	4.14×10^{-7}	1.78×10^3
35	0000001100000000000000010	2.65×10^2	1.93×10^5	1.00×10^{-5}	4.14×10^{-7}	1.84×10^3
36	0000000100001000000000010	2.65×10^2	6.45×10^4	5.13×10^{-4}	4.14×10^{-7}	1.77×10^3
37	0000000100000000000000010	2.65×10^2	6.45×10^4	1.00×10^{-5}	4.14×10^{-7}	1.77×10^3
38	0000000100000000001100000	2.65×10^2	6.45×10^4	2.57×10^{-5}	5.13×10^{-6}	1.77×10^3
39	0000000100000000000000110	2.65×10^2	6.45×10^4	1.00×10^{-5}	1.04×10^{-6}	1.77×10^3
40	0000000100000000000000010	2.65×10^2	6.45×10^4	1.00×10^{-5}	4.14×10^{-7}	1.78×10^3
41	0100000100000000000000010	6.93×10^3	6.45×10^4	1.00×10^{-5}	4.14×10^{-7}	1.77×10^3
42	0000000100000000000000010	2.65×10^2	6.45×10^4	1.00×10^{-5}	4.14×10^{-7}	2.00×10^3
43	1010000100001000001000000	1.69×10^4	6.45×10^4	5.29×10^{-4}	1.00×10^{-7}	1.77×10^3
44	0000000100000000000100010	2.65×10^2	6.45×10^4	1.00×10^{-5}	5.44×10^{-6}	1.77×10^3
45	0000000100000000000000010	2.65×10^2	6.45×10^4	1.00×10^{-5}	4.14×10^{-7}	1.84×10^3
46	0000000100100000000000010	2.65×10^2	7.25×10^4	1.00×10^{-5}	4.14×10^{-7}	1.77×10^3

续表

序号	基因型	表现型				适应度
		C_1/[g/(s·m³)]	C_2/[g/(s·m³)]	χ_1/s^{-1}	χ_2/s^{-1}	
47	00000001000100000000000010	2.65×10^{2}	6.85×10^{4}	1.00×10^{-5}	4.14×10^{-7}	1.77×10^{3}
48	00000001000000010000000010	2.65×10^{2}	6.45×10^{4}	7.29×10^{-5}	4.14×10^{-7}	1.84×10^{3}
49	00000001000000000000010010	2.65×10^{2}	6.45×10^{4}	1.00×10^{-5}	2.93×10^{-6}	1.77×10^{3}
50	00100000000001000010000000	2.65×10^{2}	6.85×10^{4}	1.00×10^{-5}	4.14×10^{-7}	1.77×10^{3}

第六步，计算质量流失率。

针对最优的基因 C_1^{best}、C_2^{best}、χ_1^{best} 和 χ_2^{best}，代入式（6-1），求解代数方程，得到质量流失率计算值时间序列 q_i^*（$i=0, 1, 2, \cdots, N$），如图 6-2 所示。

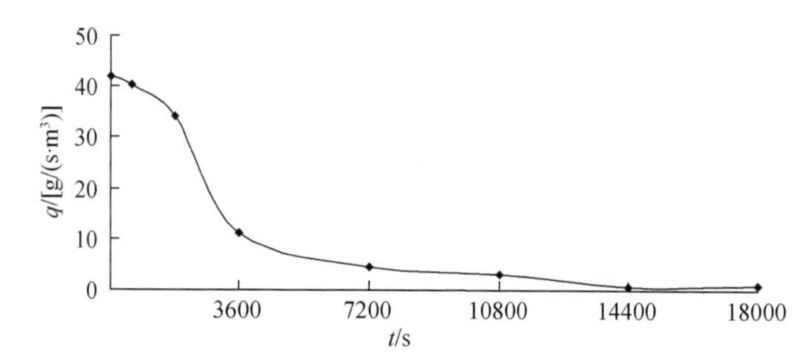

图 6-2　质量流失率时变曲线

第七步，比较质量流失率的计算值和试验值。

根据 fitn（k_{best}）反算出质量流失率计算值与试验值的误差，有

$$E_{\text{rr}}=\left[\frac{1}{\text{fitn}\ (k_{\text{best}})}\right]^4=\left(\frac{1}{2243}\right)^4=3.95\times10^{-14} \tag{6-3}$$

质量流失率的计算值与试验值时间序列比较如图 6-3 所示。

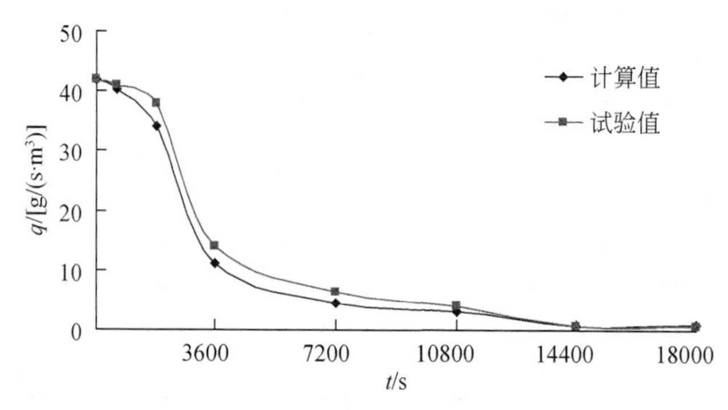

图 6-3　计算值和试验值比较

只要参考值的取值范围合理，大部分试验的计算结果只繁殖 1 ~ 2 代，便可得到适应度远远大于2000 的个体，而且质量流失率的计算值和试验值曲线几乎完全吻合。

6.4　渗透性参量与孔隙度的关系

破碎岩石加速渗透过程中，由于水的溶蚀、冲蚀和磨蚀作用，细小颗粒发生迁移，引起母体质量流失，使得孔隙度发生改变，进而引起破碎岩石的渗透性变化，可以认为破碎岩石的渗透率、非 Darcy 流 β 因子和加速度系数与孔隙度之间有一一对应的映射。

根据试验结果不难回归得到渗透性参量 k、β、c_a 与孔隙度的关系有如下幂指数形式：

$$k=k_r\left(\frac{\varphi}{\varphi_r}\right)^{\lambda_k} \tag{6-4}$$

$$\beta=\beta_r\left(\frac{\varphi}{\varphi_r}\right)^{\lambda_\beta} \tag{6-5}$$

$$c_a=c_{ar}\left(\frac{\varphi}{\varphi_r}\right)^{\lambda_c} \tag{6-6}$$

式中，φ_r、k_r、β_r、c_{ar}、λ_k、λ_β 和 λ_c 为对应试验样本初始孔隙度的孔隙度参考值、渗透率参考值、非 Darcy 流 β 因子参考值和加速度系数参考值。

表 6-6 给出了 10 种配比试样在 5 级压实量下渗透性参量与孔隙度拟合关系式中 φ_r、k_r、β_r、c_{ar}、λ_k、λ_β 和 λ_c 的值。

表 6-6　样本 φ_r、k_r、β_r、c_{ar}、λ_k、λ_β 和 λ_c 的取值

n	压实量/mm	φ_r	k_r/m^2	β_r/m^{-1}	c_{ar}	λ_k	λ_β	λ_c
0.1	0	0.279	6.31×10^{-14}	2.26×10^{11}	5.86×10^{10}	4.20	-8.07	-6.22
	10	0.226	2.81×10^{-12}	1.14×10^{8}	1.97×10^{8}	4.45	-8.37	-6.47
	20	0.165	2.41×10^{-13}	1.55×10^{10}	7.84×10^{9}	4.93	-8.93	-6.94
	30	0.094	7.12×10^{-14}	1.78×10^{11}	4.89×10^{10}	4.01	-7.81	-6.01
	40	0.009	4.80×10^{-14}	3.90×10^{11}	8.83×10^{10}	4.32	-8.22	-6.34
0.2	0	0.293	5.66×10^{-12}	2.81×10^{7}	6.90×10^{7}	3.64	-7.30	-5.59
	10	0.242	5.34×10^{-14}	3.16×10^{11}	7.54×10^{10}	4.87	-8.86	-6.88
	20	0.184	4.86×10^{-14}	3.81×10^{11}	8.68×10^{10}	3.17	-6.57	-5.01
	30	0.116	1.20×10^{-13}	6.22×10^{10}	2.23×10^{10}	4.08	-7.90	-6.09
	40	0.036	1.17×10^{-13}	6.53×10^{10}	2.31×10^{10}	3.66	-7.33	-5.62

续表

n	压实量/mm	φ_r	k_r/m^2	β_r/m^{-1}	c_{ar}	λ_k	λ_β	λ_c
0. 3	0	0. 307	1.17×10^{-11}	6.52×10^{6}	2.31×10^{7}	4. 91	−8. 90	−6. 92
	10	0. 258	6.03×10^{-12}	2.48×10^{7}	6.28×10^{7}	3. 28	−6. 75	−5. 16
	20	0. 203	1.30×10^{-12}	5.32×10^{8}	6.26×10^{8}	3. 65	−7. 31	−5. 60
	30	0. 138	1.63×10^{-13}	3.38×10^{10}	1.41×10^{10}	3. 81	−7. 54	−5. 79
	40	0. 061	3.44×10^{-13}	7.61×10^{9}	4.61×10^{9}	4. 50	−8. 43	−6. 52
0. 4	0	0. 316	8.76×10^{-12}	1.17×10^{7}	3.58×10^{7}	4. 30	−8. 19	−6. 32
	10	0. 269	1.21×10^{-11}	6.11×10^{6}	2.20×10^{7}	3. 79	−7. 52	−5. 77
	20	0. 214	8.40×10^{-13}	1.28×10^{9}	1.21×10^{9}	4. 57	−8. 52	−6. 59
	30	0. 152	1.03×10^{-12}	8.43×10^{8}	8.85×10^{8}	4. 89	−8. 89	−6. 90
	40	0. 078	9.18×10^{-14}	1.07×10^{11}	3.34×10^{10}	4. 58	−8. 54	−6. 61
0. 5	0	0. 320	1.18×10^{-11}	6.48×10^{6}	2.30×10^{7}	4. 69	−8. 66	−6. 71
	10	0. 274	3.16×10^{-12}	9.03×10^{7}	1.66×10^{8}	3. 92	−7. 69	−5. 91
	20	0. 220	1.39×10^{-12}	4.68×10^{8}	5.69×10^{8}	3. 53	−7. 14	−5. 46
	30	0. 158	4.23×10^{-13}	5.04×10^{9}	3.39×10^{9}	3. 61	−7. 26	−5. 56
	40	0. 086	6.68×10^{-13}	2.02×10^{9}	1.70×10^{9}	3. 81	−7. 54	−5. 79
0. 6	0	0. 337	4.33×10^{-12}	4.80×10^{7}	1.03×10^{8}	3. 04	−6. 36	−4. 85
	10	0. 293	8.42×10^{-12}	1.27×10^{7}	3.80×10^{7}	4. 43	−8. 36	−6. 46
	20	0. 242	3.46×10^{-13}	7.50×10^{9}	4.56×10^{9}	3. 39	−6. 92	−5. 29
	30	0. 184	2.09×10^{-12}	2.06×10^{8}	3.07×10^{8}	4. 57	−8. 52	−6. 59
	40	0. 116	3.19×10^{-12}	8.82×10^{7}	1.63×10^{8}	4. 96	−8. 96	−6. 97
0. 7	0	0. 349	5.73×10^{-12}	2.74×10^{7}	6.77×10^{7}	3. 10	−6. 46	−4. 93
	10	0. 307	1.28×10^{-11}	5.49×10^{6}	2.03×10^{7}	4. 77	−8. 75	−6. 78
	20	0. 258	1.43×10^{-12}	4.40×10^{8}	5.44×10^{8}	4. 61	−8. 57	−6. 63
	30	0. 203	1.98×10^{-12}	2.29×10^{8}	3.33×10^{8}	4. 87	−8. 86	−6. 88
	40	0. 138	5.67×10^{-13}	2.80×10^{9}	2.18×10^{9}	4. 30	−8. 19	−6. 32
0. 8	0	0. 361	1.47×10^{-11}	4.19×10^{6}	1.66×10^{7}	3. 44	−7. 00	−5. 35
	10	0. 320	1.29×10^{-11}	5.40×10^{6}	2.00×10^{7}	4. 92	−8. 91	−6. 93
	20	0. 274	3.12×10^{-12}	9.23×10^{7}	1.68×10^{8}	4. 71	−8. 68	−6. 73
	30	0. 220	6.69×10^{-13}	2.01×10^{9}	1.70×10^{9}	4. 02	−7. 83	−6. 03
	40	0. 158	5.61×10^{-12}	2.86×10^{7}	6.99×10^{7}	3. 89	−7. 64	−5. 87

续表

n	压实量/mm	φ_r	k_r/m^2	β_r/m^{-1}	c_{ar}	λ_k	λ_β	λ_c
0.9	0	0.376	3.31×10^{-12}	8.23×10^{7}	1.55×10^{8}	3.99	−7.79	−5.99
	10	0.337	5.45×10^{-12}	3.03×10^{7}	7.30×10^{7}	4.06	−7.87	−6.06
	20	0.293	1.57×10^{-12}	3.63×10^{8}	4.71×10^{8}	4.13	−7.97	−6.14
	30	0.242	4.48×10^{-13}	4.48×10^{9}	3.10×10^{9}	4.07	−7.89	−6.07
	40	0.184	1.64×10^{-12}	3.35×10^{8}	4.43×10^{8}	3.59	−7.21	−5.53
1.0	0	0.383	5.47×10^{-12}	3.00×10^{7}	7.26×10^{7}	4.98	−8.98	−6.98
	10	0.345	8.17×10^{-12}	1.35×10^{7}	3.98×10^{7}	4.76	−8.74	−6.78
	20	0.302	9.30×10^{-12}	1.04×10^{7}	3.28×10^{7}	3.94	−7.72	−5.93
	30	0.253	1.00×10^{-10}	8.98×10^{4}	9.28×10^{5}	4.17	−8.02	−6.18
	40	0.197	9.41×10^{-12}	1.02×10^{7}	3.22×10^{7}	4.92	−8.92	−6.93

将50组样本的孔隙度参考值定量为 $\varphi_r=0.2$，利用式（6-4）~式（6-6）分别计算出对应的渗透率参考值 k_r、非Darcy流 β 因子参考值 β_r 和加速度系数参考值 c_{ar}，见表6-7。

表6-7　$\varphi_r=0.2$ 时 k_r、β_r、c_{ar}、λ_β、λ_k 和 λ_c 的取值

序号	n	k_r/m^2	β_r/m^{-1}	c_{ar}	λ_k	λ_β	λ_c
1	0.1	1.56×10^{-14}	3.31×10^{12}	4.64×10^{11}	4.20	−8.07	−6.22
2	0.1	1.63×10^{-12}	3.17×10^{8}	4.35×10^{8}	4.45	−8.37	−6.47
3	0.1	6.22×10^{-13}	2.78×10^{9}	2.06×10^{9}	4.93	−8.93	−6.94
4	0.1	1.47×10^{-12}	4.88×10^{8}	5.23×10^{8}	4.01	−7.81	−6.01
5	0.1	3.18×10^{-8}	3.32×10^{0}	2.52×10^{2}	4.32	−8.22	−6.34
6	0.2	1.41×10^{-12}	4.56×10^{8}	5.84×10^{8}	3.64	−7.30	−5.59
7	0.2	2.11×10^{-14}	1.71×10^{12}	2.80×10^{11}	4.87	−8.86	−6.88
8	0.2	6.33×10^{-14}	2.20×10^{11}	5.71×10^{10}	3.17	−6.57	−5.01
9	0.2	1.11×10^{-12}	8.39×10^{8}	8.10×10^{8}	4.08	−7.90	−6.09
10	0.2	6.26×10^{-11}	2.27×10^{5}	1.51×10^{6}	3.66	−7.33	−5.62
11	0.3	1.43×10^{-12}	2.96×10^{8}	4.47×10^{8}	4.91	−8.90	−6.92
12	0.3	2.61×10^{-12}	1.38×10^{8}	2.34×10^{8}	3.28	−6.75	−5.16
13	0.3	1.23×10^{-12}	5.93×10^{8}	6.80×10^{8}	3.65	−7.31	−5.60
14	0.3	6.71×10^{-13}	2.06×10^{9}	1.64×10^{9}	3.81	−7.54	−5.79

续表

序号	n	k_r/m^2	β_r/m^{-1}	c_{ar}	λ_k	λ_β	λ_c
15	0. 3	7.16×10^{-11}	3.41×10^{5}	2.00×10^{6}	4. 50	−8. 43	−6. 52
16	0. 4	1.23×10^{-12}	4.95×10^{8}	6.44×10^{8}	4. 30	−8. 19	−6. 32
17	0. 4	3.93×10^{-12}	5.67×10^{7}	1.22×10^{8}	3. 79	−7. 52	−5. 77
18	0. 4	6.17×10^{-13}	2.28×10^{9}	1.89×10^{9}	4. 57	−8. 52	−6. 59
19	0. 4	3.95×10^{-12}	7.36×10^{7}	1.33×10^{8}	4. 89	−8. 89	−6. 90
20	0. 4	6.87×10^{-12}	3.46×10^{7}	6.64×10^{7}	4. 58	−8. 54	−6. 61
21	0. 5	1.30×10^{-12}	3.80×10^{8}	5.39×10^{8}	4. 69	−8. 66	−6. 71
22	0. 5	9.21×10^{-13}	1.02×10^{9}	1.07×10^{9}	3. 92	−7. 69	−5. 91
23	0. 5	9.93×10^{-13}	9.24×10^{8}	9.58×10^{8}	3. 53	−7. 14	−5. 46
24	0. 5	9.91×10^{-13}	9.11×10^{8}	9.14×10^{8}	3. 61	−7. 26	−5. 56
25	0. 5	1.67×10^{-11}	3.48×10^{6}	1.28×10^{7}	3. 81	−7. 54	−5. 79
26	0. 6	8.88×10^{-13}	1.33×10^{9}	1.29×10^{9}	3. 04	−6. 36	−4. 85
27	0. 6	1.55×10^{-12}	3.09×10^{8}	4.47×10^{8}	4. 43	−8. 36	−6. 46
28	0. 6	1.81×10^{-13}	2.80×10^{10}	1.25×10^{10}	3. 39	−6. 92	−5. 29
29	0. 6	3.06×10^{-12}	1.01×10^{8}	1.77×10^{8}	4. 57	−8. 52	−6. 59
30	0. 6	4.76×10^{-11}	6.69×10^{5}	3.66×10^{6}	4. 96	−8. 96	−6. 97
31	0. 7	1.02×10^{-12}	1.00×10^{9}	1.05×10^{9}	3. 10	−6. 46	−4. 93
32	0. 7	1.66×10^{-12}	2.33×10^{8}	3.71×10^{8}	4. 77	−8. 75	−6. 78
33	0. 7	4.42×10^{-13}	3.90×10^{9}	2.95×10^{9}	4. 61	−8. 57	−6. 63
34	0. 7	1.84×10^{-12}	2.61×10^{8}	3.69×10^{8}	4. 87	−8. 86	−6. 88
35	0. 7	2.79×10^{-12}	1.34×10^{8}	2.09×10^{8}	4. 30	−8. 19	−6. 32
36	0. 8	1.93×10^{-12}	2.61×10^{8}	3.92×10^{8}	3. 44	−7. 00	−5. 35
37	0. 8	1.28×10^{-12}	3.56×10^{8}	5.18×10^{8}	4. 92	−8. 91	−6. 93
38	0. 8	7.08×10^{-13}	1.42×10^{9}	1.40×10^{9}	4. 71	−8. 68	−6. 73
39	0. 8	4.56×10^{-13}	4.24×10^{9}	3.02×10^{9}	4. 02	−7. 83	−6. 03
40	0. 8	1.40×10^{-11}	4.72×10^{6}	1.75×10^{7}	3. 89	−7. 64	−5. 87
41	0. 9	2.67×10^{-13}	1.12×10^{10}	6.80×10^{9}	3. 99	−7. 79	−5. 99
42	0. 9	6.57×10^{-13}	1.84×10^{9}	1.72×10^{9}	4. 06	−7. 87	−6. 06
43	0. 9	3.24×10^{-13}	7.63×10^{9}	4.92×10^{9}	4. 13	−7. 97	−6. 14
44	0. 9	2.06×10^{-13}	2.02×10^{10}	9.86×10^{9}	4. 07	−7. 89	−6. 07
45	0. 9	2.21×10^{-12}	1.84×10^{8}	2.79×10^{8}	3. 59	−7. 21	−5. 53

续表

序号	n	k_r/m^2	β_r/m^{-1}	c_{ar}	λ_k	λ_β	λ_c
46	1.0	2.15×10^{-13}	1.03×10^{10}	6.79×10^{9}	4.98	-8.98	-6.98
47	1.0	6.09×10^{-13}	1.58×10^{9}	1.60×10^{9}	4.76	-8.74	-6.78
48	1.0	1.83×10^{-12}	2.50×10^{8}	3.78×10^{8}	3.94	-7.72	-5.93
49	1.0	3.75×10^{-11}	5.92×10^{5}	3.97×10^{6}	4.17	-8.02	-6.18
50	1.0	1.01×10^{-11}	8.91×10^{6}	2.90×10^{7}	4.92	-8.92	-6.93

对应孔隙度参考值 $\varphi_r=0.2$ 时，计算出每种配比试样的系数 k_r、β_r、c_{ar}，幂指数 λ_β、λ_k、λ_c 的几何平均值，见表 6-8。

表 6-8　10 种 Talbol 幂指数的 k_r、β_r、c_{ar}、λ_β、λ_k 和 λ_c 的值

n	k_r/m^2	β_r/m^{-1}	c_{ar}	λ_k	λ_β	λ_c
0.1	3.75×10^{-12}	8.61×10^{7}	1.41×10^{8}	4.37	-8.27	-6.39
0.2	6.65×10^{-13}	2.01×10^{9}	1.63×10^{9}	3.84	-7.56	-5.81
0.3	2.94×10^{-12}	1.11×10^{8}	1.88×10^{8}	3.99	-7.75	-5.96
0.4	2.41×10^{-12}	1.75×10^{8}	2.65×10^{8}	4.41	-8.32	-6.43
0.5	1.81×10^{-12}	2.57×10^{8}	3.65×10^{8}	3.89	-7.64	-5.87
0.6	2.05×10^{-12}	2.39×10^{8}	3.42×10^{8}	4.01	-7.76	-5.97
0.7	1.31×10^{-12}	5.02×10^{8}	6.16×10^{8}	4.27	-8.11	-6.26
0.8	1.62×10^{-12}	3.05×10^{8}	4.32×10^{8}	4.16	-7.98	-6.15
0.9	4.82×10^{-13}	3.57×10^{9}	2.76×10^{9}	3.96	-7.74	-5.95
1.0	2.47×10^{-12}	1.17×10^{8}	2.16×10^{8}	4.53	-8.46	-6.55

表 6-8 是限于第 5 章加速渗透试验中 10 种 Talbol 幂指数下岩石样本的 k_r、β_r、c_{ar}、λ_β、λ_k 和 λ_c 值，若想得到试验样本以外的 k_r、β_r、c_{ar}、λ_β、λ_k 和 λ_c 值，则可将上表构造成 10 行 7 列的矩阵，利用一元三点不等距 Lagrange 插值法计算，详见 10.4 节。

6.5　本 章 小 结

伴随质量流失的破碎岩石渗透加速试验过程中，质量流失率、孔隙度、渗透率、非 Darcy 流 β 因子和加速度系数等各参数不仅随时间变化，而且各参数之间也相互影响、制约。本章对伴随质量流失的破碎岩石渗透加速试验的试验数据进行回归分析，得到如下主要结论。

（1）建立了由孔隙度和时间表示的质量流失率的表达式，并采用遗传算法选出了表达式中的最优系数 C_1、C_2 的取值和最优幂指数 χ_1、χ_2 的取值，进而计算出最优取值时的质量流失率的时间序列。通过对比质量流失率计算值和试验值时间序列，证实了程序的可靠性。

（2）建立了渗透性参量与孔隙度的幂指数表达式，并采用归一化处理方法，得到了初始孔隙度参考值 $\varphi_r = 0.2$ 时，系数 k_r、β_r、c_{ar}，幂指数 λ_β、λ_k、λ_c 的取值。

本章建立的各参数间的关系为伴随质量流失的破碎岩体渗流系统动力学计算提供了试验和理论依据。

第7章　伴随质量流失的破碎岩石中水流形态转变试验

文献［220］将突水视为水在围岩中渗流失稳的体现，将瓦斯突出视为气体在煤层中渗流失稳的体现。所谓渗流失稳，在数学上是指由于非线性环节的存在，当系统的控制参量（渗透率、非 Darcy 流 β 因子和加速度系数等）发生变化时，平衡态附近相轨线拓扑结构发生变化或者平衡态消失；在物理上则指岩体中流体流动状态的转变，即由渗流转变为管流。破碎岩体渗流系统渗透率、非 Darcy 流 β 因子和加速度系数变化的原因在于溶蚀、冲蚀和磨蚀引起质量流失和孔隙度变化。

水在破碎岩石中流动形态的转变不仅取决于压力梯度，而且与质量流失时间密切相关。即在较大的压力梯度下，水在破碎岩石中流动形态的转换可以在短时间内完成，甚至瞬间完成；而在较小的压力梯度下，只要质量流失时间足够长，同样可以实现流动形态的转换。

在第5章的渗透试验中，通过定量柱塞泵向试样底部提供水压力（试样顶部为水流出口处，与大气相通），测得了破碎岩石长时间渗透的流失质量、水压力和流量，进而得到了质量流失率、孔隙度、孔隙度变化率、渗流速度及渗透性参量等的时变规律。但是，由于渗透仪的入口压力难以用溢流阀调节，故无法分析压力梯度对质量流失率的影响。

本章利用注射器式渗透方式，进行恒定压力梯度下的渗透试验，得到水流形态转变经历的时间 T 与压力梯度 G_p 的关系，并分析 Talbol 幂指数 n、初始孔隙度 φ_0 对 T-G_p 曲线形状参数的影响。

水流状态转变瞬间伴有剧烈的质量流失（喷浆）。为了定量描述水流状态转变中岩样中的质量变化，本章分析了流失质量 m_p 与压力梯度、Talbol 幂指数、初始孔隙度的关系。

7.1　试验方案及流程

7.1.1　试验方案

在第5章完成的10种配比（n=0.1，0.2，…，1.0）破碎泥岩试样在5种不同轴向压缩量下的渗透加速试验中，尽管渗透回路的压力调节功能欠佳，但也发现一些水流形态转变的现象和规律。

(1) 当岩样的轴向压缩量较小时，破碎岩样中渗流不会发生剧变，只有压实量达到一定值时，才可以观察到喷浆现象。

(2) 试样发生渗流剧变时，由于质量流失引起的喷浆现象与试样底部水压力（渗透压差）相关。

(3) 试样在不同配比和不同压实量下，其初始渗流阶段的时间长短各异，发生渗流失稳时的喷浆质量各异，而且与柱塞泵开启的水压力相关。

为进一步研究渗流失稳前后试样各参数的时变规律，了解失稳时试样的流失质量和失稳时长与Talbol幂指数、渗透压差及初始孔隙度的关系，本章将对第5章的试验方案进行改进。

综合考虑以上三点，破碎泥岩中水流形态转变试验取Talbol幂指数$n=0.1\sim1.0$十种，试样高度分别设为120mm、123mm和126mm三种，试样底部水压力（渗透压差）p值分别取3MPa、5MPa和7MPa三种。试验方案设计如下：

(1) 试样高度（初始孔隙度）为120mm（$\varphi_0=0.116$）时，Talbol幂指数分别取$n=0.1$、$n=0.2$、$n=0.3$、$n=0.4$、$n=0.5$、$n=0.6$、$n=0.7$、$n=0.8$、$n=0.9$、$n=1.0$，每种Talbol幂指数下渗透压差p分别为3MPa、5MPa和7MPa，相应的压力梯度G_P分别为25MPa/m、42MPa/m和58MPa/m。通过30组试验来测试Talbol幂指数和水压力对渗流稳定性的影响。

(2) 试样渗透压差p为3MPa，Talbol幂指数分别取$n=0.1$、$n=0.2$、$n=0.3$、$n=0.4$、$n=0.5$、$n=0.6$、$n=0.7$、$n=0.8$、$n=0.9$、$n=1.0$，每种Talbol幂指数下试样初始高度分别取120mm、123mm和126mm（对应的初始孔隙度分别为0.116、0.137和0.158，压力梯度分别为25MPa/m、24.39MPa/m和23.81MPa/m），通过30组试验来测试Talbol幂指数和试样初始高度对渗流稳定性的影响。

(3) 试样Talbol幂指数$n=0.5$时，试样初始高度分别取120mm、123mm和126mm，在每级高度下渗透压差分别取3MPa、5MPa和7MPa。3MPa对应的压力梯度分别为25MPa/m、24.39MPa/m和23.81MPa/m；5MPa对应的压力梯度分别为41.67MPa/m、40.65MPa/m和39.68MPa/m；7MPa对应的压力梯度分别为58.33MPa/m、56.91MPa/m和55.56MPa/m。通过9组试验来测试试样初始高度和渗透压差对渗流稳定性的影响。

按照上述三种方案，共完成独立的试验56组。

7.1.2　试验流程

采用图3-6所示的注射器式渗透法进行伴随质量流失的破碎岩石水流形态转变试验，通过定量柱塞泵向双作用液压缸的下腔注水，当活塞移动到最高位置时，利用变量柱塞泵推动活塞向下移动，将下腔的水挤入渗透仪，开始对岩样进行渗透。

试验流程如图 7-1 所示。

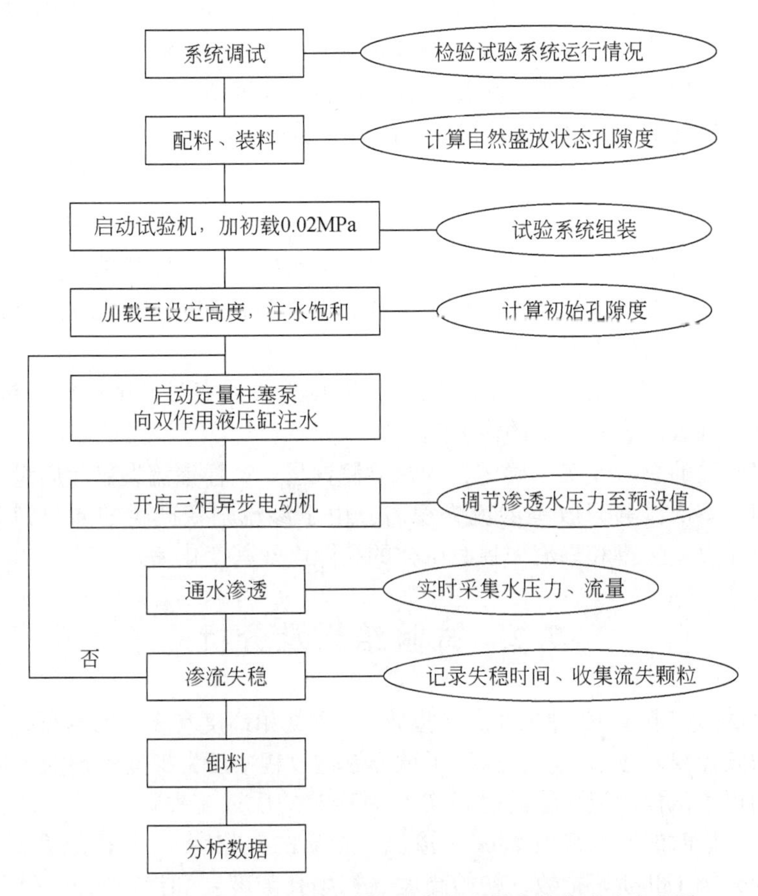

图 7-1　伴随质量流失的破碎岩石中水流形态转变试验流程图

（1）系统调试。试验开始前，根据系统装配图对试验系统进行安装并调试。首先开启柱塞泵，检查定量柱塞泵与双作用液压缸下腔之间的管路是否畅通；然后启动变量柱塞泵，观察油压是否可以在 0～16.0MPa 调节，观察渗透回路中是否有漏水现象；最后观察双作用液压缸的活塞全冲程的移动平稳性。

（2）按第 4 章的 Talbol 连续级配方法配料。

（3）将样本装入渗透仪中，并将渗透仪接入渗透回路。

（4）利用单作用液压缸将试样压缩到预设的高度。

（5）在岩样上端注水，饱和 30min。

（6）利用定量柱塞泵向双作用液压缸下腔注水 20L。

（7）调节溢流阀 SV1 的开启压力。

（8）渗透试验。利用油压推动双作用液压缸活塞向下移动，使下腔的水在岩样中渗透。

若双作用液压缸下腔的水使用完毕，需再次向缸筒内注水，继续进行渗透，直至试样发生渗流剧变（浆液从渗透仪喷出），即渗流失稳。

试验中，破碎岩样底部的水压力 p 值可通过油泵站中溢流阀开启压力 P 值和双作用液压缸的缸筒内径 d_1 和活塞杆直径 d_2 换算得到：

$$\frac{p}{P}=1-\left(\frac{d_2}{d_1}\right)^2 \tag{7-1}$$

由于破碎岩样顶部与大气相通，若忽略管路损失，岩样两端的渗透压差即为渗透水压力 p，并通过压力传感器变送到数据采集器实时显示在计算机屏幕上，并进一步计算得到破碎岩石的压力梯度。

水的流量 Q 可通过流量传感器变送到数据采集器实时显示在计算机屏幕上，并进一步得到破碎岩石中水的渗流速度。

每组试验的总时长 T 不确定，为试验测试量。试样渗流失稳前质量流失量非常少，因此本次试验只收集渗流失稳时，由于渗流剧变产生的质量流失量 m_p，进而计算质量流失率和渗流失稳时试样的孔隙度及其变化率。

7.2 试验结果及分析

本次试验完成了 10 种 Talbol 幂指数、3 种初始高度和 3 种渗透压差下伴随质量流失的破碎泥岩渗透试验，获得了试样渗透过程中压力梯度和渗流速度的时变规律，测得了试样渗流失稳的时长 T 和失稳时的质量流失量 m_p，并计算得到了试样渗流失稳时的质量流失率 m_p'、渗流失稳后的孔隙度 φ_p 和孔隙度变化率 φ_p'。下面分别分析 Talbol 幂指数、初始高度（初始孔隙度）和渗透压差（压力梯度）3 种因素对上述各参数的影响。

试样发生渗流失稳时的质量流失率 m_p' 由失稳时长和失稳时的质量流失量容易计算得到：

$$m_p'=\frac{m_p}{T} \tag{7-2}$$

渗流失稳后试样的孔隙度 φ_p 的计算公式为

$$\varphi_p=\varphi_0+\frac{m_p}{\pi a^2\rho h_0} \tag{7-3}$$

进一步得到孔隙度变化率 φ_p' 的表达式：

$$\varphi_p'=\frac{\varphi_p-\varphi_0}{T}=\frac{m_p}{\pi a^2\rho h_0 T}=\frac{m_p'}{\pi a^2\rho h_0} \tag{7-4}$$

由式（7-3）和式（7-4）可知，m_p和m_p'分别与φ_p和φ_p'存在线性关系，通过对流失质量m_p和质量流失率m_p'随三因素的变化规律的描述，即可掌握孔隙度φ_p和孔隙度变化率φ_p'的变化规律，因此，关于渗流失稳后试样的孔隙度和孔隙度变化率在3种方案下的变化规律不再赘述。

7.2.1　压力梯度和渗流速度的时变曲线

图7-2给出了部分试样在Talbol幂指数、初始孔隙度和压力梯度变化时，其压力梯度和渗流速度随渗透时间的变化曲线。

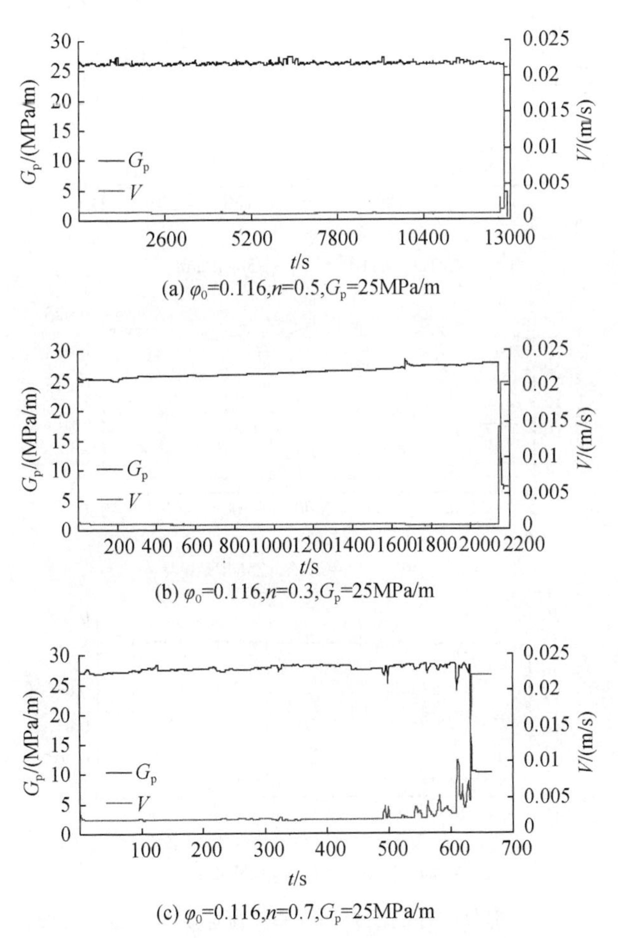

图7-2　部分试样的压力梯度和渗流速度时变曲线

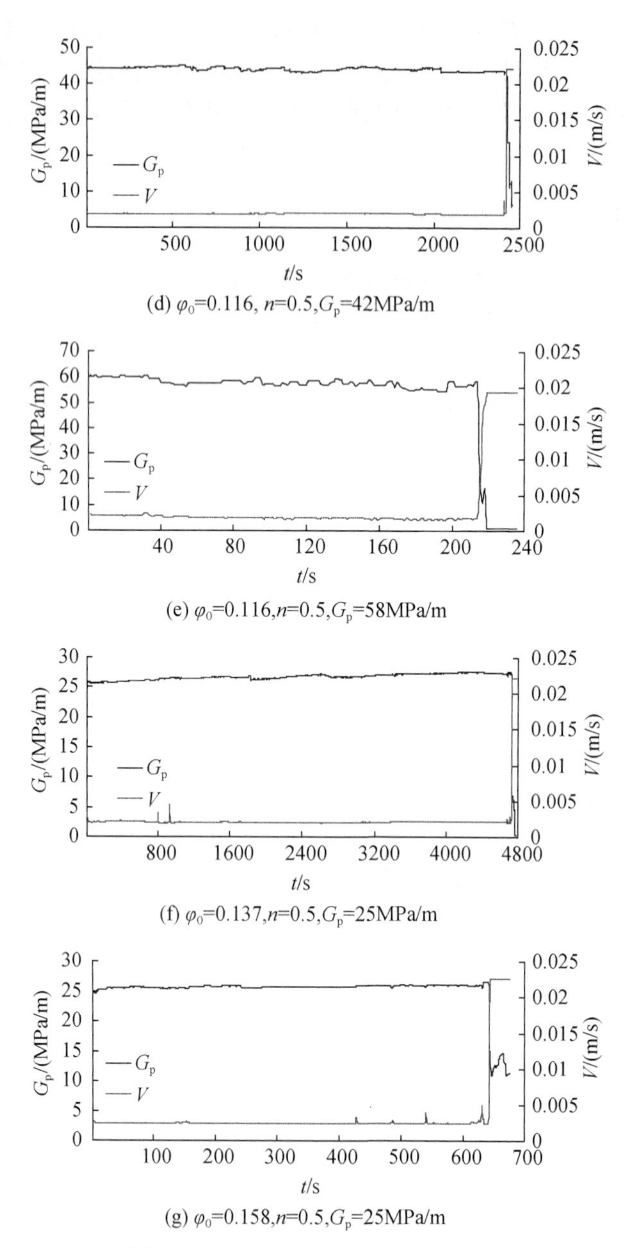

(d) φ_0=0.116, n=0.5,G_p=42MPa/m

(e) φ_0=0.116,n=0.5,G_p=58MPa/m

(f) φ_0=0.137,n=0.5,G_p=25MPa/m

(g) φ_0=0.158,n=0.5,G_p=25MPa/m

图 7-2　部分试样的压力梯度和渗流速度时变曲线（续）

如图 7-2 所示，显然，不同初始孔隙度、不同 Talbol 幂指数和不同压力梯度下破碎泥岩的渗流剧变规律基本一致，即经历了不同时间长短的初始渗流后，渗流发生剧变，破碎泥岩中水流形态由渗流转变为管流，引起试样渗流失稳。

初始渗流阶段试样的压力梯度（渗透压差）和渗流速度（流量）稳定，水压力根据试验方案值，基本控制在5%的误差范围内。可见，改进后的渗透水压力加载及控制系统能够提供稳定的水压力，通过多组试验证明该试验系统的性能稳定。

初始渗流阶段水的渗流速度很小，为0.0005～0.0035m/s。对比图7-2（a）～（c）可见，当初始孔隙度和压力梯度一定时，Talbol幂指数越小，试样的渗流速度越慢。对比图7-2（a）、（d）、（e）可见，当初始孔隙度和Talbol幂指数一定时，压力梯度越小，渗流速度越慢。对比图7-2（a）、（f）、（g）可见，当压力梯度和Talbol幂指数一定时，初始孔隙度越小，渗流速度越慢。

试验观察到：一般刚开泵的瞬间，从渗透仪腔体流出的水出现短暂浑浊；之后，在初始渗流阶段，随水流一起迁移的细小颗粒非常少，此时水流的浑浊度与初始渗流的时间长短有关。如图7-3（a）所示，若初始渗流阶段的时间较短，水流较浑浊，试样渗流处于不稳定状态，很快发生渗流剧变引起试样渗流失稳；如图7-3（b）所示，若初始渗流阶段的时间较长，水流会变得越来越清澈，试样的渗流状态较稳定，较难发生渗流剧变，渗流失稳时长相对较长。

(a)浑水

(b)清水

图7-3 初始渗流阶段水渗流情况

试样发生渗流剧变时，压力梯度（水压力）突然降低，渗流速度（流量）急剧增大。压力梯度降低的幅度与试样的初始孔隙度、Talbol幂指数、渗透压差、突出物质量和试样内部的孔隙结构调整情况相关，降幅为63%～99%。总体上，初始孔隙度越大、Talbol幂指数越大、渗透压差越小时，压力梯度降低的幅度越小；反之，初始孔隙度越小、Talbol幂指数越小、渗透压差越大，压力梯度降幅越大，达到99%。渗流速度增大的幅度除了与试样突出物质量和试样内部的孔隙结构有关外，还依赖于水源的供给能力。由于双作用液压缸的容水量有限，所以试样发生渗流剧变后，渗流速度突增至0.02m/s左右，流量非常大，水源供给中断，即停止试验。

试验观察到：随着压降的不同，试样渗流失稳时的动压效果也略有区别，压降越大，动压效果越明显。渗流剧变过程中，渗透仪缸筒内发出声响，并伴随缸筒震动，随水流迁移的颗粒量多，且颗粒大小悬殊，较多的是0～2.5mm和

2.5～5mm两种粒径，偶见5～8mm粒径的颗粒突然喷出，喷出时颗粒四溅，产生喷浆现象，如图7-4所示。

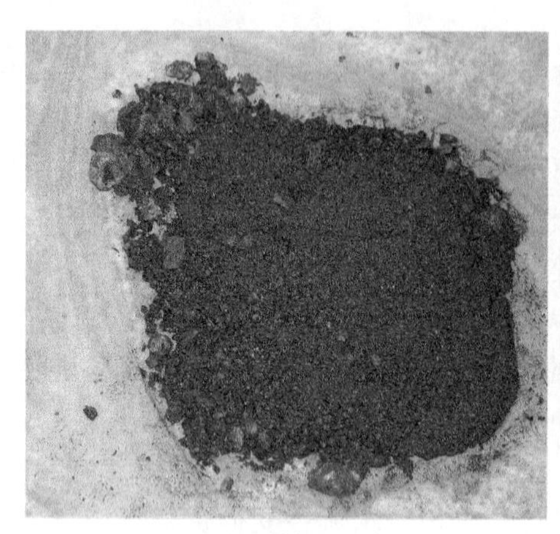

(a)流失质量粒径分布

(b)喷浆现象

图7-4　渗流失稳时颗粒流失特征及喷浆现象

7.2.2　配比和渗透压差对渗流稳定性的影响

当试样的初始高度 $h_0=120$mm（初始孔隙度 $\varphi_0=0.116$）为定值时，通过30组试验分别得到了试样渗流失稳的时长 T、渗流失稳时流失质量 m_p 和质量流失率 m_p' 等参数，下面分别分析配比和渗透压差改变对上述各参数的影响。

1）渗流失稳时长 T 的变化规律

图7-5给出了试样在10种配比下渗流失稳时长随压力梯度的变化规律。

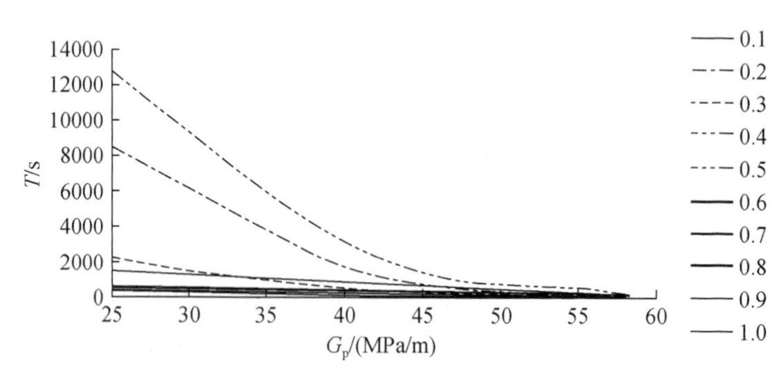

图7-5　$h_0=120$mm时试样渗流失稳时长 T 随压力梯度 G_p 的变化规律

在同一压力梯度下，Talbol幂指数 $n=0.5$ 试样的渗流失稳时长最长，而 $n=0.1$ 试样的渗流失稳时长最短（$G_p=58$MPa/m时，$n=0.2$ 失稳时长最短）。三种压力梯度下，$n=0.5$ 试样的失稳时长比最短失稳时长均多出97%。可见，在0.5配比下，试样通过压实后，不同粒径颗粒质量分布合理，试样内部的孔隙结构排列恰当，大小颗粒互相咬合挤压，渗流通道不畅通，试样的阻水能力强。而0.1配比试样因为不稳定易迁移的低级粒径含量高达85%，出现渗流失稳时试样的“筛网状”破坏方式，其失稳时长必然最短。

由图7-5可以看出，每种Talbol幂指数下，试样发生渗流失稳的时长随着压力梯度的增加而变短。变化幅度最大的是 $n=0.3$ 试样，压力梯度从25MPa/m增到58MPa/m时，失稳时长降低幅度达到99.5%；变化幅度最小的是 $n=0.8$ 试样，压力梯度从25MPa/m增到58MPa/m时，失稳时长降低幅度约为80%。

同一Talbol幂指数下，失稳时长与压力梯度可以用对数函数拟合，拟合的表达式列于表7-1。

表7-1　$h_0=120$mm 时试样渗流失稳时长与压力梯度的函数关系

Talbol 幂指数 n	拟合函数	相关系数
0.1	$T=-382.2\ln G_p+1534.6$	0.871
0.2	$T=-570.31\ln G_p+2313.6$	0.995
0.3	$T=-2599\ln G_p+10375$	0.935
0.4	$T=-10264\ln G_p+40942$	0.927
0.5	$T=-15313\ln G_p+61373$	0.943
0.6	$T=-1596.4\ln G_p+6681.8$	0.996
0.7	$T=-596.84\ln G_p+2582.7$	0.939
0.8	$T=-536.79\ln G_p+2359.9$	0.888
0.9	$T=-463.3\ln G_p+1946.4$	0.943
1.0	$T=-402.51\ln G_p+1703.8$	0.943

将渗流失稳时长与压力梯度的函数关系用统一形式表达为

$$T=-a\ln G_p+b \tag{7-5}$$

式中，系数 a 和 b 随Talbol幂指数的变化规律如图7-6所示，可用高斯函数拟合，拟合的表达式分别为

$$a=653.059+17212.525e^{-2\left(\frac{n-0.4645}{0.1218}\right)^2}\quad (R^2=0.989) \tag{7-6}$$

$$b=2710.549+68754.517e^{-2\left(\frac{n-0.4648}{0.1217}\right)^2}\quad (R^2=0.989)$$

2）流失质量 m_p 的变化规律

图7-7给出了试样在10种配比下，渗流失稳时流失质量 m_p 随压力梯度 G_p 的变化规律。

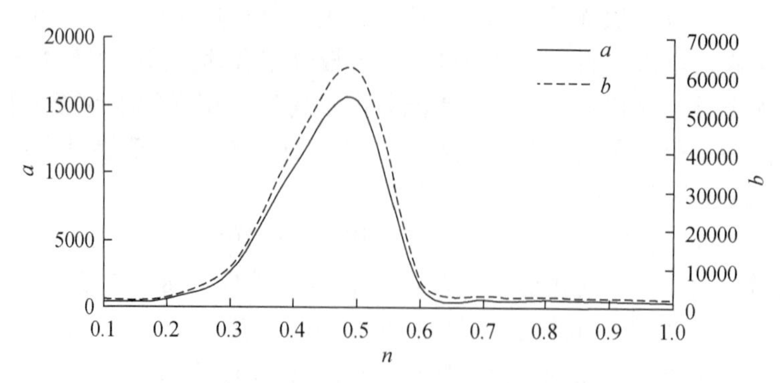

图 7-6 $h_0=120$mm 时试样渗流失稳时长函数中系数 a 和 b 随 Talbol 幂指数的变化规律

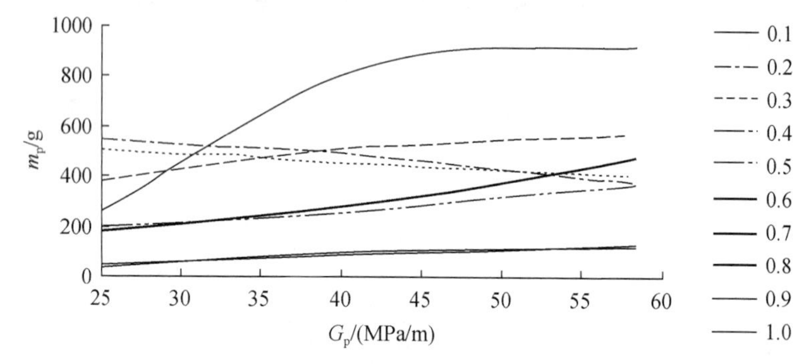

图 7-7 $h_0=120$mm 时试样渗流失稳时流失质量 m_p 随压力梯度 G_p 的变化规律

同一压力梯度下，如 $G_p=25$MPa/m 时，$n=0.4$ 试样的流失质量最多，为 544.8g，$n=0.9$ 试样的流失质量最少，为 39g；$G_p=58$MPa/m 时，$n=0.1$ 试样的流失质量最多，为 919g，$n=0.9$ 试样的流失质量仍最少，为 123.6g。整体上，Talbol 幂指数越大，试样的流失质量越少；因为在相同孔隙度下，Talbol 幂指数越大，试样中能够随水流迁移的低于 5mm 粒径的颗粒含量越少。但是，$n=0.1$ 试样在 $G_p=25$MPa/m 时，流失质量明显少于 $n=0.2$、$n=0.3$ 和 $n=0.4$ 三种试样，而在 42MPa/m 和 58MPa/m 两种相对较高的压力梯度下，其流失质量显著高于其余 Talbol 幂指数的试样。这是因为 $n=0.1$ 试样中易迁移颗粒含量非常高（高达 85%），在 0.116 的孔隙度下，小颗粒压密呈现固结状，当压力梯度较小时，渗透水压的动力小，迁移颗粒在渗流通道内运移不断受阻，流失质量明显少；当压力梯度较大时，即水压力较大，水流的携带能力增强，随着细小颗粒的迁移流失，渗流通道在高水压力作用下越来越畅通，流失质量显著增加。

每种 Talbol 幂指数下，随着压力梯度的增大，除了 $n=0.3$ 和 $n=0.4$ 试样的流失质量小幅减小外，其余 8 种配比试样的流失质量均增加。因为当试样的 Talbol 幂指数和初始孔隙度一定时，试样中可迁移的细小颗粒总含量一定，压力梯度越大，颗粒受到的水压力越大，在水流冲刷作用下的迁移能力越强，故流失质量越多；而 $n=0.3$ 和 $n=0.4$ 试样的流失质量反而减小的原因可能与试样内部的孔隙结构和渗流通道的空间分布情况有关，可迁移颗粒在渗流通道内受阻，可能导致流失质量降低。

同一 Talbol 幂指数下，流失质量与压力梯度的函数关系可以用对数函数拟合，如表 7-2 所示。

表 7-2　$h_0=120\text{mm}$ 时试样渗流失稳时流失质量与压力梯度的函数关系

Talbol 幂指数 n	拟合函数	相关系数
0.1	$m_p=811.53\ln G_p-2305.5$	0.910
0.2	$m_p=223.83\ln G_p-335.61$	0.980
0.3	$m_p=-118.5\ln G_p+885.05$	0.992
0.4	$m_p=198.04\ln G_p+1193.5$	0.922
0.5	$m_p=199.32\ln G_p-457.3$	0.950
0.6	$m_p=347.76\ln G_p-960.87$	0.921
0.7	$m_p=90.824\ln G_p-231.3$	0.991
0.8	$m_p=98.389\ln G_p-269.28$	1.000
0.9	$m_p=101.84\ln G_p-285.55$	0.974
1.0	$m_p=102.7\ln G_p-287.28$	0.991

将渗流失稳时的流失质量与压力梯度的函数关系用统一形式表达为

$$m_p=a\ln G_p+b \tag{7-7}$$

式中，系数 a 和 b 随 Talbol 幂指数的变化规律如图 7-8 所示，可用四次多项式拟合，拟合的表达式分别为

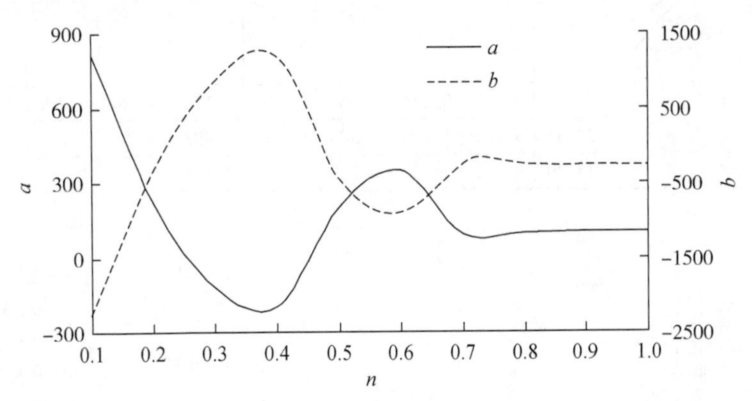

图 7-8　$h_0=120\text{mm}$ 时试样流失质量函数中系数 a 和 b 随 Talbol 幂指数的变化规律

$$\begin{aligned} a&=27912n^4-70419n^3+61433n^2-21238n+2425.7 \ (R^2=0.872) \\ b&=-96319n^4+245832n^3-216600n^2+74780n-8006.9 \ (R^2=0.849) \end{aligned} \tag{7-8}$$

3）质量流失率 m'_p 的变化规律

表 7-3 给出了试样在 10 种配比和 3 种压力梯度下发生渗流失稳时质量流失率值，图 7-9 给出了 10 种配比试样质量流失率 m'_p 随压力梯度 G_p 的变化规律。

由表 7-3 看出，在同一压力梯度下，质量流失率与 Talbol 幂指数不具有单调性，当 $G_p=25$MPa/m 时，$n=0.2$ 试样的质量流失率最高，而 $n=0.5$ 试样的质量流失率最低，最高质量流失率是最低质量流失率的 52 倍；当 $G_p=42$MPa/m 时，$n=0.1$ 试样的质量流失率最高，是最低的 $n=0.5$ 试样的质量流失率的 210 倍；当 $G_p=58$MPa/m 时，$n=0.2$ 试样的质量流失率最高，是最低的 $n=0.7$ 试样的质量流失率的 66 倍。试样的质量流失率与流失质量和失稳时长两个因素密切相关，而随着 Talbol 幂指数的增加，流失质量和失稳时长的变化规律并不具有一致性。

由表 7-3 和图 7-9 可以看出，在同一 Talbol 幂指数下，质量流失率随着压力梯度的增加而增加。$n=0.1$ 时，从 25MPa/m 到 42MPa/m 的增幅较大，而从 42MPa/m 到 58MPa/m 的增幅很小；其余 Talbol 幂指数时，从 25MPa/m 到 42MPa/m 的增幅相对很小，而从 42MPa/m 到 58MPa/m 的增幅很大。压力梯度从 25MPa/m 到 58MPa/m 增加时，质量流失率增幅最大的是 $n=0.3$ 试样，增幅最小的是 $n=0.7$ 试样。

表 7-3　$h_0=120$mm 时试样渗流失稳时的质量流失率

质量流失率 $m'_p/(g/s)$ ＼ Talbol 幂指数 压力梯度 $G_p/(MPa/m)$	0.1	0.2	0.3	0.4	0.5	0.6	0.7	0.8	0.9	1.0
25	0.772	0.779	0.234	0.064	0.015	0.119	0.094	0.079	0.100	0.104
42	22.87	3.102	1.296	0.385	0.109	0.493	0.259	0.217	0.374	0.431
58	38.29	80.71	40.00	6.629	1.714	4.166	1.221	1.658	4.262	3.506

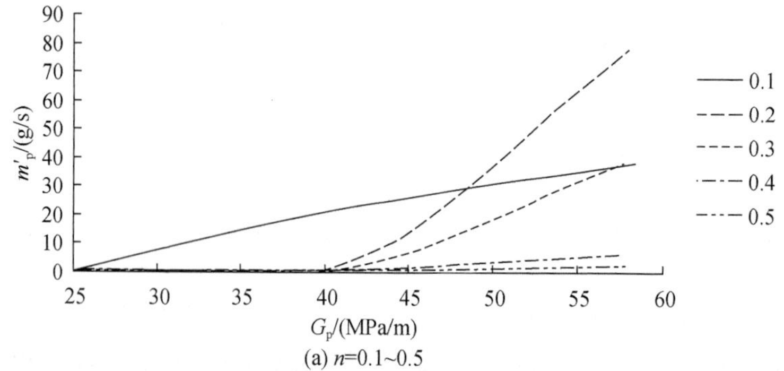

(a) n=0.1~0.5

图 7-9　$h_0=120$mm 时试样渗流失稳时质量流失率 m'_p 随压力梯度 G_p 的变化规律

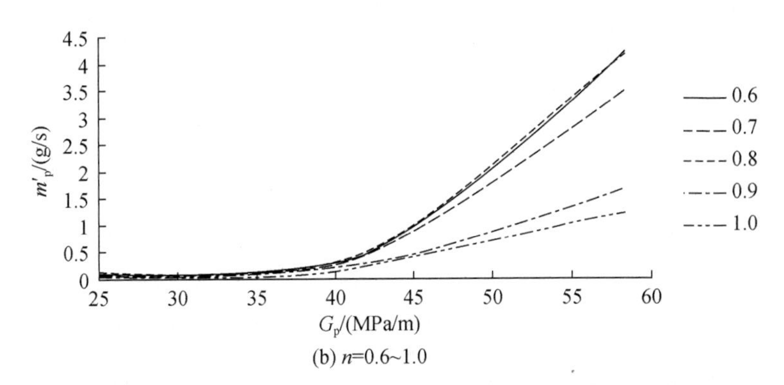

(b) n=0.6~1.0

图7-9　$h_0=120$mm时试样渗流失稳时质量流失率m'_p随压力梯度G_p的变化规律（续）

质量流失率与压力梯度的函数关系可以用指数函数拟合，见表7-4。

表7-4　$h_0=120$mm时试样渗流失稳时质量流失率与压力梯度的函数关系

Talbol幂指数n	函数关系	相关系数
0.1	$m'_p=0.0667e^{0.1171G_p}$	0.847
0.2	$m'_p=0.0175e^{0.1392G_p}$	0.948
0.3	$m'_p=0.0037e^{0.1542G_p}$	0.964
0.4	$m'_p=0.0017e^{0.139G_p}$	0.983
0.5	$m'_p=0.0004e^{0.142G_p}$	0.991
0.6	$m'_p=0.0074e^{0.1066G_p}$	0.987
0.7	$m'_p=0.0126e^{0.0769G_p}$	0.986
0.8	$m'_p=0.0069e^{0.0911G_p}$	0.963
0.9	$m'_p=0.005e^{0.1125G_p}$	0.971
1.0	$m'_p=0.0067e^{0.1054G_p}$	0.988

将质量流失率与压力梯度的函数关系用统一形式表达为

$$m'_p=ae^{bG_p} \tag{7-9}$$

式中，系数a和b随Talbol幂指数的变化规律如图7-10所示，可用三次多项式拟合，拟合的表达式分别为

$$\begin{aligned} a&=-0.5592n^3+1.0745n^2-0.6272n+0.1133\ (R^2=0.920) \\ b&=0.8626n^3-1.4419n^2+0.6266n+0.0679\ (R^2=0.800) \end{aligned} \tag{7-10}$$

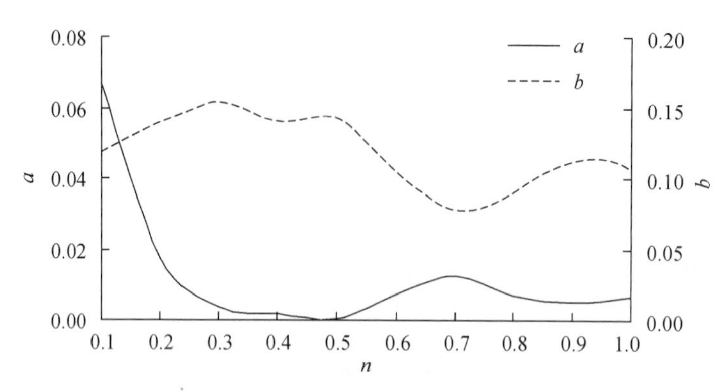

图 7-10　$h_0=120\text{mm}$ 时试样质量流失率函数中系数 a 和 b 随 Talbol 幂指数的变化规律

7.2.3　配比和试样初始高度对渗流稳定性的影响

当试样的渗透压差 $p=3\text{MPa}$ 为定值时，通过 30 组试验分别得到了试样渗流失稳的时长 T、渗流失稳时流失质量 m_p 和质量流失率 m'_p 等参数，下面分别分析配比和试样初始高度改变对上述各参数的影响。

1）渗流失稳时长 T 的变化规律

分析 30 组试样的失稳时长发现：$n=0.5$ 试样在较高压力梯度 $G_p=25\text{MPa/m}$ 下，渗流失稳时长最长；$n=0.1$ 试样在较低压力梯度 $G_p=23.81\text{MPa/m}$ 下，渗流失稳时长最短。

图 7-11 给出了 10 种配比试样渗流失稳时长 T 随压力梯度 G_p 的变化规律。观察$n=0.1\sim0.5$ 五种试样：在相同压力梯度下，试样失稳时长随 Talbol 幂指数的减小而变短。Talbol 幂指数越小，试样中原有细小颗粒含量越多，当试样被压实到初始高度时，伴随高级粒径的挤压破碎，细小颗粒含量更多，试样犹如散沙堆积，当发生渗流失稳时，其渗流通道犹如筛网，水流从试样底部近似垂直贯穿试样各个横截面，所以 $n=0.1$ 时，在 3 种压力梯度下，试样渗流失稳时长都是同压力梯度下最短的。而 $n=0.5$ 试样在压实到初始高度时，其颗粒大小组合最理想，此时试样结构致密，在一定的渗透水压力作用下，突水通道形成缓慢，渗流处于稳定状态，试样发生渗流失稳的时间也最长。

对于 $n=0.1\sim0.5$ 五种试样：在同一 Talbol 幂指数下，随着压力梯度的增加，试样的失稳时长变长。渗透压力一定时，压力梯度越大，试样初始高度越低，试样的初始孔隙度越小，压实程度越好，试样内部有效渗流通道越少，失稳时长越长；反之，压力梯度越小，渗流失稳时长越短。当压力梯度从 25MPa/m 降低到 23.81MPa/m 时，$n=0.1$ 试样的失稳时长降低幅度最大，为98%，其余四

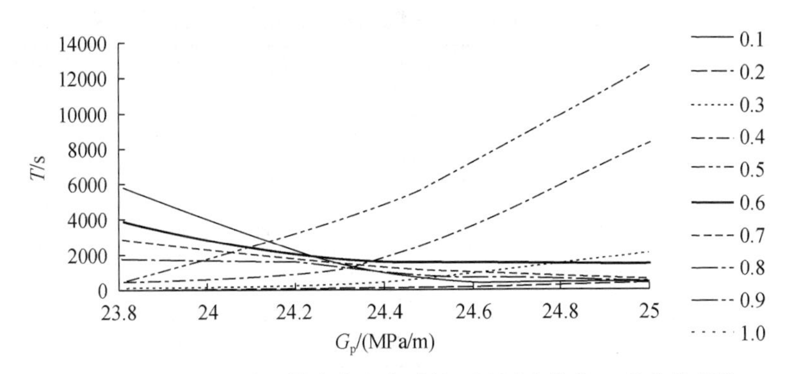

图7-11　$p=3\mathrm{MPa}$ 时试样渗流失稳时长 T 随压力梯度 G_p 的变化规律

种配比降低幅度分别为91%、91%、95%、95%。

观察 $n=0.6\sim1.0$ 五种试样：在同一压力梯度下，渗流失稳时长与压力梯度大小相关，当 $G_p=23.81\mathrm{MPa/m}$ 时，失稳时长随Talbol幂指数的增加而变长，当 $G_p=24.39\mathrm{MPa/m}$ 和 $G_p=25\mathrm{MPa/m}$ 时，失稳时长随着Talbol幂指数的增加反而变短。由于 $n=0.6\sim1.0$ 五种试样的Talbol幂指数较大，试样中高级粒径含量远远多于低级粒径含量，高级粒径起到骨架支撑的作用，其含量越高，试样自然盛放高度越高。在压实到同一初始高度 $h_0=126\mathrm{mm}$ 时，试样相对压实程度较小，高级粒径的破碎程度有限，仅为棱角脱落或者小部分碎裂，此时初始孔隙度较大，试样内压力梯度相对低，试样发生渗流失稳的时间会变长，并且此时随着Talbol幂指数的增加，试样内部易迁移的细小颗粒含量减少，孔隙度变化缓慢，渗流发生失稳的时长也增加；若试样初始高度 $h_0=123\mathrm{mm}$ 和 $h_0=120\mathrm{mm}$，此时试样受挤压程度较厉害，高级粒径进一步被挤压，破碎成大量细小颗粒，大小颗粒互相接触、挤压，空隙空间越来越小，直至再次破碎，小颗粒再次重新组合。虽然此时初始孔隙度较小，渗流通道曲折迂回，但试样内压力梯度增大，试样渗流失稳时伴随有明显的喷浆现象，试样渗流失稳时长自然变短。

对于 $n=0.6\sim1.0$ 五种试样：在同一Talbol幂指数下，试样的渗流失稳时长随压力梯度的增加而变短。压力梯度越大，试样初始高度越低，试样被压得越厉害，高级粒径挤压破碎的程度越大，随着初始孔隙度的减小和压力梯度的增大，试样结构越不稳定，渗流失稳的突发性越强，渗流失稳时长越短。当压力梯度从23.81MPa/m增加到25MPa/m时，$n=0.6$ 试样的失稳时长减小幅度最小，约为16%，$n=0.9$ 和 $n=1.0$ 试样的失稳时长减小幅度最大，均在93%左右。

失稳时长与压力梯度的函数关系可用对数函数来表示，见表7-5。

表 7-5 p=3MPa 时试样的渗流失稳时长与压力梯度的函数关系

Talbol 幂指数 n	拟合函数	相关系数
0. 1	$T=6722.6\ln G_p-21347$	0. 843
0. 2	$T=9102.7\ln G_p-28860$	0. 886
0. 3	$T=40270\ln G_p-127717$	0. 851
0. 4	$T=165271\ln G_p-524400$	0. 876
0. 5	$T=249735\ln G_p-791689$	0. 968
0. 6	$T=-5754.3\ln G_p+20007$	0. 985
0. 7	$T=-47527\ln G_p+153448$	0. 940
0. 8	$T=-68070\ln G_p+219304$	0. 849
0. 9	$T=-108763\ln G_p+349779$	0. 822
1. 0	$T=-109650\ln G_p+352649$	0. 812

将失稳时长与压力梯度的函数关系用统一形式表达为

$$T=a\ln G_p+b \tag{7-11}$$

式中，系数 a 和 b 随 Talbol 幂指数的变化规律如图 7-12 所示，可用高斯函数拟合，拟合的表达式分别为

$$\begin{aligned} a&=-55805.87+310283.56\mathrm{e}^{-2\left(\frac{n-0.4569}{0.1776}\right)^2} \quad (R^2=0.855) \\ b&=180316.32-984680.56\mathrm{e}^{-2\left(\frac{n-0.4565}{0.1789}\right)^2} \quad (R^2=0.854) \end{aligned} \tag{7-12}$$

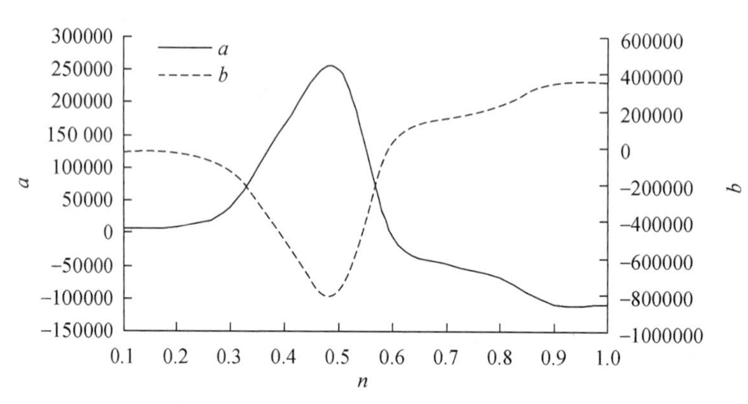

图 7-12 p=3MPa 时试样渗流失稳时长函数系数 a 和 b 随 Talbol 幂指数的变化规律

2）流失质量 m_p 的变化规律

图 7-13 给出了 10 种配比试样渗流失稳时流失质量 m_p 随压力梯度 G_p 的变化

规律。显然，在压力梯度 G_p = 23.81MPa/m 时，n = 0.1 试样的流失质量明显多于其余配比试样，超过1200g；n = 0.2～0.4 试样在各级压力梯度下的流失质量也较多，最少378.6g，最多达到833.3g；而 n = 0.7～1.0 四种试样的流失质量在各级压力梯度下均很少，都不到65g。可见，各配比试样中不同粒径含量、试样的初始压实高度和压力梯度等对流失质量影响显著，而且各因素对流失质量的影响并非完全呈线性相关。

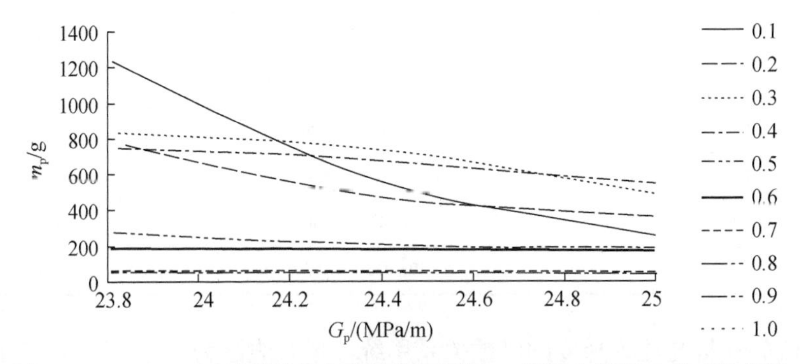

图7-13　p = 3MPa 时试样渗流失稳时流失质量 m_p 随压力梯度 G_p 的变化规律

各种Talbol幂指数下，随压力梯度的减小，试样流失质量增多。当压力梯度从25MPa/m 降低到24.391MPa/m 时，n = 1.0 试样的流失质量增幅最小，仅3.3%；当压力梯度从24.39MPa/m 降低到23.81MPa/m 时，n = 0.6 试样的流失质量增幅最小，为1.4%；当压力梯度从25MPa/m 直接降低到23.81MPa/m 时，仍是 n = 0.6 试样的流失质量增幅最小，为5.8%；在压力梯度减小的各个阶段，n = 0.1 试样的流失质量的增加幅度均最大，分别为118%、120%、381%。

质量流失量的变化规律主要与各种Talbol幂指数试样中高级粒径和低级粒径的相对含量有关。Talbol幂指数越大，高级粒径含量越多，高级粒径经过压实不能完全破碎成能够被水流携带、迁移的小颗粒，故压实对其流失质量的影响很小，即使试样内压力梯度增加，流失质量的变化也不明显。而随Talbol幂指数减小，试样内易迁移的细小颗粒含量明显增多，Talbol幂指数小到0.1时，低级粒径含量达到总量的85%，此时，试样内的压力梯度直接影响细小颗粒的迁移能力，进而影响渗流通道的畅通程度。试样初始高度越高，初始孔隙度越大，颗粒排列越松散，孔隙空间越大，在较小的压力梯度作用下，可被水流携带、迁移的细小颗粒越多，水对破碎岩体溶蚀、冲蚀和磨蚀的效果越好，此时流失质量较多；随着压力梯度的小幅增加，试样也因为初始孔隙度的减小，可迁移细小颗粒被压得密实，迁移能力降低，导致流失质量显著减少。

流失质量与压力梯度的函数关系可以用对数函数来表示，见表7-6。

表 7-6　$p=3\text{MPa}$ 时试样渗流失稳时流失质量与压力梯度的函数关系

Talbol 幂指数 n	拟合函数	相关系数
0.1	$m_p=-20044\ln G_p+64713$	0.952
0.2	$m_p=-8291.1\ln G_p+27031$	0.914
0.3	$m_p=-6812.9\ln G_p+22456$	0.938
0.4	$m_p=-4253.3\ln G_p+14245$	0.978
0.5	$m_p=-2010.9\ln G_p+6654.1$	0.850
0.6	$m_p=-213.58\ln G_p+866.62$	0.927
0.7	$m_p=-100.48\ln G_p+382.95$	0.994
0.8	$m_p=-201.43\ln G_p+696.82$	0.860
0.9	$m_p=-84.054\ln G_p+309.6$	0.999
1.0	$m_p=-57.402\ln G_p+230$	0.999

将流失质量与压力梯度的函数关系用统一形式表达为

$$m_p=-a\ln G_p+b \tag{7-13}$$

式中，系数 a 和 b 随 Talbol 幂指数的变化规律如图 7-14 所示，可用三次多项式拟合，拟合的表达式分别为

$$\begin{aligned} a&=-66595n^3+150937n^2-113090n+28441\ (R^2=0.961)\\ b&=-208516n^3+475574n^2-359329n+91370\ (R^2=0.961)\end{aligned} \tag{7-14}$$

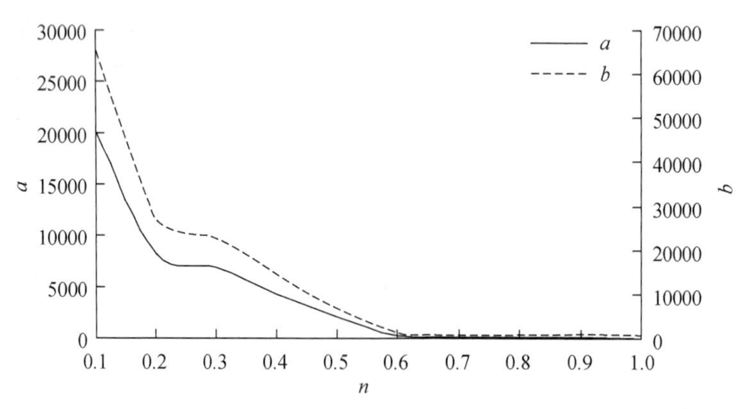

图 7-14　$p=3\text{MPa}$ 时试样流失质量函数中系数 a 和 b 随 Talbol 幂指数的变化规律

3）质量流失率 m_p' 的变化规律

表 7-7 给出了试样在 10 种配比和 3 种压力梯度下发生渗流失稳时的质量流失率值。图 7-15（a）和（b）分别给出了 $n=0.1\sim0.5$ 和 $n=0.6\sim1.0$ 时，10

种配比试样渗流失稳时质量流失率 m_p 随压力梯度 G_p 的变化规律，其中（a）图中 $n=0.1$ 试样为左坐标轴刻度，$n=0.2\sim0.5$ 试样为右坐标轴刻度。

表 7-7　$p=3$MPa 时试样渗流失稳时的质量流失率

质量流失率 m'_p/(g/s) ＼ Talbol 幂指数 ＼ 压力梯度 G_p/(MPa/m)	0.1	0.2	0.3	0.4	0.5	0.6	0.7	0.8	0.9	1.0
25	0.772	0.779	0.234	0.064	0.0151	0.119	0.094	0.0795	0.1003	0.1044
24.39	12.49	3.839	1.694	0.390	0.0438	0.116	0.048	0.0522	0.0437	0.0509
23.81	206.1	18.233	4.5289	1.786	0.1542	0.106	0.0218	0.0145	0.0075	0.00827

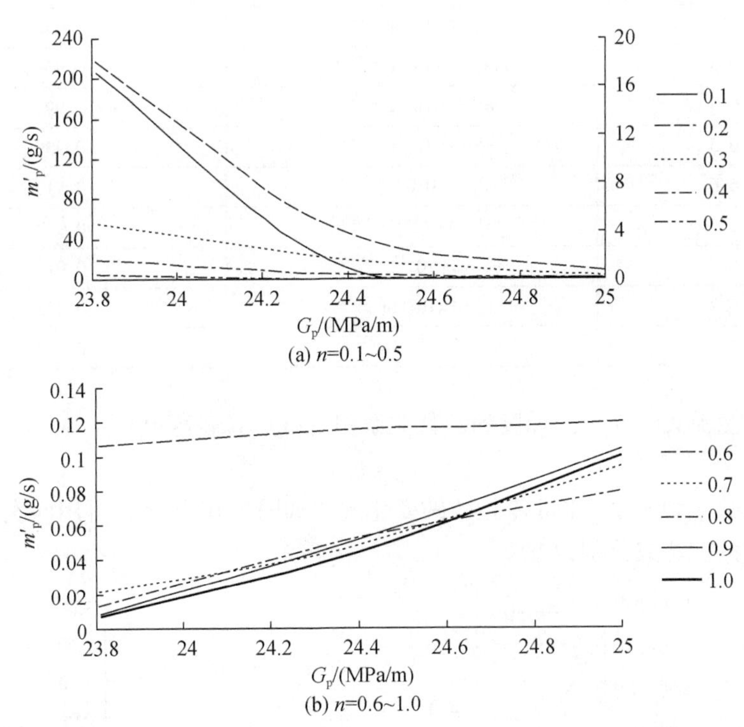

图 7-15　$p=3$MPa 时试样渗流失稳时质量流失率 m'_p 随压力梯度 G_p 的变化规律

由表 7-7 可以看出，当 $G_p=25$MPa/m 时，各配比试样的质量流失率都很小，值均在 $10^{-1}\sim10^{-2}$g/s；当 $G_p=24.39$MPa/m 和 $G_p=23.81$MPa/m 时，试样的质量流失率的量级变化受 Talbol 幂指数影响较大，并且随着压力梯度的降低，量级跨度变大；$G_p=24.39$MPa/m 时，量级范围为 $10^1\sim10^{-2}$g/s；而当 $G_p=23.81$MPa/m 时，量级范围扩大到 $10^2\sim10^{-3}$ g/s；总体上，压力梯度一定时，Talbol 幂指数越大，质量流失率的量级越小。

由表 7-7 和图 7-15 可以看出，n=0.1～0.5 试样的质量流失率随压力梯度的减小而升高，其中 n=0.1 试样的增幅最大，0.772～206.1g/s，增幅达到 26597%，而其余四种配比的增幅均在 2000% 左右；n=0.6～1.0 试样的质量流失率随压力梯度的减小而降低，其中 n=0.6 试样的降幅最小，仅为 11%；而 n=0.9 和 n=1.0 试样的降幅最大，达到 92% 以上。各种 Talbol 幂指数试样的质量流失率随压力梯度的变化趋势主要受失稳时长的影响，而变化幅度同时又受到流失质量的影响。

质量流失率与压力梯度的函数关系可以用指数函数拟合，见表 7-8。

表 7-8　p=3MPa 时试样渗流失稳时质量流失率与压力梯度的函数关系

Talbol 幂指数 n	拟合函数	相关系数
0.1	$m'_p=7\times10^{50}e^{-4.692G_p}$	0.999
0.2	$m'_p=4\times10^{28}e^{-2.648G_p}$	1.000
0.3	$m'_p=3\times10^{26}e^{-2.495G_p}$	0.969
0.4	$m'_p=1\times10^{29}e^{-2.793G_p}$	0.999
0.5	$m'_p=1\times10^{29}e^{-2.851G_p}$	0.950
0.6	$m'_p=0.0107e^{0.0967G_p}$	0.919
0.7	$m'_p=4\times10^{-15}e^{1.228G_p}$	0.997
0.8	$m'_p=3\times10^{-17}e^{1.4206G_p}$	0.914
0.9	$m'_p=4\times10^{-25}e^{2.1663G_p}$	0.953
1.0	$m'_p=1\times10^{-24}e^{2.1214G_p}$	0.934

将质量流失率与压力梯度的函数关系用统一形式表达为

$$m'_p=ae^{bG_p} \tag{7-15}$$

式中，系数 a 和 b 随 Talbol 幂指数的变化规律如图 7-16 所示，可用四次多项式拟合，拟合的表达式分别为

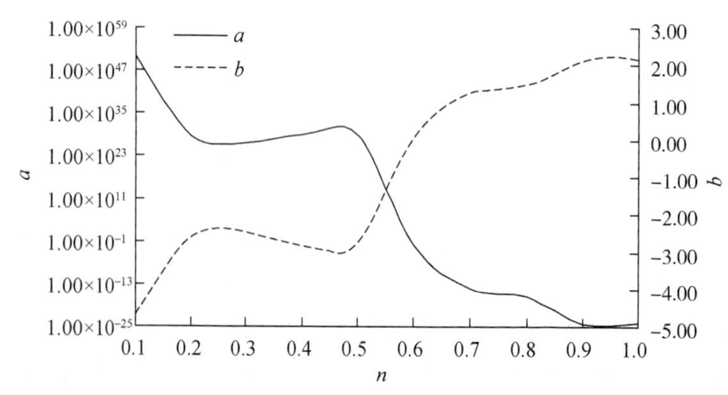

图 7-16　p=3MPa 时试样质量流失率函数中系数 a 和 b 随 Talbol 幂指数的变化规律

$$a=1.84\times10^{52}n^4-4.61\times10^{52}n^3+4.06\times10^{52}n^2-1.46\times10^{52}n+1.75\times10^{52}\ (R^2=0.930)$$
$$b=-104.43n^4+214.54n^3-142.88n^2+42.062n-7.411\ (R^2=0.941)$$
(7-16)

7.2.4　试样初始高度和渗透压差对渗流稳定性的影响

当试样的 Talbol 幂指数 $n=0.5$ 为定值时，通过 9 组试验分别测得了试样渗流失稳的时长 T、渗流失稳时流失质量 m_p 和质量流失率 m_p' 等参数，下面分别分析试样初始高度和渗透压力改变对上述各参数的影响。

1）渗流失稳时长 T 的变化规律

图 7-17 给出了试样在 3 种不同初始孔隙度 φ_0 下渗流失稳时长 T 随压力梯度 G_p 的变化规律。显然，当初始孔隙度一定时，试样渗流失稳时长随压力梯度的增大而变短；因为当初始孔隙度一定时，试样抵抗渗流失稳的能力随着渗透压力的增加而降低，发生渗流失稳的时间自然变短；而且在各级初始孔隙度下，试样失稳时长的降幅都很大，基本都在 99% 左右。当压力梯度一定时，试样渗流失稳时长随初始孔隙度的增大而变短；因为试样的初始孔隙度越小，即试样被压得越密实，其阻水能力越强，因此发生渗流失稳的时间越久，反之，失稳时长越短；而且在各级压力梯度下，失稳时长的降幅不同，当渗透压力 $p=3\text{MPa}$ 时，试样渗流失稳时长降幅最大，达到 95%，次之是 $p=5\text{MPa}$ 时，降幅为 93%，而降幅最小的是 $p=7\text{MPa}$ 时，只有 50%。

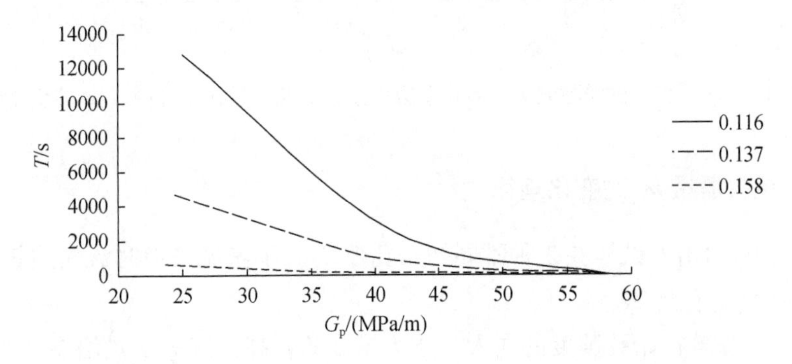

图 7-17　$n=0.5$ 时试样渗流失稳时长 T 随压力梯度 G_p 的变化规律

每种初始孔隙度下，试样渗流失稳时长与压力梯度的关系可以用对数函数拟合，见表 7-9。

表 7-9 $n=0.5$ 时试样的渗流失稳时长与压力梯度的函数关系

初始孔隙度 φ_0	拟合函数	相关系数
0. 116	$T=-15530\ln G_p+62103$	0. 949
0. 137	$T=-5752\ln G_p+22764$	0. 948
0. 158	$T=-764.5\ln G_p+3040.9$	0. 973

将失稳时长与压力梯度的函数关系用统一形式表达为

$$T=-a\ln G_p+b \tag{7-17}$$

式中，系数 a 和 b 随初始孔隙度 φ_0 的变化规律如图 7-18 所示，可用二次多项式拟合，拟合的表达式分别为

$$\begin{aligned} a&=5.43\times10^6\varphi_0^2-1.84\times10^6\varphi_0+1.56\times10^5 \\ b&=2.22\times10^7\varphi_0^2-7.50\times10^6\varphi_0+6.33\times10^5 \end{aligned} \tag{7-18}$$

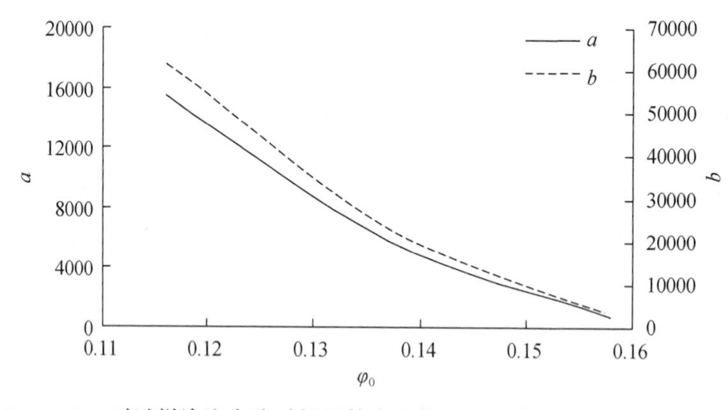

图 7-18 $n=0.5$ 时试样渗流失稳时长函数中系数 a 和 b 随初始孔隙度 φ_0 的变化规律

2）流失质量 m_p 的变化规律

图 7-19 给出了试样在 3 种不同初始孔隙度 φ_0 下渗流失稳时流失质量 m_p 随压力梯度 G_p 的变化规律。

显然，随着初始孔隙度的增大、压力梯度的升高，流失质量增多。流失质量的增幅受初始孔隙度和压力梯度的大小影响，当初始孔隙度一定时，随着压力梯度的升高，$\varphi_0=0.116$ 时试样流失质量的增幅最大，达到 90%，次之是 $\varphi_0=0.137$，增幅为 82%，增幅最小的是 $\varphi_0=0.158$，仅为 30%；当渗透压力（压力梯度）一定时，随着初始孔隙度的增大，$p=3$MPa 时试样流失质量的增幅最大，为 51%，次之是 $p=5$MPa，增幅为 26%，增幅最小的是 $p=7$MPa，仅为 3.5%。这也正是图 7-19 中，0.158 初始孔隙度下流失质量与压力梯度关系曲线变化较

0.116和0.137平缓的原因，即初始孔隙度越大，流失质量受压力梯度的影响相对越小。

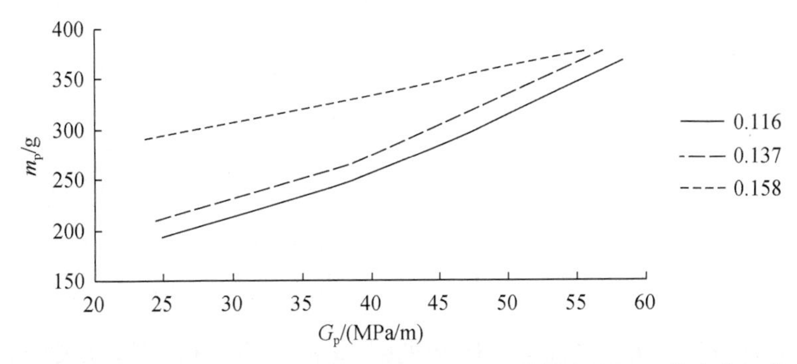

图7-19　$n=0.5$时试样渗流失稳时流失质量m_p随压力梯度G_p的变化规律

试样的初始孔隙度较大时，压实程度较差，试样中充填在大颗粒之间的细小颗粒处于松散状态；水压力的持续作用，易使小颗粒发生迁移流失，形成畅通通道，引发试样渗流失稳；伴随水流量的突然增大，会有大量的颗粒从渗流通道一起涌出，流失质量较多，而且此时渗透压力（压力梯度）对流失质量影响较小。相反，试样初始孔隙度较小时，压实程度较好，孔隙结构致密，渗流通道曲折迂回，细小颗粒在随水流运移时受到阻碍；如果此时渗透压力（压力梯度）较低，流失质量相对较少；随着压力梯度的增大，高压水将会冲破迂回的渗流通道，此时伴随水流量的突然增加，涌出物的质量变大。

流失质量与压力梯度的关系可用对数函数拟合，见表7-10。

表7-10　$n=0.5$时试样渗流失稳时流失质量与压力梯度的函数关系

初始孔隙度φ_0	拟合函数	相关系数
0.116	$m_p=199.32\ln G_p-457.3$	0.950
0.137	$m_p=194.91\ln G_p-424.26$	0.947
0.158	$m_p=101.65\ln G_p-33.873$	0.974

设流失质量与压力梯度的对数关系可统一表达为

$$m_p=a\ln G_p-b \tag{7-19}$$

式中，系数a和b随初始孔隙度φ_0的变化规律如图7-20所示，可用二次多项式拟合，拟合的表达式为

$$\begin{aligned} a&=-100737\varphi_0^2+25276\varphi_0-1377.2 \\ b&=-405155\varphi_0^2+100931\varphi_0-5798.9 \end{aligned} \tag{7-20}$$

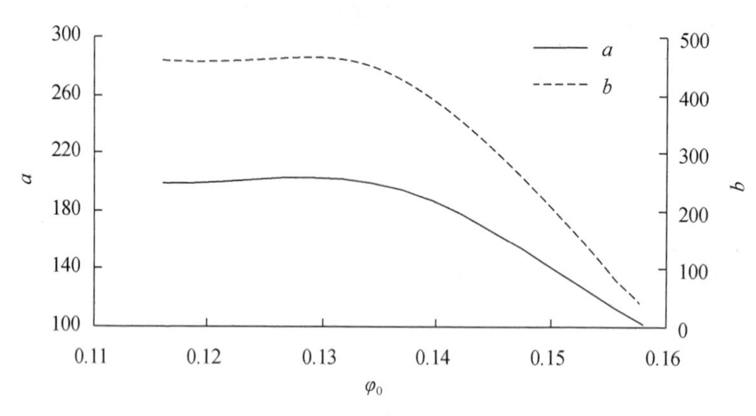

图 7-20　$n=0.5$ 时试样流失质量函数中系数 a 和 b 随初始孔隙度 φ_0 的变化规律

3）质量流失率 m'_p 的变化规律

表 7-11 给出了试样在不同初始孔隙度和不同渗透压差（压力梯度）下发生渗流失稳时的质量流失率值。图 7-21 给出了试样在 3 种不同初始孔隙度 φ_0 下渗流失稳时质量流失率 m'_p 随压力梯度 G_p 的变化规律。

表 7-11　$n=0.5$ 时试样渗流失稳时质量流失率

初始孔隙度 φ_0 \ 质量流失率 $m'_p/(g/s)$ \ 渗透压差 p/MPa	3	5	7
0.116	0.01508	0.1089	26.193
0.137	0.04383	0.3097	31.425
0.158	0.4542	2.0133	54.200

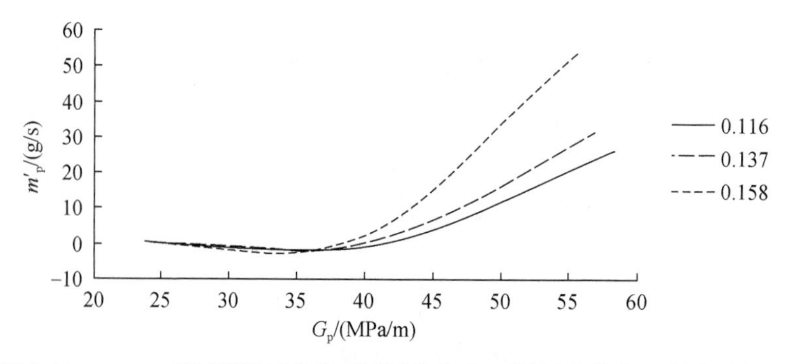

图 7-21　$n=0.5$ 时试样渗流失稳时质量流失率 m'_p 随压力梯度 G_p 的变化规律

当初始孔隙度一定时，随着压力梯度的升高，质量流失率显著提高，提高程度与初始孔隙度相关。当 $\varphi_0=0.116$ 时，高压力梯度（$G_p=58.33$MPa/m）时质量流失率是低压力梯度（$G_p=25$MPa/m）时的 1700 多倍；而当 $\varphi_0=0.158$ 时，高压力梯度（$G_p=55.56$MPa/m）时质量流失率仅是低压力梯度（$G_p=23.81$MPa/m）时的 120 倍。压力梯度一定时，随着初始孔隙度的增大，质量流失率增大，增大的幅度随着压力梯度的升高而降低。当 $p=3$MPa 时，增幅达到 2900% 以上；当 $p=5$MPa 时，增幅约为 1749%；当 $p=7$MPa 时，增幅仅为 106%。

质量流失率与压力梯度的关系可用指数函数拟合，见表 7-12。

表 7-12　$n=0.5$ 时试样渗流失稳时质量流失率与压力梯度函数关系

初始孔隙度 φ_0	拟合函数	相关系数
0.116	$m_p'=3\times10^{-5}e^{0.2238G_p}$	0.931
0.137	$m_p'=0.0002e^{0.2022G_p}$	0.948
0.158	$m_p'=0.0093e^{0.1506G_p}$	0.955

设质量流失率与压力梯度的指数关系可统一表达为

$$m_p'=ae^{bG_p} \tag{7-21}$$

式中，系数 a 和 b 随初始孔隙度 φ_0 的变化规律如图 7-22 所示，可用二次多项式拟合，拟合的表达式为

$$\begin{aligned} a&=10.125\varphi_0^2-2.5535\varphi_0+0.16 \\ b&=-34.014\varphi_0^2+7.5769\varphi_0-0.1974 \end{aligned} \tag{7-22}$$

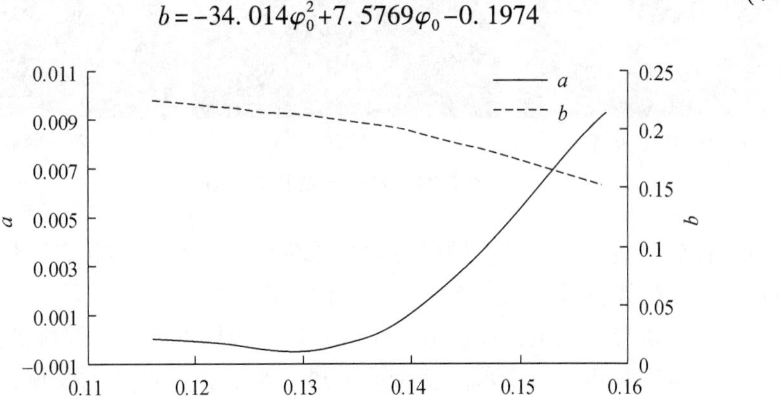

图 7-22　$n=0.5$ 时试样质量流失率函数中系数 a 和 b 随初始孔隙度 φ_0 的变化规律

7.3　伴随质量流失的破碎岩石渗流失稳机理

本书已经在第 2 章简单介绍了渗透过程中由于水的溶蚀、冲蚀和磨蚀造成的

破碎岩石质量流失机理，下面结合试验现象，简单阐述伴随质量流失的破碎岩石渗流失稳机理。

本章试验表明质量流失是引发破碎岩体渗流失稳的内因，压力梯度是失稳的外因。由于压力梯度的存在，水在破碎岩石孔隙中渗透。在渗透过程中，水的溶蚀、冲蚀作用和原有细小颗粒的磨蚀作用使得破碎岩石孔隙壁面附近的材料脱离母体，形成次生的细小颗粒。细小颗粒一部分溶解于水（形成浆液），一部分悬浮于浆液中（构成悬浮液），还有一部分沉淀于孔隙壁面。在水的压力梯度作用下，悬浮液在破碎岩石孔隙中迁移。在迁移过程中继续溶蚀和冲蚀孔隙壁面，而沉淀物加入到磨料中，继续对孔隙壁面磨蚀。溶蚀、冲蚀和磨蚀三种作用相互交叉，循环往复，连续地将破碎岩石中细小颗粒搬运出去，造成破碎岩石的质量流失，并使得破碎岩石的孔隙度连续地增大。当质量流失发展到一定阶段，孔隙结构失去稳定性，形成突水通道，液体的流动形态发生变化（由渗流转变为管流），渗流失去稳定性，即发生突水。

试验发现，突水通道有三种情况，如图 7-23 所示。第一种情况，突水通道为位于岩样外圆柱面的不规则管洞；第二种情况，突水通道为位于岩样内部的不规则管洞；第三种情况，突水通道由位于岩样内部的若干条细小的管洞组成。

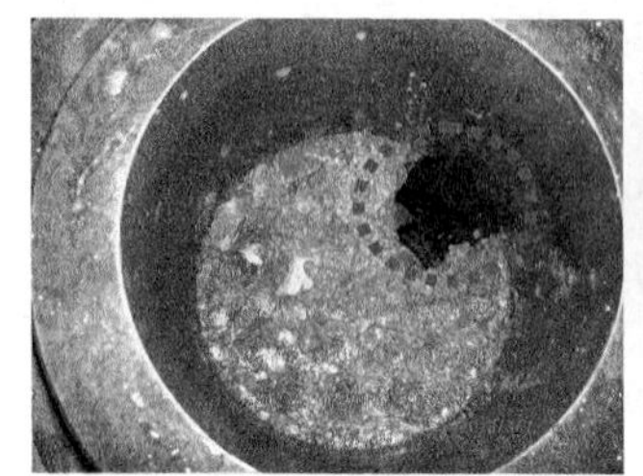
(a)第一种突水通道

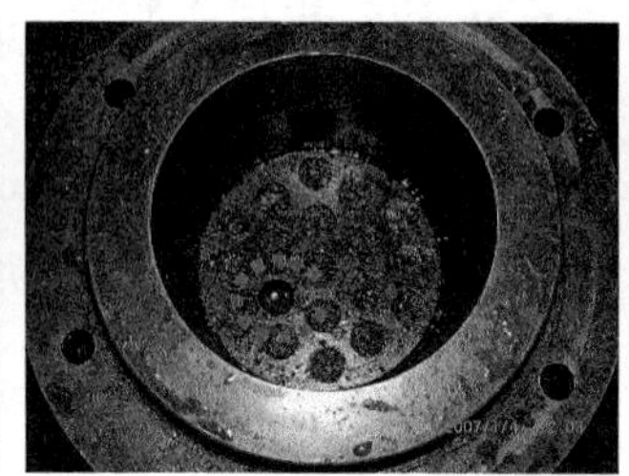
(b)第二种突水通道

(c)第三种突水通道

图 7-23　渗流失稳通道类型

第一种突水通道较多见，破碎泥岩形成的结实体似胶结状态，堵水性良好，压力水很难沿柱体直接渗入，而阻力最小的通道为岩样外圆柱面与渗透仪腔壁接触处。一旦动水渗入通道，在水流的楔劈、扩大作用下，细小颗粒被携带、迁移而流失，通道进一步扩大，水流携带能力进一步加强，颗粒流失量进一步增多，直至试样沿该通道发生渗流失稳。

第二种在柱体内形成贯通管洞的突水通道多见于高渗透压力作用的情况。柱体内存在小颗粒充填不密实的薄弱区域，高压水流以动荷方式作用于柱体孔隙，薄弱区域在高压水流的顶劈作用下，透水孔隙逐渐张开，泥质物被潜蚀带走，导致孔隙的透水性不断增强，进而少量细小颗粒被水流携带迁移，孔隙透水性进一步得到加强。一旦贯通性突水通道形成，就以冲刷方式将动水切入柱体，大量颗粒随水流迁移流失，水流便可沿着由该薄弱区扩展形成的贯通性管洞向上突出，变成水向上越流的管道，柱体以极快的速度遭受冲刷，原来起堵水作用的颗粒可在极短的时间内失效。

第一种和第二种突水通道形成的过程中，试样发生渗流剧变，动压效果很明显，渗透仪腔体内部会发出声响，并伴随着缸筒振动，部分 0 ~ 8mm 粒径的颗粒从溢水筒喷溅出来，引起渗流失稳。

第三种由若干条细小的管洞组成的突水通道多见于低级粒径（0 ~ 8mm）含量非常高的试样。柱体内部细小颗粒互相接触，颗粒处于松散状态，犹如散沙自由堆积，在渗透水压力的作用下，试样内部很快形成“筛网状”突水通道，此时试样的渗流形式更接近 Darcy 流。这类突水通道引起的渗流失稳，其失稳时长一般较短，大量颗粒随水流迁移流失后，短时间内会观察到柱体整体下沉。

7.4　本 章 小 结

本章利用注射器式渗透方式为试样底部提供持续稳定的水压力，考虑试样的 Talbol 幂指数、初始孔隙度和渗透压差（压力梯度）三个影响因素，完成了伴随质量流失的破碎泥岩流动形态转变试验，获得了试样发生渗流失稳前后的水压力和流量的时变曲线，并得到了渗流失稳时长、流失质量和质量流失率等参数随三个影响因素的变化规律，得到如下主要结论。

（1）不同 Talbol 幂指数、不同初始孔隙度和不同压力梯度下破碎泥岩的渗流失稳都经历了不同时间长短的初始渗流阶段后发生渗流剧变。初始渗流阶段试样的压力梯度根据试验方案值基本控制在 5% 的误差范围内，渗流速度随着 Talbol 幂指数、压力梯度和初始孔隙度的减小而变慢。渗流剧变时，压力梯度突然降低，渗流速度急剧增大；Talbol 幂指数越小、渗透压差越大、初始孔隙度越小，压力梯度降低的幅度越大，而渗流速度增大的幅度除了受 Talbol 幂指数、压力梯度和初始孔隙度等影响外，主要还依赖于水源的供给能力。

（2）当试样的初始高度为定值时，Talbol 幂指数和渗透压差对失稳时长、流失质量和质量流失率的影响表现为：①同一 Talbol 幂指数下，试样渗流失稳时长随压力梯度的增加而变短，降幅最大的是 $n=0.3$ 试样，降幅最小的是 $n=0.8$ 试样；随着压力梯度增加，除了 $n=0.3$ 和 $n=0.4$ 试样的流失质量小幅减小外，其余配比的流失质量均增加；质量流失率随着压力梯度的增加而增加，在压力梯度的各个增长阶段，各配比质量流失率的增幅不尽相同。②同一压力梯度下，渗流失稳时长最长的是 $n=0.5$ 试样，最短的是 $n=0.1$ 试样；流失质量基本上随 Talbol 幂指数增大而减少（除了 $G_p=25\text{MPa/m}$ 时，$n=0.1$ 试样少于 $n=0.2$、$n=0.3$ 和 $n=0.4$ 试样）；质量流失率受压力梯度大小的影响，不随 Talbol 幂指数单调变化。

（3）当试样的渗透压差为定值时，Talbol 幂指数和试样初始高度对失稳时长、流失质量和质量流失率的影响表现为：①同一 Talbol 幂指数下，失稳时长随压力梯度的增加，$n=0.1\sim0.5$ 试样变长，而 $n=0.6\sim1.0$ 试样变短，其中 $n=0.5$ 试样在 $G_p=25\text{MPa/m}$ 时最长，最短的是 $n=0.1$ 试样在 $G_p=23.81\text{MPa/m}$ 时；流失质量随压力梯度的减小而增加，在压力梯度减小的各阶段，$n=0.1$ 试样的流失质量增幅均最大；质量流失率随压力梯度的减小，$n=0.1\sim0.5$ 试样的升高，而$n=0.6\sim1.0$ 试样的反而降低，各种配比试样的质量流失率随压力梯度的变化趋势主要受失稳时长的影响，而变化幅度同时又受流失质量的影响。②同一压力梯度下，$n=0.1\sim0.5$ 试样的失稳时长随 Talbol 幂指数的减小而变短；而 $n=0.6\sim1.0$ 试样受压力梯度大小影响，在 $G_p=23.81\text{MPa/m}$ 时，随着 Talbol 幂指数的减小而变短；在 $G_p=25\text{MPa/m}$ 和 $G_p=24.39\text{MPa/m}$ 时，随着 Talbol 幂指数的减小反而变长；流失质量随压力梯度值不同，其变化规律不一致；在各级压力梯度下，质量流失率随 Talbol 幂指数增大而减小，随着压力梯度的减小，$n=0.1\sim0.5$ 试样时，质量流失率量级变大，而 $n=0.6\sim1.0$ 试样时量级变小。

（4）当试样的配比一定时，试样初始高度和渗透压差对失稳时长、流失质量和质量流失率的影响表现为：①同一初始孔隙度下，渗流失稳时长随压力梯度的增大而变短；流失质量随着压力梯度的升高而增多，增幅随着初始孔隙度的增大而减小；质量流失率随压力梯度的升高而增大，增幅随着初始孔隙度的增大而变小。②同一渗透压差（压力梯度）下，渗流失稳时长随初始孔隙度的增大而变短，压力梯度越大，失稳时长的降幅越小；流失质量随着初始孔隙度的增大而增多，增幅随着压力梯度的升高而减小；质量流失率随初始孔隙度的增大而增大，增幅随着压力梯度的升高而减小。

（5）考虑了破碎泥岩的 Talbol 幂指数、初始高度和渗透压差的综合影响，通过三种方案，给出了由 Talbol 幂指数、初始孔隙度和压力梯度表示的渗流失稳时长 T、流失质量 m_p和质量流失率 m_p'的函数表达式，建立了破碎泥岩流动形态转变的条件。

（6）质量流失是引发破碎岩体渗流失稳的内因，压力梯度是失稳的外因；结合伴随质量迁移的破碎岩石质量流失机理，解释了伴随质量流失的破碎泥岩渗流失稳机理；当质量流失发展到一定阶段，孔隙结构失去稳定性，形成突水通道，液体的流动形态发生变化（由渗流转变为管流），渗流失去稳定性，即发生突水。

（7）将渗流失稳时的突水通道分为三种，分别为位于岩样外圆柱面的不规则管洞、位于岩样内部的不规则管洞、位于岩样内部的若干条细小的管洞；突水通道类型不同，引起的失稳时长和流失质量不同，而且表现出来的动压效果也不同。

第8章 伴随质量流失的破碎岩体渗流系统动力学模型

渗透与渗流是两个不同的概念[217]，渗透是液体或气体在多孔介质（孔隙介质或裂隙介质）中的流动，而渗流是基于连续介质假设的一种概化流动。通俗地讲，渗透是实际的、复杂的流动；渗流是理想的、简化的流动。

渗透试验只能研究材料（破碎岩石）的渗透性能，而工程实践要求研究结构（破碎岩体）的渗流问题。在渗透试验中，岩样的孔隙度被认为是各点相同的，而在岩体渗流中，各点孔隙度及质量流失率、渗透率、非 Darcy 流 β 因子和加速度系数是空间位置的连续函数。因此，需要对渗透试验进行延伸研究，形成伴随质量流失的破碎岩体渗流系统动力学理论模型。

根据第5章和第6章的研究结果，伴随质量流失的破碎岩石渗透过程中液体动量守恒方程是非线性的，而且质量流失率、孔隙度、渗透率、非 Darcy 流 β 因子和加速度系数都随时间变化。因此，非线性和参量时变是伴随质量流失的破碎岩石渗透的根本特征。运用连续介质力学方法研究伴随质量流失的破碎岩石渗透行为，即应用渗流力学研究伴随质量流失的破碎岩石渗透现象时，应考虑非线性和参量时变的特征。

本章在伴随质量流失的破碎岩石加速渗透试验的基础上，运用连续介质力学的理论和方法，建立一种参变的伴随质量流失的破碎岩体非线性动力学模型。

8.1 破碎岩体渗流动力学模型概述

关于破碎岩体的渗流，人们最早研究稳态 Darcy 渗流，继而研究稳态非 Darcy 渗流、非稳态 Darcy 渗流和非稳态非 Darcy 渗流。文献［91］为了从渗流失稳的视角研究突水过程，建立了一种破碎岩体非线性、非稳态渗流的动力学模型，即

$$\begin{cases}\dfrac{\partial p}{\partial t}=-\dfrac{1}{\varphi_0 c_{\mathrm{t}}}\dfrac{\partial V}{\partial x}\\[2ex]\dfrac{\partial V}{\partial t}=-\dfrac{1}{m_0 c_{\mathrm{a}}}\left[\dfrac{\partial p}{\partial x}+\dfrac{\mu}{k}V+m_0\beta V^2+m_0 g\right]\end{cases}\tag{8-1}$$

式中，t 为时间；x 为空间坐标（一般以渗流方向为正向）；p 为流体压力；V 为渗流速度；m_0 为流体质量密度的初始值；μ 为液体的动力黏度；g 为重力加速度；φ_0 为破碎岩体孔隙度的初始值；k、β 和 c_{a} 分别为破碎岩体的渗透率、非

Darcy 流 β 因子和加速度系数；c_t 为综合压缩系数。该模型可用来研究渗透参量变化引起的系统拓扑结构变化（分岔），但未考虑破碎岩体的质量流失引起的孔隙度、渗透率、非 Darcy 流 β 因子和加速度系数的时变。

考虑质量变化的破碎岩体渗流行为研究刚刚起步。文献［94］在应用塞子模型研究陷落柱突水机理时，建立了一种考虑质量变化的破碎岩体非 Darcy 流动力学模型，并对渗流场进行了数值模拟。在该文献中，人为给定了质量变化率，其表达式为

$$q_p=\begin{cases}\eta\dfrac{m_0(\varphi_0-\varphi_c)}{T} & t\leqslant T\\ 0 & t>T\end{cases} \tag{8-2}$$

式中，q_p 为质量变化率，kg/(s · m^3)；T 为质量变化的时间；m_0 为质量变化的开始时刻质量密度；φ_c 为破碎岩石颗粒的孔隙度；η 为反映总质量变化量的无量纲量。该模型通过无量纲量 η 表征了质量的各种变化方式，但未分析破碎岩体质量流失的机制，也没有讨论质量流失率的影响因素，更没有给出质量流失率随各种影响因素变化的关系式。

文献［95］考虑了破碎岩体渗流过程中的颗粒迁移行为，建立了一种破碎岩体变形–水渗流耦合动力学模型。在此模型中，孔隙度演化方程为

$$\frac{\partial\varphi}{\partial t}=\lambda(\varphi_{\max}-\varphi)\ \ Cq_f \tag{8-3}$$

式中，λ 为溶蚀系数，m^{-1}；$\varphi_{\max}$ 为最大孔隙度；C 为孔隙流体中颗粒的体积分数；q_f 为流体渗流速度。破碎岩体渗透率为孔隙度的有理分式函数，即

$$k=k_0\left(\frac{\varphi}{\varphi_0}\right)^3\left(\frac{1-\varphi_0}{1-\varphi}\right)^2 \tag{8-4}$$

文献［95］考虑了含沙量、骨架和充填物配比、轴向应力等因素对质量流失率的影响，但未在液体动量守恒方程中引入非线性项（$m\beta V^2$）。

本章在试验的基础上，考虑破碎岩体由于质量流失引起的孔隙度、渗透率、非 Darcy 流 β 因子和加速度系数等参数的时变，建立一种伴随质量流失的破碎岩体非稳态非 Darcy 渗流动力学模型。

8.2 质量守恒方程

本章采用物质描述法讨论伴随质量流失的破碎岩体渗流过程中固体微元和液体微元的质量守恒关系。

在破碎岩体中截取微元 $\delta\Omega$，记孔隙度为 φ，则固体微元和液体微元的体积分别为 $\delta\Omega_s=(1-\varphi)\delta\Omega$ 和 $\delta\Omega_l=\varphi\delta\Omega$。

先考虑固体微元的质量守恒关系。记固体的质量密度为 m，则表观毛密度为

$$\rho_s=(1-\varphi)m \tag{8-5}$$

记固体微元的体积 $\delta\Omega_s$，则质量为

$$\delta M_s=\rho_s\delta\Omega=m\delta\Omega_s \tag{8-6}$$

显然，固体微元的体积不随时间变化，而质量随孔隙度变化。

记质量流失率（单位时间单位体积破碎岩体的质量流失量）为 q，则在时间 $\mathrm{d}t$ 内微元 $\delta\Omega_s$ 中质量流失量为 $q\delta\Omega\mathrm{d}t$。由于微元质量随时间连续变化，故微元在时刻 $t+\mathrm{d}t$ 的质量为

$$\left(\rho_s+\frac{\partial\rho_s}{\partial t}\mathrm{d}t\right)\delta\Omega \tag{8-7}$$

根据质量守恒定律，时刻 $t+\mathrm{d}t$ 微元 $\delta\Omega_s$ 中的质量加在时间 $\mathrm{d}t$ 内微元 $\delta\Omega_s$ 中流失质量等于时刻 t 微元 $\delta\Omega_s$ 中的质量，故有

$$\left(\rho_s+\frac{\partial\rho_s}{\partial t}\mathrm{d}t\right)\delta\Omega+q\delta\Omega\mathrm{d}t=\rho_s\delta\Omega \tag{8-8}$$

简化式（8-8），得到：

$$\frac{\partial\rho_s}{\partial t}=-q \tag{8-9}$$

将式（8-5）代入式（8-9），得到：

$$\frac{\partial\varphi}{\partial t}=\frac{q}{m} \tag{8-10}$$

式（8-10）是固体介质的质量守恒方程。

考虑液体微元的质量守恒关系。记液体的质量密度为 ρ_1，液体微元 $\delta\Omega_1$ 的质量为 $\delta M_1=\rho_1\delta\Omega_1=\rho_1\varphi\delta\Omega$，由于流动是无源的，故有

$$\frac{D}{Dt}(\rho_1\varphi\delta\Omega)=0 \tag{8-11}$$

展开式（8-11），得到：

$$\frac{D(\rho_1\varphi)}{Dt}\delta\Omega+\rho_1\varphi\frac{D}{Dt}(\delta\Omega)=0 \tag{8-12}$$

记液体质点速度为 v，根据连续介质力学理论，液体微元的物质导数为

$$\frac{D}{Dt}\delta\Omega_1=\frac{\partial v}{\partial x}\delta\Omega_1 \tag{8-13}$$

将式（8-13）代入式（8-12），得到：

$$\frac{D(\varphi\rho_1)}{Dt}+\varphi\rho_1\frac{\partial v}{\partial x}=0 \tag{8-14}$$

利用物质导数与当地导数的关系：

$$\frac{D}{Dt}(\varphi\rho_1)=\frac{\partial(\varphi\rho_1)}{\partial t}+v\frac{\partial(\varphi\rho_1)}{\partial x} \tag{8-15}$$

可将式（8-14）变形为

$$\frac{\partial(\varphi\rho_1)}{\partial t}+\frac{\partial(\rho_1\varphi v)}{\partial x}=0 \tag{8-16}$$

利用 Depuit-Forchheimer 运动学关系：

$$V=\varphi v \tag{8-17}$$

可将式（8-16）变形为

$$\frac{\partial(\varphi\rho_1)}{\partial t}+\frac{\partial(\rho_1 V)}{\partial x}=0 \tag{8-18}$$

式（8-18）就是液体的质量守恒方程。

水在渗流过程中质量密度变化很小，故式（8-18）可简化为

$$\frac{\partial\varphi}{\partial t}+\frac{\partial V}{\partial x}=0 \tag{8-19}$$

8.3　动量守恒方程

根据第 4 章结果，水在破碎岩体中的流动过程服从 Forchheimer 关系，即

$$\rho_1 c_a\frac{\partial V}{\partial t}=-\frac{\partial p}{\partial x}-\frac{\mu}{k}V-\rho_1\beta V^2 \tag{8-20}$$

式中，k 为破碎岩体渗透率；β 为非 Darcy 流 β 因子；c_a 为加速度系数。破碎岩体渗流过程中，由质量流失引起孔隙度随时间变化，故渗透性参量 k、β、c_a 随时间变化，并且变化规律受到岩性、Talbol 幂指数、初始孔隙度和压力梯度等多种因素的影响。

8.4　辅 助 方 程

液体质量守恒方程、固体质量守恒方程和液体动量守恒方程共同构成破碎岩体渗流系统的基本方程。为了实现伴随质量流失的破碎岩体系统方程组的封闭性，除了基本的质量守恒方程和动量守恒方程外，还需要补充一些辅助方程。

1）破碎岩体的孔隙压缩方程

破碎岩体的孔隙压缩性大小用孔隙压缩系数描述，孔隙压缩系数定义为

$$c_\varphi=\frac{1}{\varphi}\frac{\mathrm{d}\varphi}{\mathrm{d}p} \tag{8-21}$$

对式（8-21）积分，得到：

$$\varphi=\varphi_{p_0}\mathrm{e}^{c_\varphi(p-p_0)} \tag{8-22}$$

当 $c_\varphi(p-p_0)\ll 1$ 时，式（8-22）可简化为

$$\varphi=\varphi_{p_0}\left[1+c_\varphi(p-p_0)\right] \tag{8-23}$$

2）流体压缩方程

流体的压缩性大小通常用流体压缩系数或体积弹性模量来描述，流体压缩系数的定义为

$$c_1=\frac{1}{\rho_1}\frac{\mathrm{d}\rho_1}{\mathrm{d}p} \tag{8-24}$$

对式（8-24）积分，得到：

$$\rho_1=\rho_1^{p_0}\mathrm{e}^{c_1(p-p_0)} \tag{8-25}$$

当 $c_1(p-p_0)\ll 1$ 时，式（8-25）可简化为

$$\rho_1=\rho_1^{p_0}\left[1+c_1(p-p_0)\right] \tag{8-26}$$

将式（8-23）与式（8-26）相乘，得到：

$$\rho_1\varphi=\rho_1^{p_0}\varphi_{p_0}\left[1+c_t(p-p_0)\right] \tag{8-27}$$

式中，$c_t=c_\varphi+c_1$ 称为综合压缩系数[221]。

对式（8-27）求导，得到：

$$\frac{\partial(\rho_1\varphi)}{\partial t}=\rho_1^{p_0}\varphi_{p_0}c_t\frac{\partial p}{\partial t} \tag{8-28}$$

将式（8-28）代入式（8-18），得到：

$$\rho_1^{p_0}\varphi_{p_0}c_t\frac{\partial p}{\partial t}+\frac{\partial(\rho_1 V)}{\partial x}=0 \tag{8-29}$$

或

$$\frac{\partial p}{\partial t}=-\frac{1}{\rho_1^{p_0}\varphi_{p_0}c_t}\frac{\partial(\rho_1 V)}{\partial x} \tag{8-30}$$

考虑到水的压缩性很小，故可认为 $\rho_1=\rho_1^{p_0}$，式（8-30）可简化为

$$\frac{\partial p}{\partial t}=-\frac{1}{\varphi_{p_0}c_t}\frac{\partial}{\partial x}V \tag{8-31}$$

3）渗透性参量与孔隙度的关系

根据第 6 章结果，破碎岩体渗透率、非 Darcy 流 β 因子和加速度系数都可表示为孔隙度的幂指数函数，即

$$k=k_r\left(\frac{\varphi}{\varphi_r}\right)^{\lambda_k} \tag{8-32}$$

$$\beta=\beta_r\left(\frac{\varphi}{\varphi_r}\right)^{\lambda_\beta} \tag{8-33}$$

$$c_{\mathrm{a}}=c_{\mathrm{ar}}\left(\frac{\varphi}{\varphi_{\mathrm{r}}}\right)^{\lambda_c} \tag{8-34}$$

式中，φ_{r} 为孔隙度的参考值；k_{r}、β_{r}、c_{ar}、λ_k、λ_β 和 λ_c 分别对应于孔隙度参考值的渗透率、非 Darcy 流 β 因子、加速度系数、幂指数参考值，均由岩性、初始孔隙度、Talbol 幂指数等决定。

4）质量流失率与孔隙度的关系

根据伴随质量流失的破碎岩石加速渗透试验的测试分析结果，单位时间单位体积破碎岩石的质量流失率 q 与孔隙度和时间的关系见式（6-1）。由于在加速试验中，试样的压力梯度远大于实际岩体的压力梯度，故需要对加速试验中的质量流失率换算成实际岩体的质量流失率，即将式（6-1）进行修正。

修正质量流失率计算公式的思路是考虑加速因子：

$$f=\frac{G_{\mathrm{p}}^{\mathrm{spec}}}{G_{\mathrm{p}}^{\mathrm{rock}}} \tag{8-35}$$

对 C_1、C_2、χ_1、χ_2 的影响。根据第 5 章加速渗透试验的测试结果，加速因子 f 对 C_1、C_2 的影响显著，对 χ_1、χ_2 影响甚微。由于实际岩体质量流失过程长达几天到几个月，人力、财力和物力都不允许，故只能从质量流失机理分析入手建立岩体 C_1^{prot}、C_2^{prot} 与岩样 C_1、C_2 的关系。我们将试验结果外推，给出如下关系式：

$$\begin{aligned} C_1^{\mathrm{prot}} &= C_1 f^{\nu_1} \\ C_2^{\mathrm{prot}} &= C_2 f^{\nu_2} \end{aligned} \tag{8-36}$$

式中，幂指数 ν_1 和 ν_2 取决于 Talbol 幂指数 n 和初始孔隙度 φ_0，可参考第 5 章试验结果确定，则实际岩体的质量流失率修正为

$$q=C_1^{\mathrm{prot}}\varphi \mathrm{e}^{-\chi_1 t}+C_2^{\mathrm{prot}}(\varphi_{\mathrm{stable}}-\varphi)(1-\mathrm{e}^{-\chi_2 t}) \tag{8-37}$$

8.5　动力学模型

伴随质量流失的破碎岩体渗流系统动力学模型由控制方程（组）与定解条件（边界条件和初始条件）构成。

8.5.1　控制方程（组）

式（8-10）、式（8-20）、式（8-30）、式（8-32）~式（8-34）和式（8-37）构成了求解压力 p、渗流速度 V、孔隙度 φ、质量流失率 q、渗透率 k、非 Darcy 流 β 因子 β 和加速度系数 c_{a} 的封闭方程组，将这些方程式合写在一起，得到：

$$\begin{cases}\rho_1 c_{\mathrm{a}}\dfrac{\partial V}{\partial t}=-\dfrac{\partial p}{\partial x}-\dfrac{\mu}{k}V-\rho_1\beta V^2\\ \dfrac{\partial p}{\partial t}=-\dfrac{1}{\rho_1^{p_0}\varphi_{p_0}c_{\mathrm{t}}}\dfrac{\partial(\rho_1 V)}{\partial x}\\ \dfrac{\partial\varphi}{\partial t}=\dfrac{q}{m}\\ q=C_1^{\mathrm{prot}}\varphi\mathrm{e}^{-\chi_1 t}+C_2^{\mathrm{prot}}(\varphi_{\mathrm{stable}}-\varphi)(1-\mathrm{e}^{-\chi_2 t})\\ k=k_{\mathrm{r}}\left(\dfrac{\varphi}{\varphi_{\mathrm{r}}}\right)^{\lambda_k}\\ \beta=\beta_{\mathrm{r}}\left(\dfrac{\varphi}{\varphi_{\mathrm{r}}}\right)^{\lambda_\beta}\\ c_{\mathrm{a}}=c_{\mathrm{ar}}\left(\dfrac{\varphi}{\varphi_{\mathrm{r}}}\right)^{\lambda_c}\end{cases}\tag{8-38}$$

式（8-38）便是伴随质量流失的破碎岩体渗流系统的控制方程（组）。

8.5.2　定解条件

系统的定解条件包括边界条件和初始条件。

系统的边界条件包括压力边界条件和渗流速度边界条件，根据实际问题给出。对于图 8-1 所示的一维渗流系统，可以建立如下的定解条件。

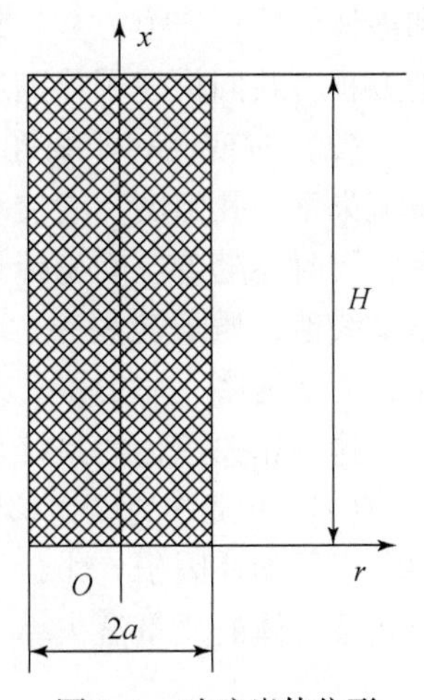

图 8-1　破碎岩体位形

（1）压力边界条件，通常给出岩体顶部和底部的压力：

$$\begin{cases}p|_{x=0}=p_{\mathrm{base}}\\ p|_{x=H}=p_{\mathrm{top}}\end{cases}\tag{8-39}$$

式中，p_{top}和p_{base}分别为岩体顶部和底部的压力。

（2）渗流速度边界条件，给出边界的渗流速度：

$$\begin{cases}V|_{x=0}=\Psi_V^{\mathrm{base}}(t)\\ V|_{x=H}=\Psi_V^{\mathrm{top}}(t)\end{cases}\tag{8-40}$$

或给出渗流速度对坐标的偏导数：

$$\begin{cases}\left.\dfrac{\partial V}{\partial x}\right|_{x=0}=\zeta_V^{\mathrm{base}}(t)\\ \left.\dfrac{\partial V}{\partial x}\right|_{x=H}=\zeta_V^{\mathrm{top}}(t)\end{cases}\tag{8-41}$$

式中，$\Psi_V^{\mathrm{top}}(t)$ 和 $\Psi_V^{\mathrm{base}}(t)$ 分别为岩体顶部和底部的渗流速度；$\zeta_V^{\mathrm{top}}(t)$ 和 $\zeta_V^{\mathrm{base}}(t)$ 分别为岩体顶部和底部的渗流速度对坐标的偏导数。

系统的初始条件包括孔隙度、压力和渗流速度的初始值。

1）初始孔隙度：

$$\varphi|_{t=0}=f_{\varphi}(x) \tag{8-42}$$

式中，$f_{\varphi}(x)$ 为给定的岩体初始孔隙度。

2）初始渗流速度：

$$V|_{t=0}=f_{V}(x) \tag{8-43}$$

式中，$f_{V}(x)$ 为给定的岩体初始渗流速度。

3）初始压力：

$$p|_{t=0}=f_{p}(x) \tag{8-44}$$

式中，$f_{p}(x)$ 为给定的岩体初始压力。

8.6　本章小结

本章在伴随质量流失的破碎岩石加速渗透试验研究的基础上，应用连续介质力学方法，从理论上探讨了伴随质量流失的破碎岩体的渗流行为，得到如下主要结论。

（1）采用物质描述法分别建立了伴随质量流失的破碎岩体渗流过程中固体和液体的质量守恒方程；结合 Forchheimer 关系式表达的动量守恒方程和一些辅助方程，共同构建了伴随质量流失的破碎岩体渗流系统动力学模型。

（2）时变性和非线性是该动力学系统的两大特点。时变性直观地表现在质量流失率、孔隙度、渗透率、非 Darcy 流 β 因子和加速度系数等参数用时间来表示，同时还随着空间坐标 x 变化。破碎岩体中渗流的非 Darcy 流性质直观地表现出非线性；质量流失率、渗透率、非 Darcy 流 β 因子和加速度系数随孔隙度变化，而渗透率、非 Darcy 流 β 因子和加速度系数又与渗流速度及水压具有密切联系，这种相关性也使系统表现出明显的非线性。

（3）由试样的压力梯度 $G_{\mathrm{p}}^{\mathrm{spec}}$ 和实际岩体的压力梯度 $G_{\mathrm{p}}^{\mathrm{rock}}$ 定义了加速因子 f，并考虑了加速因子 f 对 C_1、C_2、χ_1、χ_2 的影响，将加速试验中的质量流失率修正成实际岩体的质量流失率。

第9章　伴随质量流失的破碎岩体渗流系统响应计算方法设计

本章利用快速 Lagrange 分析的方法设计伴随质量流失的破碎岩体渗流系统响应计算方法。快速 Lagrange 分析的方法，也称动态松弛方法，其原理是将连续介质离散为 Lagrange 网格，将静力学问题形式上转换为动力学问题，系统的平衡状态通过质点运动达到，即当所有质点的不平衡力等于零时，系统静止。将固体变形分析的动态松弛方法应用于伴随质量流失的破碎岩体渗流系统响应计算，需要进行两点改进：一是将静力学问题推广到动力学问题；二是将变形运动推广到渗流动力学问题。为此，需要构造针对性的响应计算方法。

9.1　变量间相互关系

第8章给出的伴随质量流失的破碎岩体渗流系统动力学模型不能完全反映系统中各种变量之间复杂的关系，因为系统控制参量 k_{r}、β_{r}、c_{ar}、λ_k、λ_β、λ_c、C_1、C_2、χ_1、χ_2 需要通过试验来确定。这里将第8章和第6章的内容综合起来，利用框图的形式表达变量之间的关系，如图9-1所示。

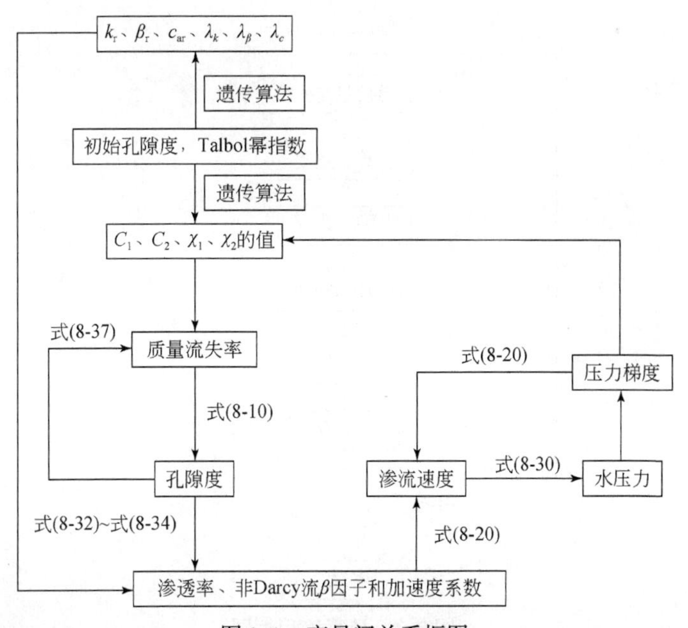

图9-1　变量间关系框图

9.2 计算流程

根据图 9-1 可以设计出计算流程框图，如图 9-2 所示。

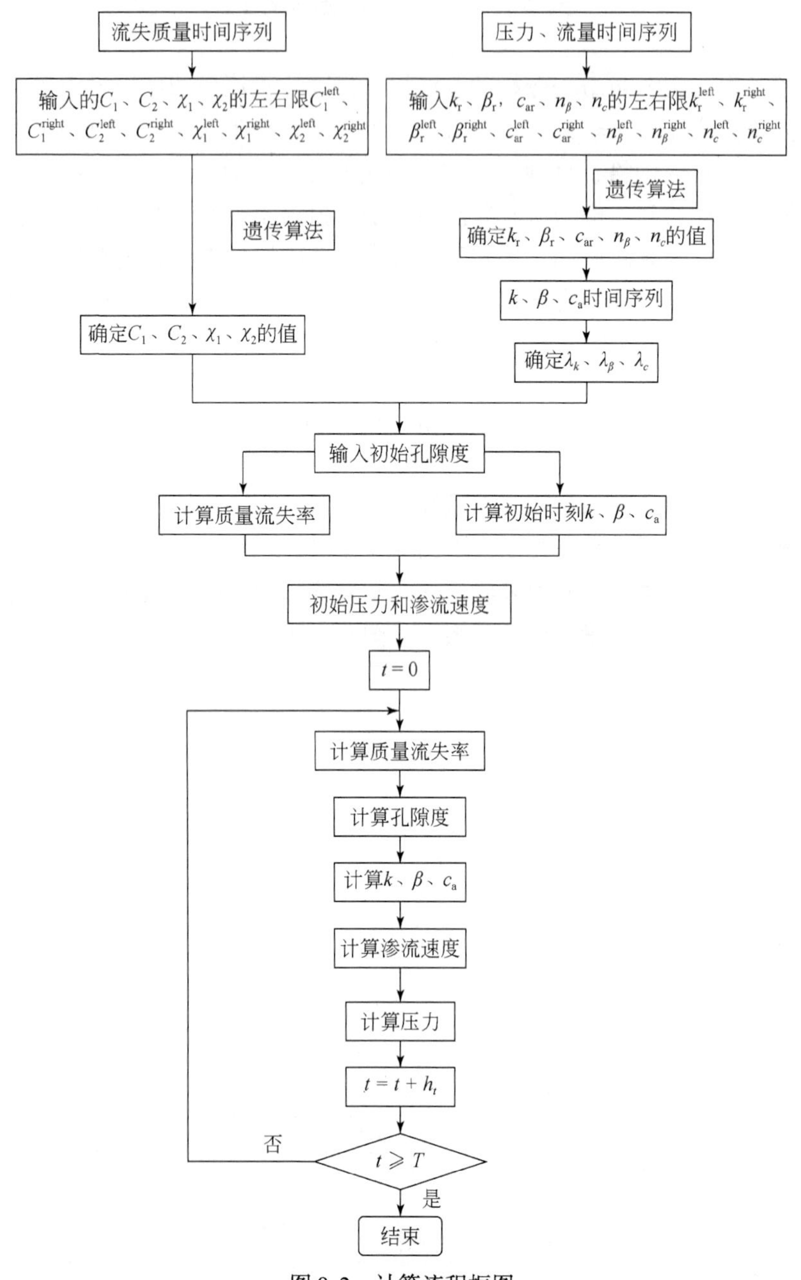

图 9-2　计算流程框图

9.3　单元划分与物理量的表示方法

将岩体分为 N 个长度相等或不等的单元，单元编号为 $i(i=1,2,\cdots,N)$。每个单元左右各有一个节点，而相邻单元间有一公共节点，故节点个数为 $N+1$，如图9-3所示。记节点坐标为 $x_i(i=1,2,\cdots,N+1)$，则单元 $i(i=1,2,\cdots,N)$ 的位形可用区间 $[x_i, x_{i+1}]$ 表示。

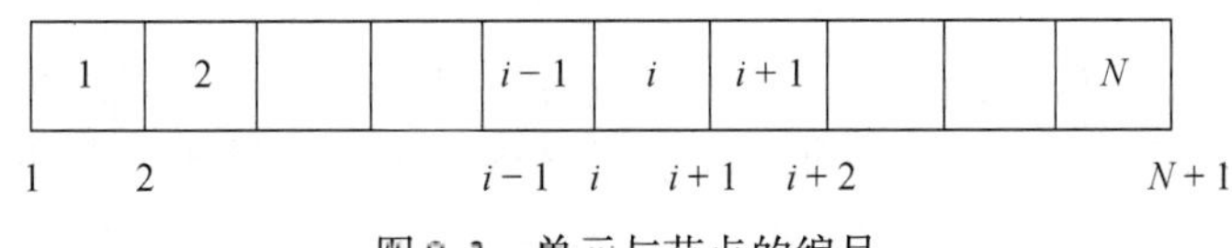

图9-3　单元与节点的编号

节点物理量用核标和上、下标表示，核标用圆括弧“( )”括起来，下标表示节点位置（序号），上标表示时刻。下面我们以加速度系数 c_a 为例，说明物理量的表示方法。设从时刻 $t_0=0$ 开始计算系统的响应，时间步长为 τ，则时刻 $t_i=i\tau(i=1,2,3,\cdots)$，节点 $j(j=1,2,3,\cdots,N+1)$ 处的加速度系数可用核标 (c_a)、下标 j 和上标 t_i 来完整地表达出来，即 $(c_a)_j^{t_i}$。

单元上物理量与节点物理量表示方法基本相同，只不过单元 j 编号范围为 $j=1,2,3,\cdots,N$，例如，时刻 $t_i=i\tau(i=1,2,3,\cdots)$，单元 $j(j=1,2,3,\cdots,N)$ 上的渗流速度梯度（渗流速度对坐标的偏导数）可以表示为

$$\left(\frac{\partial V}{\partial x}\right)_j^{t_i}=\frac{(V)_{j+1}^{t_i}-(V)_j^{t_i}}{x_{j+1}-x_j}。\tag{9-1}$$

9.4　单元物理量计算方法

单元上物理量计算方法比较简单，这是因为每一单元都有左右两个端点，故各单元的物理量计算格式完全相同。

每个单元 i（$i=1,2,\cdots,N$）具有两个节点，左节点编号为 i，右节点编号为（$i+1$），下面讨论两类物理量的算法：第一类物理量形如 $\frac{\partial w}{\partial x}$，第二类物理量形如 ϕ。对于第一类物理量，我们用差分代替偏导数，算法为

$$\left(\frac{\partial w}{\partial x}\right)_i^{t_j}=\frac{(w)_{i+1}^{t_j}-(w)_i^{t_j}}{x_{i+1}-x_i}\quad(i=1,2,\cdots,N)\tag{9-2}$$

第二类物理量按左、右节点的平均值计算，算法为

$$(\phi_e)_i^{t_j}=\frac{(\phi)_{i+1}^{t_j}+(\phi)_i^{t_j}}{2}\quad(i=1,2,\cdots,N)\tag{9-3}$$

式中，下标 e 表示单元物理量。在下面的算法表达式中，单元上渗透率、非 Darcy 流 β 因子、加速度系数等物理量均采用下标 e 做标识。

时刻 $t_j=i\tau(i=1,2,3,\cdots)$，单元 $j(j=1,2,3,\cdots,N)$ 上渗流速度梯度和压力梯度计算格式分别为

$$\left(\frac{\partial V}{\partial x}\right)_i^{t_j}=\frac{(V)_{i+1}^{t_j}-(V)_i^{t_j}}{x_{i+1}-x_i}\quad(i=1,2,\cdots,N)\tag{9-4}$$

$$\left(\frac{\partial p}{\partial x}\right)_i^{t_j}=\frac{(p)_{i+1}^{t_j}-(p)_i^{t_j}}{x_{i+1}-x_i}\quad(i=1,2,\cdots,N)\tag{9-5}$$

时刻 $t_j=i\tau(i=1,2,3,\cdots)$，单元 $j(j=1,2,3,\cdots,N)$ 上的质量流失率、孔隙度、渗流速度、渗透率、非 Darcy 流 β 因子、加速度系数等的计算格式分别为

$$(q_{\rm e})_i^{t_j}=\frac{(q)_{i+1}^{t_j}+(q)_i^{t_j}}{2}\quad(i=1,2,\cdots,N)\tag{9-6}$$

$$(\varphi_{\rm e})_i^{t_j}=\frac{(\varphi)_{i+1}^{t_j}+(\varphi)_i^{t_j}}{2}\quad(i=1,2,\cdots,N)\tag{9-7}$$

$$(V_{\rm e})_i^{t_j}=\frac{(V)_{i+1}^{t_j}+(V)_i^{t_j}}{2}\quad(i=1,2,\cdots,N)\tag{9-8}$$

$$(k_{\rm e})_i^{t_j}=\frac{(k)_{i+1}^{t_j}+(k)_i^{t_j}}{2}\quad(i=1,2,\cdots,N)\tag{9-9}$$

$$(\beta_{\rm e})_i^{t_j}=\frac{(\beta)_{i+1}^{t_j}+(\beta)_i^{t_j}}{2}\quad(i=1,2,\cdots,N)\tag{9-10}$$

$$(c_{\rm ae})_i^{t_j}=\frac{(c_{\rm a})_{i+1}^{t_j}+(c_{\rm a})_i^{t_j}}{2}\quad(i=1,2,\cdots,N)\tag{9-11}$$

$$\left(\frac{q_{\rm e}}{m}\right)_i^{t_j}=\frac{\left(\frac{q}{m}\right)_{i+1}^{t_j}+\left(\frac{q}{m}\right)_i^{t_j}}{2}\quad(i=1,2,\cdots,N)\tag{9-12}$$

9.5 节点物理量计算方法

节点物理量的计算首先需要将节点分类。编号为 1 的节点周围只有一个单元，其编号 1；编号为 $N+1$ 的节点周围也只有一个单元，其编号 N；编号为 $i(i=2,3,\cdots,N-1)$ 的节点周围都有两个单元，编号分别为（$i-1$）和 i。为了叙述方便，我们定义编号为 1 和 $N+1$ 的节点为边界节点，其他节点为内部节点。

9.5.1 压力的计算

压力的演化由式（8-30）描述，本章对其进行重新标号，即

$$\frac{\partial p}{\partial t}=-\frac{1}{\rho_1^{p_0}\varphi_{p_0}c_t}\frac{\partial\ (\rho_1 V)}{\partial x} \tag{9-13}$$

首先是内部节点压力的计算。对式(9-13)在区间$\left[\frac{x_i+x_{i-1}}{2},\ \frac{x_i+x_{i+1}}{2}\right]$上积分得到：

$$\left(\frac{\partial p}{\partial t}\right)_i^{t_j}\frac{x_{i+1}-x_{i-1}}{2}=-\frac{1}{\rho_1^{p_0}\varphi_{p_0}c_t}\left(\frac{\partial\rho_1 V}{\partial x}\right)_{i-1}^{t_j}\frac{x_i-x_{i-1}}{2}-\frac{1}{\rho_1^{p_0}\varphi_{p_0}c_t}\left(\frac{\partial\rho_1 V}{\partial x}\right)_i^{t_j}\frac{x_{i+1}-x_i}{2} \tag{9-14}$$

对于等距节点，式(9-14)可以简化为

$$\left(\frac{\partial p}{\partial t}\right)_i^{t_j}=-\frac{1}{2\rho_1^{p_0}\varphi_{p_0}c_t}\left[\left(\frac{\partial\rho_1 V}{\partial x}\right)_{i-1}^{t_j}+\left(\frac{\partial\rho_1 V}{\partial x}\right)_i^{t_j}\right] \tag{9-15}$$

再对时间积分一步，得到：

$$p_i^{t_{j+1}}=p_i^{t_j}-\frac{1}{2\rho_1^{p_0}\varphi_{p_0}c_t}\left[\left(\frac{\partial\rho_1 V}{\partial x}\right)_{i-1}^{t_j}+\left(\frac{\partial\rho_1 V}{\partial x}\right)_i^{t_j}\right]h_t \tag{9-16}$$

式中，h_t为时间积分步长。

其次是边界节点压力的计算。对式(9-13)在区间$\left[0,\ \frac{x_1+x_2}{2}\right]$上积分得到：

$$\left(\frac{\partial p}{\partial t}\right)_1^{t_j}=-\frac{1}{\rho_1^{p_0}\varphi_{p_0}c_t}\left(\frac{\partial\rho_1 V}{\partial x}\right)_1^{t_j} \tag{9-17}$$

再对时间积分一步，得到：

$$p_1^{t_{j+1}}=p_1^{t_j}-\frac{1}{\rho_1^{p_0}\varphi_{p_0}c_t}\left(\frac{\partial\rho_1 V}{\partial x}\right)_1^{t_j}h_t \tag{9-18}$$

对式(9-13)在区间$\left[\frac{x_N+x_{N+1}}{2},\ x_{N+1}\right]$上积分得到：

$$\left(\frac{\partial p}{\partial t}\right)_{N+1}^{t_j}=-\frac{1}{\rho_1^{p_0}\varphi_{p_0}c_t}\left(\frac{\partial\rho_1 V}{\partial x}\right)_N^{t_j} \tag{9-19}$$

再对时间积分一步，得到：

$$p_{N+1}^{t_{j+1}}=p_{N+1}^{t_j}-\frac{1}{\rho_1^{p_0}\varphi_{p_0}c_t}\left(\frac{\partial\rho_1 V}{\partial x}\right)_N^{t_j}h_t \tag{9-20}$$

若给定边界节点1和$N+1$的压力，则直接对边界节点的压力赋值。

9.5.2 渗流速度的计算

渗流速度的演化由式(8-20)描述，本章对其进行重新标号，即

$$\rho_1 c_a\frac{\partial V}{\partial t}=-\frac{\partial p}{\partial x}-\frac{\mu}{k}V-\rho_1\beta V^2 \tag{9-21}$$

首先是内部节点渗流速度的计算。对式（9-21）在区间$\left[\frac{x_i+x_{i-1}}{2}, \frac{x_i+x_{i+1}}{2}\right]$上积分，得到：

$$\left(\frac{\partial V}{\partial t}\right)_i^{t_j}\frac{x_{i+1}-x_{i-1}}{2}$$
$$=-\left[\frac{1}{\rho_1(c_{ae})_{i-1}^{t_j}}\left(\frac{\partial p}{\partial x}\right)_{i-1}^{t_j}+\frac{\mu}{\rho_1(c_{ae})_{i-1}^{t_j}(k_e)_{i-1}^{t_j}}(V_e)_{i-1}^{t_j}+\frac{(\beta_e)_{i-1}^{t_j}}{(c_{ae})_{i-1}^{t_j}}(V_e^2)_{i-1}^{t_j}\right]\frac{x_i-x_{i-1}}{2}$$
$$-\left[\frac{1}{\rho_1(c_{ae})_i^{t_j}}\left(\frac{\partial p}{\partial x}\right)_i^{t_j}+\frac{\mu}{\rho_1(c_{ae})_i^{t_j}(k_e)_i^{t_j}}(V_e)_i^{t_j}+\frac{(\beta_e)_i^{t_j}}{(c_{ae})_i^{t_j}}(V_e^2)_i^{t_j}\right]\frac{x_{i+1}-x_i}{2} \tag{9-22}$$

再对时间积分一步，得到：

$$(V)_i^{t_{j+1}}=(V)_i^{t_j}-$$
$$\left[\frac{1}{\rho_1(c_{ae})_{i-1}^{t_j}}\left(\frac{\partial p}{\partial x}\right)_{i-1}^{t_j}+\frac{\mu}{\rho_1(c_{ae})_{i-1}^{t_j}(k_e)_{i-1}^{t_j}}(V_e)_{i-1}^{t_j}+\frac{(\beta_e)_{i-1}^{t_j}}{(c_{ae})_{i-1}^{t_j}}(V_e^2)_{i-1}^{t_j}\right]\frac{x_i-x_{i-1}}{x_{i+1}-x_{i-1}}h_t$$
$$-\left[\frac{1}{\rho_1(c_{ae})_i^{t_j}}\left(\frac{\partial p}{\partial x}\right)_i^{t_j}+\frac{\mu}{\rho_1(c_{ae})_i^{t_j}(k_e)_i^{t_j}}(V_e)_i^{t_j}+\frac{(\beta_e)_i^{t_j}}{(c_{ae})_i^{t_j}}(V_e^2)_i^{t_j}\right]\frac{x_{i+1}-x_i}{x_{i+1}-x_{i-1}}h_t \tag{9-23}$$

其次是边界节点渗流速度的计算。对式（9-21）在区间$\left[0, \frac{x_1+x_2}{2}\right]$上积分，得到：

$$\left(\frac{\partial V}{\partial t}\right)_1^{t_j}=-\left[\frac{1}{\rho_1(c_{ae})_1^{t_j}}\left(\frac{\partial p}{\partial x}\right)_1^{t_j}+\frac{\mu}{\rho_1(c_{ae})_1^{t_j}(k_e)_1^{t_j}}(V_e)_1^{t_j}+\frac{(\beta_e)_1^{t_j}}{(c_{ae})_1^{t_j}}(V_e^2)_1^{t_j}\right] \tag{9-24}$$

再对时间积分一步，得到：

$$(V)_1^{t_{j+1}}=(V)_1^{t_j}-\left[\frac{1}{\rho_1(c_{ae})_1^{t_j}}\left(\frac{\partial p}{\partial x}\right)_1^{t_j}+\frac{\mu}{\rho_1(c_{ae})_1^{t_j}(k_e)_1^{t_j}}(V_e)_1^{t_j}+\frac{(\beta_e)_1^{t_j}}{(c_{ae})_1^{t_j}}(V_e^2)_1^{t_j}\right]h_t \tag{9-25}$$

对式（9-21）在区间$\left[\frac{x_N+x_{N+1}}{2}, x_{N+1}\right]$上积分，得到：

$$\left(\frac{\partial V}{\partial t}\right)_{N+1}^{t_j}=-\left[\frac{1}{\rho_1(c_{ae})_N^{t_j}}\left(\frac{\partial p}{\partial x}\right)_N^{t_j}+\frac{\mu}{\rho_1(c_{ae})_N^{t_j}(k_e)_N^{t_j}}(V_e)_N^{t_j}+\frac{(\beta_e)_N^{t_j}}{(c_{ae})_N^{t_j}}(V_e^2)_N^{t_j}\right] \tag{9-26}$$

再对时间积分一步，得到：

$$(V)_{N+1}^{t_{j+1}}=(V)_{N+1}^{t_j}-\left[\frac{1}{\rho_1(c_{ae})_N^{t_j}}\left(\frac{\partial p}{\partial x}\right)_N^{t_j}+\frac{\mu}{\rho_1(c_{ae})_N^{t_j}(k_e)_N^{t_j}}(V_e)_N^{t_j}+\frac{(\beta_e)_N^{t_j}}{(c_{ae})_N^{t_j}}(V_e^2)_N^{t_j}\right]h_t \tag{9-27}$$

若给定边界节点 1 和 N+1 的渗流速度，可直接对边界节点的渗流速度赋值。

9.5.3 质量流失率的计算

在第 8 章我们已经给出了实际岩体的质量流失率，并对其重新标号：

$$q=C_1^{\text{prot}}\varphi e^{-\chi_1^t}+C_2^{\text{prot}}(\varphi_{\text{stable}}-\varphi)(1-e^{-\chi_2^t}) \tag{9-28}$$

节点质量流失率的迭代格式可根据式（9-28）构造，即

$$(q)_i^{t_j}=C_1^{\text{prot}}\varphi_i^{t_j}e^{-\chi_1^t}+C_2^{\text{prot}}(\varphi_{\text{stable}}-\varphi_i^{t_j})(1-e^{-\chi_2^t})\quad(i=1,\ 2,\ \cdots,\ N+1) \tag{9-29}$$

9.5.4　孔隙度的计算

孔隙度的演化由式（8-10）描述，本章对其进行重新标号，即

$$\frac{\partial\varphi}{\partial t}=\frac{q}{m} \tag{9-30}$$

对式（9-30）在区间$\left[\frac{x_i+x_{i-1}}{2},\ \frac{x_i+x_{i+1}}{2}\right]$上积分，得到：

$$\left(\frac{\partial\varphi}{\partial t}\right)_i^{t_j}\frac{x_{i+1}-x_{i-1}}{2}=\left(\frac{q_e}{m}\right)_{i-1}^{t_j}\frac{x_i-x_{i-1}}{2}+\left(\frac{q_e}{m}\right)_i^{t_j}\frac{x_{i+1}-x_i}{2} \tag{9-31}$$

对于等距节点，式（9-31）可以简化为

$$\left(\frac{\partial\varphi}{\partial t}\right)_i^{t_j}=\frac{1}{2}\left[\left(\frac{q_e}{m}\right)_{i-1}^{t_j}+\left(\frac{q_e}{m}\right)_i^{t_j}\right] \tag{9-32}$$

再对时间积分一步，得到：

$$\varphi_i^{t_{j+1}}=\varphi_i^{t_j}+\frac{1}{2}\left[\left(\frac{q_e}{m}\right)_{i-1}^{t_j}+\left(\frac{q_e}{m}\right)_i^{t_j}\right]h_t \tag{9-33}$$

对式（9-30）在区间$\left[0,\ \frac{x_1+x_2}{2}\right]$上积分，得到：

$$\left(\frac{\partial\varphi}{\partial t}\right)_1^{t_j}=\left(\frac{q_e}{m}\right)_1^{t_j} \tag{9-34}$$

再对时间积分一步，得到：

$$\varphi_1^{t_{j+1}}=\varphi_1^{t_j}+\left(\frac{q_e}{m}\right)_1^{t_j}h_t \tag{9-35}$$

对式（9-30）在区间$\left[\frac{x_N+x_{N+1}}{2},\ x_{N+1}\right]$上积分，得到：

$$\left(\frac{\partial\varphi}{\partial t}\right)_{N+1}^{t_j}=\left(\frac{q_e}{m}\right)_N^{t_j} \tag{9-36}$$

再对时间积分一步，得到：

$$\varphi_{N+1}^{t_{j+1}}=\varphi_{N+1}^{t_j}+\left(\frac{q_e}{m}\right)_N^{t_j}h_t \tag{9-37}$$

9.5.5　渗透性参量的计算

由于细小颗粒的迁移和流失，破碎岩石的渗透性参量（渗透率、非Darcy流β因子和加速度系数）随时间变化。因此，渗透性参量计算是伴随质量流失的破

碎岩体渗流系统响应计算的关键与核心。

破碎岩体的渗透性参量按式（8-32）~式（8-34）计算，其中参量 k_r、β_r、c_{ar}、λ_k、λ_β、λ_c 需要根据试验数据确定。确定这些参量的过程可分为两步：第一步，利用遗传算法确定 k_r、β_r、c_{ar}、n_β、n_c，并计算出各采样时刻的渗透率、非 Darcy 流 β 因子和加速度系数（参见第 4 章）；第二步，基于渗透率、非 Darcy 流 β 因子和加速度系数时间序列，回归出 k_r、β_r、c_{ar}、λ_k、λ_β、λ_c（参见第 6 章）。

节点渗透性参量的迭代格式可根据式（8-32）~式（8-34）构造，即

$$k_i^{t_j}=k_r\left(\frac{\varphi_i^{t_j}}{\varphi_r}\right)^{\lambda_k}\quad (i=1,\ 2,\ \cdots,\ N+1) \tag{9-38}$$

$$\beta_i^{t_j}=\beta_r\left(\frac{\varphi_i^{t_j}}{\varphi_r}\right)^{\lambda_\beta}\quad (i=1,\ 2,\ \cdots,\ N+1) \tag{9-39}$$

$$c_{ai}^{t_j}=c_{ar}\left(\frac{\varphi_i^{t_j}}{\varphi_r}\right)^{\lambda_c}\quad (i=1,\ 2,\ \cdots,\ N+1) \tag{9-40}$$

9.5.6 流体质量密度的计算

流体质量密度随压力变化，即满足式（8-26），节点流体质量密度按节点压力直接计算，即

$$(\rho_1)_i^{t_j}=\rho_1^{p_0}\left[1+c_1(p_i^{t_j}-p_0)\right] \tag{9-41}$$

9.6 关于算法的几点说明

1）孔隙度的计算

孔隙度可按式（8-23）构造迭代格式，也可按式（8-10）构造迭代格式，我们之所以选择后者是因为式（8-10）更能直接体现质量流失引起的孔隙度变化。事实上，式（8-23）已经用于节点压力的计算。

2）ν_1、ν_2 的确定

加速渗透试验结果是否能够有效地应用于实际工程，式（9-29）中系数 C_1^{prot}、C_2^{prot} 包含的幂指数 ν_1、ν_2 的赋值成为本章算法重点考虑的内容之一。

根据第 6 章结果外推，$\nu_1=-1.2\sim-0.9$，$\nu_2=-1.1\sim-0.9$，我们取 $\nu_1=-1$，$\nu_2=-1$。

3）C_1^{prot}、C_2^{prot}、χ_1、χ_2 的确定

表6-2 已经得到 $n=0.1$，$n=0.2$，…，$n=1.0$ 条件下 C_1、C_2、χ_1、χ_2 与 φ_0的

指数关系式中的系数 $A_1 \sim A_4$ 和幂指数 $b_1 \sim b_4$，利用一元三点不等距 Lagrange 插值法，容易计算出加速试验中任意 Talbol 连续级配条件下的 C_1、C_2、χ_1、χ_2 值，则根据式（8-36）可计算岩体的 C_1^{prot}、C_2^{prot}、χ_1、χ_2，再根据式（9-29）计算岩体各节点的 q，详见第10章。

4）k_r、β_r、c_{ar}、λ_k、λ_β、λ_c 的确定

表6-8已经得到某一参考初始孔隙度下，$n=0.1$，$n=0.2$，…，$n=1.0$ 时的渗透率参考值 k_r、非 Darcy 流 β 因子参考值 β_r、加速度系数参考值 c_{ar} 和幂指数参考值 λ_β、λ_k、λ_c，利用一元三点不等距 Lagrange 插值法，容易计算出加速试验中任意 Talbol 连续级配条件下的 k_r、β_r、c_{ar}、λ_k、λ_β、λ_c 值，则根据式（9-38）~式(9-40）即可计算岩体各节点的渗透性参量，详见第10章。

9.7　伴随质量流失的破碎岩体渗流系统动力响应计算程序

伴随质量流失的破碎岩体渗流系统动力响应计算程序具体如下。

```
$DEBUG
          implicit double precision (A-H,O-Z)
          dimension x(5),y1(5),y2(5),y3(5),y4(5)
          dimension tns(50),fy0(50),c1s(50),c2s(50),cp1s(50),cp2s(50)
c         50个样本的Talbol幂指数、初始孔隙度、式(6-1)中系数C1、C2和幂指数χ1、χ2
          dimension perms(50),betas(50),cas(50)
c         50个样本的渗透率、非Darcy流β因子和加速度系数
          dimension perma(10),betaa(10),caa(10)
c         n=i/10(i=1,2,…,10)的渗透率、非Darcy流β因子和加速度系数的几何平
            均值
          dimension tn(10),a1(10),b1(10),a2(10),b2(10)
          dimension a3(10),b3(10),a4(10),b4(10)
c         Talbol幂指数及对应的式(6-2)中系数A1~A4、幂指数b1~b4
          dimension iw(80)
c         记录质量流失率、孔隙度、压力和渗流速度等物理量的时刻
c         iw={0,5,10,……,175,180,240,300,……,540,600,1200,1800,……,
c         18000}
          dimension x1(31),dmdt(31),fyn(31),pn(31),veln(31)
c         31个节点的坐标、质量流失率、孔隙度、压力和渗流速度
          dimension perm(31),beta(31),ca(31)
c         31个节点的渗透率、非Darcy流β因子和加速度系数
```

```
      dimension px(31),vx(31),rouvx(31) ,rouw(31)
c     30 个单元的∂p/∂x、∂V/∂x，∂(ρV)/∂x，流体质量密度
      double precision ml(50,6),mlp(50,8)
c     矩阵 ML,MLP
      double precision lamdks(50),lamdbs(50),lamdcs(50)
c     50 个样本的幂指数 λk、λβ 和 λc
      double precision lamdka(10),lamdba(10),lamdca(10)
c     n=i/10(i=1,2,…,10)的幂指数 λk、λβ 和 λc 的几何平均值
      double precision lamk,lamb,lamc,mass,mspec
      character SS1*9,ss2*9,ss3*9,ss4*11
      character SS5*9,ss6*9,ss7*9,ss8*9,ss9*9,ss10*9,ss11*9
      character SS12*10
      write(*,18)
18    format(1x,'input file name of output data,ss1')
      read(*,*) ss1
      write(*,181)
181   format(1x,'input file name of output data,ss2')
      read(*,*) ss2
      write(*,182)
182   format(1x,'input file name of output data,ss3')
      read(*,*) ss3
      write(*,183)
183   format(1x,'input file name of output data,ss4')
      read(*,*) ss4
      write(*,28)
28    format(1x,'input file name of output data,ss5')
      read(*,*) ss5
      write(*,381)
381   format(1x,'input file name of output data,ss6')
      read(*,*) ss6
      write(*,382)
382   format(1x,'input file name of output data,ss7')
      read(*,*) ss7
      write(*,383)
383   format(1x,'input file name of output data,ss8')
      read(*,*) ss8
      write(*,384)
```

```
384     format(1x,'input file name of output data,ss9')
        read(*,*) ss9
        write(*,385)
385     format(1x,'input file name of output data,ss10')
        read(*,*) ss10
        write(*,386)
386     format(1x,'input file name of output data,ss11')
        read(*,*) ss11
        write(*,387)
387     format(1x,'input file name of output data,ss12')
        read(*,*) ss12
        open(1,FILE=ss1,status='old')
        open(2,FILE=ss2,status='old')
        open(3,FILE=ss3,status='new')
        open(4,FILE=ss4,status='new')
        open(5,FILE=ss5,status='new')
        open(6,FILE=ss6,status='new')
        open(7,FILE=ss7,status='new')
        open(8,FILE=ss8,status='new')
        open(9,FILE=ss9,status='new')
        open(10,FILE=ss10,status='new')
        open(11,FILE=ss11,status='new')
        open(12,FILE=ss12,status='new')
        dens=0.2401d+04
        densw=0.1d+04
        cfy=0.6d-08
        cf=0.556d-09
        ct=cf+cfy
        visc=0.101d-02
        porst=0.383d+00
        fyr=0.2d+00
        ne=30
        nn=31
        height=0.60d+02
        radius=0.5d-01
        hspec=0.156
        mspec=0.2d+01
        mass=mspec/hspec*height
        pi=0.4d+01*datan(0.1d+01)
```

```
p0=0.1d+06
pbase=0.1d+07
ptop=0.0d+00
pb_spec=0.1d+07
pt_spec=0.0d+01
pg_spec=(pb_spec-pt_spec)/hspec
pg=(pbase-ptop)/height
fac=pg_spec/pg
fyp0=0.1d+01-mass/pi/radius**2/height/dens
do i=1,50
read(1,*) (ml(i,j),j=1,6)
tns(i)=ml(i,1)
fy0(i)=ml(i,2)
c1s(i)=ml(i,3)
c2s(i)=ml(i,4)
cp1s(i)=ml(i,5)
cp2s(i)=ml(i,6)
end do
rn=0.52d+00
do k=1,10
tn(k)=dble(k)/dble(10)
do i=1,5
x(i)=fy0((k-1)*5+i)
y1(i)=c1s((k-1)*5+i)
y2(i)=c2s((k-1)*5+i)
y3(i)=cp1s((k-1)*5+i)
y4(i)=cp2s((k-1)*5+i)
end do
z11=0.0d+00
z12=0.0d+00
z21=0.0d+00
z22=0.0d+00
z1y1=0.0d+00
z2y1=0.0d+00
z1y2=0.0d+00
z2y2=0.0d+00
z1y3=0.0d+00
z2y3=0.0d+00
z1y4=0.0d+00
```

```
      z2y4=0.0d+00
      do j=1,5
      z11=z11+0.1d+01
      z12=z12+x(j)
      z21=z21+x(j)
      z22=z22+x(j)**2
      z1y1=z1y1+dlog(y1(j))
      z2y1=z2y1+x(j)*dlog(y1(j))
      z1y2=z1y2+dlog(y2(j))
      z2y2=z2y2+x(j)*dlog(y2(j))
      z1y3=z1y3+dlog(y3(j))
      z2y3=z2y3+x(j)*dlog(y3(j))
      z1y4=z1y4+dlog(y4(j))
      z2y4=z2y4+x(j)*dlog(y4(j))
      end do
      del=z11*z22-z12*z21
      a1(k)=dexp((z1y1*z22-z12*z2y1)/del)
      b1(k)=(z11*z2y1-z1y1*z21)/del
      a2(k)=dexp((z1y2*z22-z12*z2y2)/del)
      b2(k)=(z11*z2y2-z1y2*z21)/del
      a3(k)=dexp((z1y3*z22-z12*z2y3)/del)
      b3(k)=(z11*z2y3-z1y3*z21)/del
      a4(k)=dexp((z1y4*z22-z12*z2y4)/del)
      b4(k)=(z11*z2y4-z1y4*z21)/del
      write(3,13)tn(k),a1(k),a2(k),a3(k),a4(k),b1(k),b2(k),b3(k),
        b4(k)
      end do
      write(3,23)
23    format(///)
      call lgrg2(tn,a1,10,rn,aa1)
      call lgrg2(tn,a2,10,rn,aa2)
      call lgrg2(tn,a3,10,rn,aa3)
      call lgrg2(tn,a4,10,rn,aa4)
      call lgrg2(tn,b1,10,rn,bb1)
      call lgrg2(tn,b2,10,rn,bb2)
      call lgrg2(tn,b3,10,rn,bb3)
      call lgrg2(tn,b4,10,rn,bb4)
      write(3,13)rn,aa1,aa2,aa3,aa4,bb1,bb2,bb3,bb4
13    format(9e16.4)
```

```
      c10=aa1*dexp(bb1*fyp0)
      c20=aa2*dexp(bb2*fyp0)
      cap1=aa3*dexp(bb3*fyp0)
      cap2=aa4*dexp(bb4*fyp0)
      c1=c10/fac
      c2=c20/fac
      cap1=cap1
      cap2=cap2
      do i=1,50
      read(2,*)(mlp(i,j),j=1,8)
      perms(i)=mlp(i,3)*(fyr/mlp(i,2))**mlp(i,6)
      betas(i)=mlp(i,4)*(fyr/mlp(i,2))**mlp(i,7)
      cas(i)=mlp(i,5)*(fyr/mlp(i,2))**mlp(i,8)
      lamdks(i)=mlp(i,6)
      lamdbs(i)=mlp(i,7)
      lamdcs(i)=mlp(i,8)
      write(*,15) i,mlp(i,2),perms(i),betas(i),cas(i)
      write(4,34)i,mlp(i,1),perms(i),betas(i),cas(i),
     *      lamdks(i),lamdbs(i),lamdcs(i)
      end do
      write(4,24)
34    format(i16,7e16.4)
15    format(3x,'i=',i16,4d16.3)
      do i=1,10
      perma(i)=(perms((i-1)*5+1)*perms((i-1)*5+2)*perms((i-1)*5+
        3)
     *      *perms((i-1)*5+4)*perms((i-1)*5+5))**0.2d+00
      betaa(i)=(betas((i-1)*5+1)*betas((i-1)*5+2)*betas((i-1)*5+
        3)
     *      *betas((i-1)*5+4)*betas((i-1)*5+5))**0.2d+00
      caa(i)=(cas((i-1)*5+1)*cas((i-1)*5+2)*cas((i-1)*5+3)
     *      *cas((i-1)*5+4)*cas((i-1)*5+5))**0.2d+00
      lamdka(i)=(lamdks((i-1)*5+1)*lamdks((i-1)*5+2)*lamdks((i-
        1)*5+3)
     *      *lamdks((i-1)*5+4)*lamdks((i-1)*5+5))**0.2d+00
      lamdba(i)=-(-lamdbs((i-1)*5+1)*lamdbs((i-1)*5+2)*
     *      lamdbs((i-1)*5+3)*lamdbs((i-1)*5+4)*lamdbs((i-1)*5+5))**
        0.2d+00
      lamdca(i)=-(-lamdcs((i-1)*5+1)*lamdcs((i-1)*5+2)*
```

```
*        lamdcs((i-1)*5+3)*lamdcs((i-1)*5+4)*lamdcs((i-1)*5+5))**
          0.2d+00
         write(4,14)tn(i),perma(i),betaa(i),caa(i),
*        lamdka(i),lamdba(i),lamdca(i)
         end do
         call lgrg2(tn,perma,10,rn,permr)
         call lgrg2(tn,betaa,10,rn,betar)
         call lgrg2(tn,caa,10,rn,car)
         call lgrg2(tn,lamdka,10,rn,lamk)
         call lgrg2(tn,lamdba,10,rn,lamb)
         call lgrg2(tn,lamdca,10,rn,lamc)
         write(4,24)
24       format(///)
         write(4,14)rn,permr,betar,car,lamk,lamb,lamc
14       format(7e16.4)
         do i=1,nn
         x1(i)=dble(i-1)/dble(nn-1)*height
         end do
         write(6,101) (x1(i),i=1,31)
         write(7,101) (x1(i),i=1,31)
         write(8,101) (x1(i),i=1,31)
         write(9,101) (x1(i),i=1,31)
         write(10,101) (x1(i),i=1,31)
         write(11,101) (x1(i),i=1,31)
         write(12,101) (x1(i),i=1,31)
101      format(16x,31e16.3)
201      format(32e16.3)
301      format(2e16.3)
         write(*,401) fyp0
401      format(16x,d16.3)
         do i=1,nn
         pn(i)=pbase+(ptop-pbase)*dble(i-1)/dble(nn-1)
         fyn(i)=fyp0*(0.1d+01+cfy*(pn(i)-p0))
         rouw(i)=densw*(0.1d+01+cf*(pn(i)-p0))
         perm(i)=permr*dexp(lamk*dlog(fyn(i)/fyr))
         beta(i)=betar*dexp(lamb*dlog(fyn(i)/fyr))
         ca(i)=car*dexp(lamc*dlog(fyn(i)/fyr))
         z1=(visc/perm(i))**2+0.4d+01*densw*beta(i)*pg
         z2=dsqrt(z1)-visc/perm(i)
```

```
      veln(i)=z2/0.2d+01/densw/beta(i)
      dmdt(i)=c1*fyn(i)
      write(*,501) i,fyn(i),dmdt(i),veln(i)
501   format(3x,'i=',i16,3d16.6)
      end do
      do i=1,36
      iw(i)=5*i
      write(*,6011) i,iw(i)
6011  format(3x,'i=1',i16,6x,'tw=',i16,'seconds')
      end do
      do i=37,43
      iw(i)=iw(36)+(i-36)*60
      write(*,6011) i,iw(i)
      end do
      do i=44,72
      iw(i)=iw(43)+(i-43)*600
      write(*,6011) i,iw(i)
      end do
      dm=0.0d+00
      t=0.0d+00
      ht=0.1d-03
      time=0.18d+05
      k1=0
      k2=1
      k3=iw(1)
      write(5,301)t,dm
      write(6,201)t,(dmdt(i),i=1,31)
      write(7,201)t,(fyn(i),i=1,31)
      write(8,201)t,(pn(i),i=1,31)
      write(9,201)t,(veln(i),i=1,31)
      write(10,201)t,(perm(i),i=1,31)
      write(11,201)t,(beta(i),i=1,31)
      write(12,201)t,(ca(i),i=1,31)
818   do i=1,ne
      px(i)=(pn(i+1)-pn(i))/(x1(i+1)-x1(i))
      vx(i)=(veln(i+1)-veln(i))/(x1(i+1)-x1(i))
      rouvx(i)=(rouw(i+1)*veln(i+1)-rouw(i)*veln(i))/(x1(i+1)-x1
        (i))
      end do
```

```
      px(nn)=px(ne)
      vx(nn)=vx(ne)
      do i=1,nn
      c1=c10*dabs(px(i))/dabs(pg_spec)
      c2=c20*dabs(px(i))/dabs(pg_spec)
      dmdt(i)=c1*fyn(i)*dexp(-cap1*t)
      dmdt(i)=dmdt(i)+c2*(porst-fyn(i))*(0.1d+01-dexp(-cap2*t))
      z1=fyn(i)+dmdt(i)/dens*ht
      if(z1.lt.porst) then
      fyn(i)=z1
      else
      fyn(i)=porst
      end if
c     write(*,501) i,fyn(i)
      end do
c     pause
      pn(1)=pbase
      rouw(1)=densw*(0.1d+01+cf*(pn(1)-p0))
      pn(nn)=ptop
      rouw(nn)=densw*(0.1d+01+cf*(pn(nn)-p0))
      z1=px(1)+visc*veln(1)/perm(1)+densw*beta(1)*veln(1)**2
      veln(1)=veln(1)-ht*z1/densw/ca(1)
      z1=px(nn-1)+visc*veln(nn)/perm(nn)+densw*beta(nn)*veln(nn)
        **2
      veln(nn)=veln(nn)-ht*z1/densw/ca(nn)
      do i=2,nn-1
      z1=0.5d+00*(rouvx(i-1)+rouvx(i))/densw/fyp0/ct
      pn(i)=pn(i)-ht*z1
      rouw(i)=densw*(0.1d+01+cf*(pn(i)-p0))
      z2=0.5d+00*(px(i-1)+px(i))
*     +visc*veln(i)/perm(i)+densw*beta(i)*veln(i)**2
      veln(i)=veln(i)-ht*z2/densw/ca(i)
      end do
      do i=1,nn
      perm(i)=permr*dexp(lamk*dlog(fyn(i)/fyr))
      beta(i)=betar*dexp(lamb*dlog(fyn(i)/fyr))
      ca(i)=car*dexp(lamc*dlog(fyn(i)/fyr))
      end do
      dm=dm+dmdt(nn)*ht*pi*radius**2*height/dble(1)
```

```
      t=t+ht
      k1=int(t)
      if(k1.eq.k3) then
      write(5,301)t,dm
      write(6,201)t,(dmdt(i),i=1,31)
      write(7,201)t,(fyn(i),i=1,31)
      write(8,201)t,(pn(i),i=1,31)
      write(9,201)t,(veln(i),i=1,31)
      write(10,201)t,(perm(i),i=1,31)
      write(11,201)t,(beta(i),i=1,31)
      write(12,201)t,(ca(i),i=1,31)
      write(*,601)t,(fyn(i),i=1,31,10)
      write(*,601)t,(dmdt(i),i=1,31,10)
      write(*,601)t,(veln(i),i=1,31,10)
601   format(3x,'t=',5d12.5)
      k2=k2+1
      k3=iw(k2)
      if(k3.le.600) then
      ht=0.1d-03
      else if(k3.lt.1800) then
      ht=0.1d-02
      else
      ht=0.1d-01
      end if
      end if
      if(t.le.time) goto 818
      close(1)
      close(2)
      close(3)
      close(4)
      close(5)
      close(6)
      close(7)
      close(8)
      close(9)
      close(10)
      close(11)
      close(12)
      stop
```

```
      END

      subroutine lgrg2(x,y,n,t,z)
      implicit double precision (a-h,o-z)
      dimension x(n),y(n)
      z=0.0
      if (n.le.0) return
      if (n.eq.1) then
      z=y(1)
      return
      end if
      if(n.eq.2) then
      z=(y(1)*(t-x(2))-y(2)*(t-x(1)))/(x(1)-x(2))
      return
      end if
      if(t.le.x(2)) then
      k=1
      m=3
      else if(t.ge.x(n-1)) then
      k=n-2
      m=n
      else
      k=1
      m=n
10    if(iabs(k-m).ne.1) then
      l=(k+m)/2
      if(t.lt.x(l)) then
      m=l
      else
      k=l
      end if
      goto 10
      end if
      if(dabs(t-x(k)).lt.dabs(t-x(m))) then
      k=k-1
      else
      m=m+1
      end if
      end if
```

```
      z=0.0
      do 30 i=k,m
      s=0.1d+01
      do 20 j=k,m
      if(j.ne.i) then
      s=s*(t-x(j))/(x(i)-x(j))
      end if
20    continue
      z=z+s*y(i)
30    continue
      return
      end
```

9.8 本章小结

利用快速 Lagrange 分析法设计伴随质量流失的破碎岩体渗流系统动力学响应计算方法，得到如下主要结论。

（1）利用框图的形式直观给出了伴随质量流失的破碎岩体质量流失率、孔隙度、渗流速度、压力梯度、渗透性参量之间的关系，并给出 Talbol 幂指数和初始孔隙度对质量流失率与渗透性参量的影响；基于变量间的关系框图，设计了伴随质量流失的破碎岩体渗流系统动力学响应计算流程；通过定义单元和节点物理量，构造出单元物理量和节点物理量的算法，重点介绍了质量流失率、渗透性参量、渗流速度和孔隙度的计算方法。

（2）构造出的伴随质量流失的破碎岩体渗流系统动力学响应算法是本书的核心内容。动力学模型是否合理，需要通过算法来验证和评价，而计算结果是否符合工程实际，主要取决于算法是否合理。

（3）详细说明了伴随质量流失的破碎岩体渗流系统各参数的计算方法，编制了伴随质量流失的破碎岩体渗流系统动力学响应计算程序。

第10章　伴随质量流失的破碎岩体渗流系统响应计算实例

通过伴随质量流失的破碎岩石加速渗透试验，得到了初始孔隙度和Talbol幂指数对质量流失率、孔隙度、渗流速度、渗透率、非Darcy流β因子和加速度系数的影响规律。第8章和第9章建立了伴随质量流失的破碎岩体渗流时变系统动力学模型并设计了系统响应的计算方法，重点讨论了破碎岩体质量流失率、孔隙度、渗透率、非Darcy流β因子和加速度系数的计算方法，包括加速试验中质量流失率计算式（6-1）中系数C_1和C_2、幂指数χ_1和χ_2的优化方法，破碎岩体质量流失率与加速试验中系数C_1和C_2、幂指数χ_1和χ_2的折算方法。本章根据图9-2给出的流程图，模拟破碎岩体质量流失率、孔隙度、渗透性参量（渗透率、非Darcy流β因子和加速度系数）、渗流速度和压力的演化过程，分析伴随质量流失的破碎岩体渗流时变系统响应的特征。

10.1　定解条件

考虑直径为$2a=10\text{m}$、高度为$H=60\text{m}$的圆柱形破碎岩体。以岩体底面为原点，铅锤向上为Ox轴正向，建立坐标系如图10-1所示。

岩体的质量密度$\rho_s=0.240\times10^4\ \text{kg/m}^3$、孔隙压缩系数$c_\varphi=0.6\times10^{-8}\ \text{Pa}^{-1}$、Talbol幂指数$n=0.52$，在参考压力$p_0=0$下的孔隙度为$\varphi_{p_0}=0.326$。水在参考压力$p_0=0$下的质量密度$\rho_1^{p_0}=0.1\times10^4\ \text{kg/m}^3$、流体压缩系数$c_1=0.556\times10^{-9}\ \text{Pa}^{-1}$、动力黏度$\mu=0.101\times10^{-2}\ \text{Pa}\cdot\text{s}$，底部压力$p_{\text{base}}=1\text{MPa}$，顶部压力$p_{\text{top}}=0$。

将破碎岩体均匀分割为30个单元（图10-1），节点坐标分别为

$$x_i=\frac{(i-1)H}{30}\quad(i=1,\ 2,\ \cdots,\ 31)\tag{10-1}$$

边界条件

$$p\big|_{i=1}=p_{\text{base}},\ p\big|_{i=N+1}=0\tag{10-2}$$

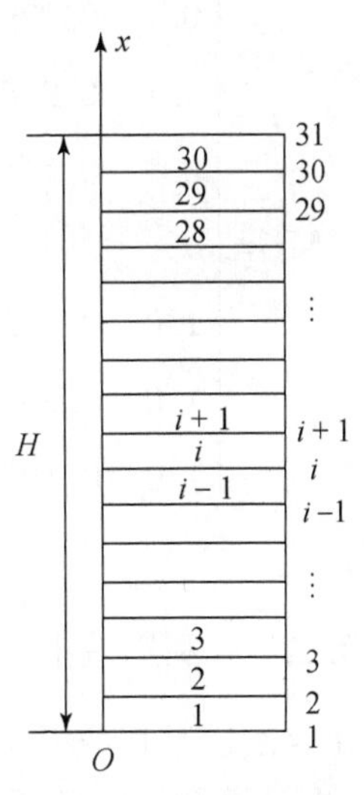

图10-1　岩体单元与节点划分

$$\left.\frac{\partial V}{\partial x}\right|_{i=1}=0,\ \left.\frac{\partial V}{\partial x}\right|_{i=N+1}=0 \tag{10-3}$$

初始条件为

$$p\big|_{t=0}=p_{\mathrm{base}}+\frac{i-1}{30}(p_{\mathrm{top}}-p_{\mathrm{base}}) \tag{10-4}$$

$$V\big|_{t=0}=0 \tag{10-5}$$

初始时刻岩体的孔隙度为

$$\varphi\big|_{t=0}=\varphi_{p_0}\left\{1+c_{\varphi}\left[p_{\mathrm{base}}+\frac{i-1}{30}(p_{\mathrm{top}}-p_{\mathrm{base}})\right]\right\} \tag{10-6}$$

初始时刻水的质量密度为

$$\rho_1\big|_{t=0}=\rho_1^{p_0}\left\{1+c_1\left[p_{\mathrm{base}}+\frac{i-1}{30}(p_{\mathrm{top}}-p_{\mathrm{base}})\right]\right\} \tag{10-7}$$

10.2　质量流失率的计算及分析

破碎岩体的质量流失率不仅与孔隙度和 Talbol 幂指数有关，还与压力梯度有关，故需考虑加速因子的影响，计算步骤如下所示。

第一步，利用遗传算法求出 50 个样本的系数 C_1 和 C_2、幂指数 χ_1 和 χ_2，基于表 6-1 构造 50 行的矩阵 **ML**，第 1 ~ 6 列分别为 Talbol 幂指数 n、初始孔隙度 φ_0、系数 C_1、系数 C_2、幂指数 χ_1 和幂指数 χ_2。

$$\mathbf{ML}=\begin{bmatrix} 0.1 & 0.279 & 8.98\times10^{4} & 7.68\times10^{2} & 1.12\times10^{-3} & 2.18\times10^{-5} \\ 0.1 & 0.226 & 1.73\times10^{5} & 1.11\times10^{2} & 1.19\times10^{-3} & 2.34\times10^{-5} \\ 0.1 & 0.165 & 1.75\times10^{5} & 4.05\times10^{2} & 1.06\times10^{-3} & 3.26\times10^{-5} \\ \vdots & \vdots & \vdots & \vdots & \vdots & \vdots \\ 1.0 & 0.302 & 3.76\times10^{2} & 7.00\times10^{3} & 5.21\times10^{-4} & 4.06\times10^{-7} \\ 1.0 & 0.253 & 6.09\times10^{3} & 4.00\times10^{4} & 5.25\times10^{-4} & 4.14\times10^{-7} \\ 1.0 & 0.197 & 2.48\times10^{3} & 4.50\times10^{4} & 5.22\times10^{-4} & 5.60\times10^{-7} \end{bmatrix} \tag{10-8}$$

第二步，利用最小二乘法分别拟合 $n=\frac{i}{10}(i=1,\ 2,\ \cdots,\ 10)$ 时式（6-2）中系数 A_1 ~ A_4、幂指数 b_1 ~ b_4，构造 10 行的矩阵 **MLF**，第 1 ~ 9 列分别为 Talbol 幂指数 n、系数 A_1、系数 A_2、系数 A_3、系数 A_4、幂指数 b_1、幂指数 b_2、幂指数 b_3、幂指数 b_4。

$$\mathbf{MLF}=\begin{bmatrix} 0.1 & 6.53\times10^{5} & 7.38\times10^{3} & 3.53\times10^{-3} & 7.77\times10^{-5} & -6.71 & -12.83 & -5.03 & -4.77 \\ 0.2 & 2.05\times10^{5} & 5.28\times10^{3} & 1.16\times10^{-2} & 1.79\times10^{-4} & -10.2 & -5.29 & -3.77 & -7.03 \\ 0.3 & 4.85\times10^{5} & 1.21\times10^{4} & 3.70\times10^{-3} & 3.00\times10^{-6} & -4.13 & -6.28 & -5.17 & -3.45 \\ \vdots & \vdots & \vdots & \vdots & \vdots & \vdots & \vdots & \vdots & \vdots \\ 0.8 & 1.36\times10^{6} & 1.43\times10^{4} & 2.25\times10^{-3} & 2.61\times10^{-7} & -31.2 & -17.61 & -15.87 & -8.95 \\ 0.9 & 7.19\times10^{6} & 3.75\times10^{3} & 2.51\times10^{-3} & 1.97\times10^{-4} & -36.71 & -5.24 & -14.51 & -16.72 \\ 1.0 & 4.13\times10^{6} & 6.09\times10^{5} & 5.17\times10^{-3} & 7.35\times10^{-6} & -31.5 & -12.56 & -9.32 & -11.68 \end{bmatrix} \tag{10-9}$$

第三步，利用一元三点不等距 lagrange 插值法计算 Talbol 幂指数 $n=0.52$ 时式（6-2）中系数 $A_1\sim A_4$ 和幂指数 $b_1\sim b_4$ 的值，见表 10-1。

表 10-1　$n=0.52$ 时系数 $A_1\sim A_4$ 和幂指数 $b_1\sim b_4$ 取值

A_1/[g/(s·m³)]	A_2/[g/(s·m³)]	A_3/s^{-1}	A_4/s^{-1}	b_1	b_2	b_3	b_4
2.45×10^{7}	1.15×10^{5}	2.21×10^{-2}	2.49×10^{-4}	−26.3	−9.49	−12.9	−10.3

第四步，将表 10-1 中的参数作为已知参考值，并考虑加速因子对系数 C_1 和 C_2 的影响，按式（9-29）计算岩体 31 个节点 $x_i=\dfrac{i-1}{30}H(i=1, 2, \cdots, 31)$ 处各时刻的质量流失率 $q_i^{t_j}(i=1, 2, \cdots, 31, t_j=j\tau)$，如图 10-2 所示。

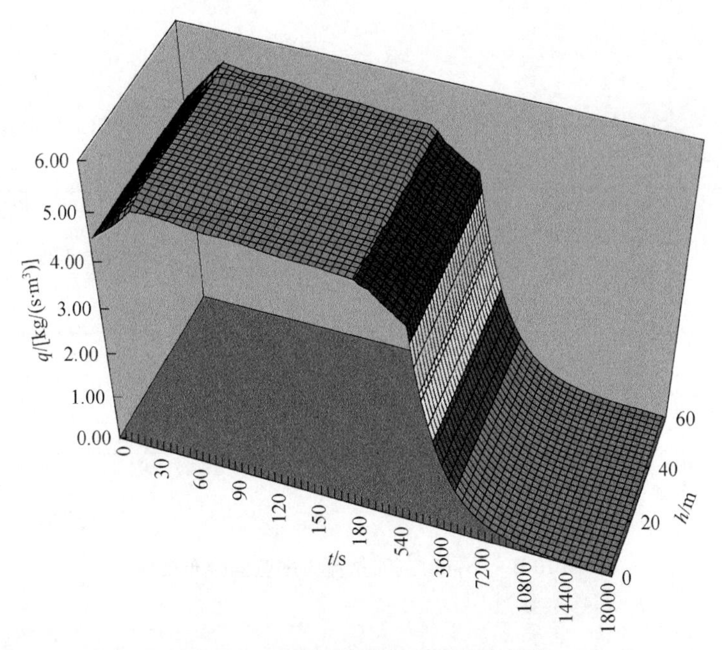

图 10-2　质量流失率的时空分布规律

由图 10-2 可以看出，在 $0 \leqslant t \leqslant 50$s 时间内，质量流失率随着时间从 4.52kg/(s · m^3) 缓慢增大到 5.27kg/(s · m^3)；在 50s $\leqslant t \leqslant$ 8400s 时间内质量流失率快速变化，从 5.27kg/(s · m^3) 减小到 0.279kg/(s · m^3)；在 8400s $\leqslant t \leqslant$ 17400s 时间内，质量流失率随着时间缓慢减小；当 t>17400s 时质量流失率接近 0。

图 10-3 给出了 t=0s、t=20s、t=50s、t=120s、t=600s、t=1200s、t=4800s 和 t=8400s 几种时刻下，质量流失率沿岩体高度方向的分布。容易看出，由于节点 1(x=0) 处细小颗粒只向上迁移而没有补给，而其他节点细小颗粒既向上迁移又有细小颗粒补充过来，故在 t=0s 时刻节点 1 处净流失率最大，但是当节点 1 处孔隙度接近 φ_{stable}=0.383 时，能够迁移的细小颗粒所剩无几，故在 t=20s 后该处的质量流失率比其他节点都小。t=50s 时，在上部节点（x=54m）处质量流失率最多，随后各点处的质量流失率开始趋于均等，孔隙度变化微小，孔隙结构缓慢调整。在 t=8400s 后，各节点处的孔隙度都接近 φ_{stable}，孔隙结构保持稳定，质量流失率近似呈均匀分布。

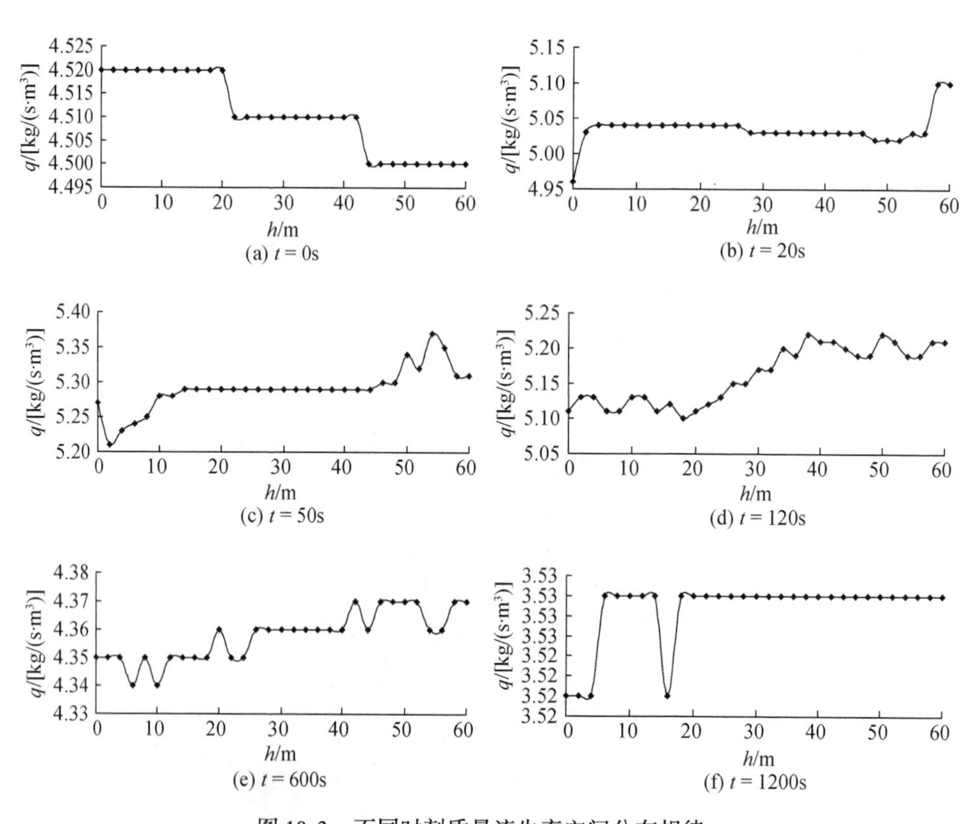

图 10-3　不同时刻质量流失率空间分布规律

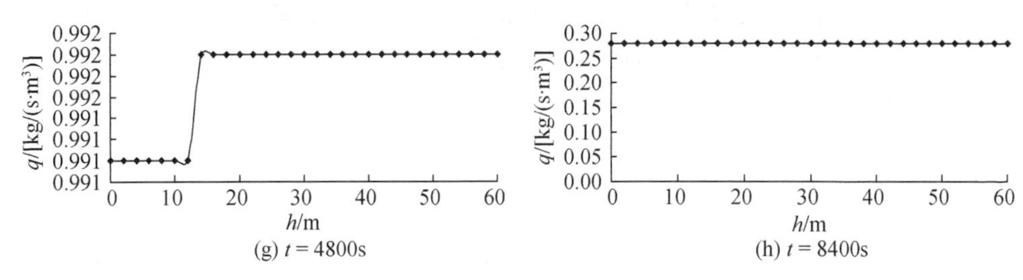

图 10-3　不同时刻质量流失率空间分布规律（续）

10.3　孔隙度的计算及分析

按照式（9-33）、式（9-35）和式（9-37）计算岩体31个节点$x_i=\frac{i-1}{30}H$（$i=1$，2，…，31）处，不同时刻的孔隙度$\varphi_i^{t_j}(i=1，2，…，31，t_j=j\tau)$，如图10-4所示。

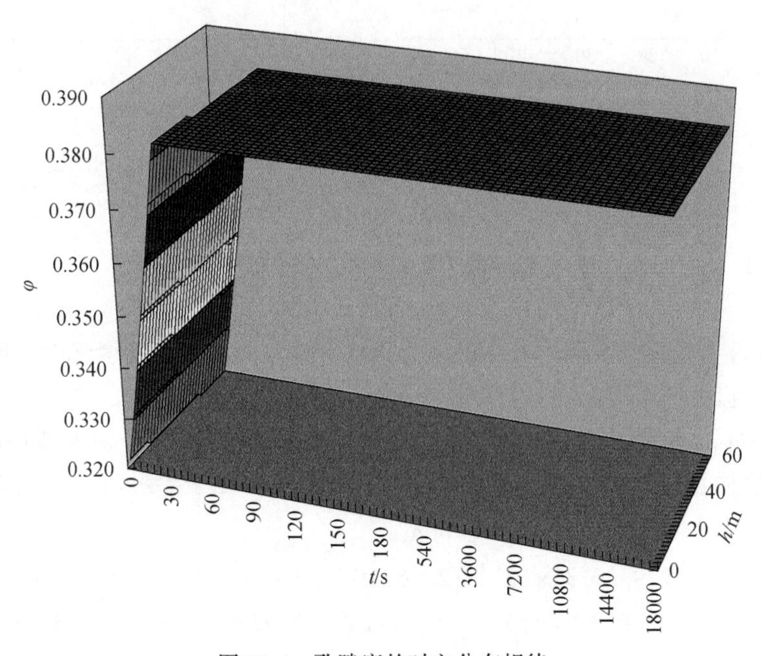

图 10-4　孔隙度的时空分布规律

由图10-4可以看出，孔隙度随着时间单调增加，从初始孔隙度增大到孔隙度的稳定值经历了35s。

图10-5给出了不同时刻孔隙度沿岩体高度方向的分布规律，可以看出，当$t\leqslant35$s时，由于颗粒从底部向顶部迁移，岩体下部节点的孔隙度始终保持最

大。$t>35\text{s}$ 时，由于岩体内可迁移流失的细小颗粒大幅减少，流失质量甚少，质量流失率开始减小，孔隙结构基本稳定，各节点处的孔隙度基本达到稳定值 $\varphi_{\text{stable}}=0.383$。

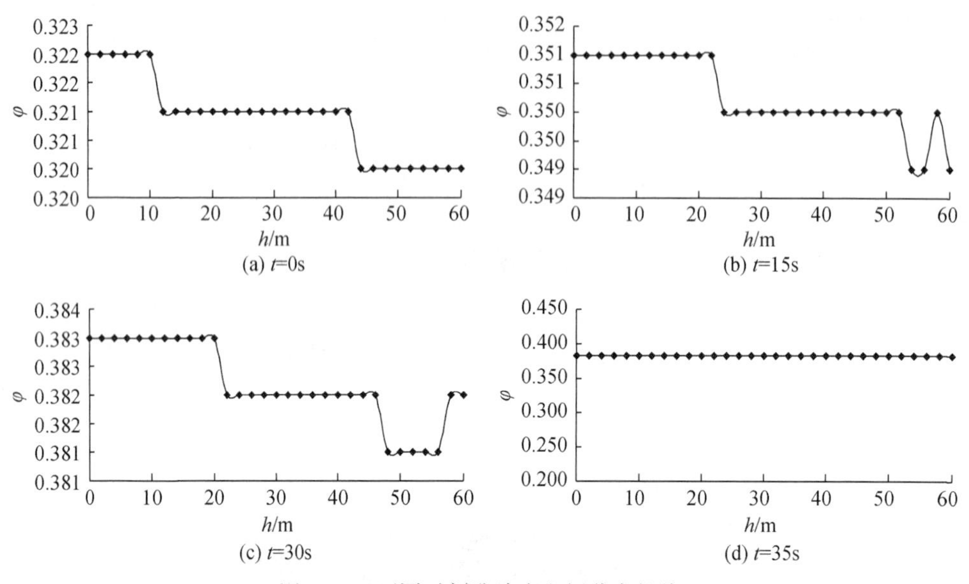

图 10-5　不同时刻孔隙度空间分布规律

10.4　渗透性参量的计算及分析

渗透性参量只与孔隙度和 Talbol 幂指数有关，而与压力梯度无关。因此，无需考虑加速因子的影响。计算步骤如下所示。

第一步，基于表 6-6 构造 50 行的矩阵 **MLP**，第 1 ~ 8 列分别为 Talbol 幂指数 n、初始孔隙度 φ_0、渗透率参考值 k_{r}、非 Darcy 流 β 因子参考值 β_{r}、加速度系数参考值 c_{ar}、幂指数参考值 λ_k、λ_β 和 λ_c。

$$\mathbf{MLP}=\begin{bmatrix} 0.1 & 0.279 & 6.31\times10^{-14} & 2.26\times10^{11} & 5.86\times10^{10} & 4.20 & -8.07 & -6.22 \\ 0.1 & 0.226 & 2.81\times10^{-12} & 1.14\times10^{8} & 1.97\times10^{8} & 4.45 & -8.37 & -6.47 \\ 0.1 & 0.165 & 2.41\times10^{-13} & 1.55\times10^{10} & 7.84\times10^{9} & 4.93 & -8.93 & -6.94 \\ \vdots & \vdots & \vdots & \vdots & \vdots & \vdots & \vdots & \vdots \\ 1.0 & 0.302 & 9.30\times10^{-12} & 1.04\times10^{7} & 3.28\times10^{7} & 3.94 & -7.72 & -5.93 \\ 1.0 & 0.253 & 1.00\times10^{-10} & 8.98\times10^{4} & 9.28\times10^{5} & 4.17 & -8.02 & -6.18 \\ 1.0 & 0.197 & 9.41\times10^{-12} & 1.02\times10^{7} & 3.22\times10^{7} & 4.92 & -8.92 & -6.93 \end{bmatrix} \tag{10-10}$$

第二步，取初始孔隙度的参考值 $\varphi_r=0.2$，将50个样本对应不同初始孔隙度的渗透性参量参考值进行归一化处理，构造出50行的矩阵 **MLPP**，第1～8列分别为样本的序号、Talbol 幂指数 n、渗透率参考值 k_r、非 Darcy 流 β 因子参考值 β_r、加速度系数参考值 c_{ar}、幂指数参考值 λ_k、λ_β 和 λ_c。

$$\mathbf{MLPP}=\begin{bmatrix} 1 & 0.1 & 1.56\times10^{-14} & 3.31\times10^{12} & 4.64\times10^{11} & 4.20 & -8.07 & -6.22 \\ 2 & 0.1 & 1.63\times10^{-12} & 3.17\times10^{8} & 4.35\times10^{8} & 4.45 & -8.37 & -6.47 \\ 3 & 0.1 & 6.22\times10^{-13} & 2.78\times10^{9} & 2.06\times10^{9} & 4.93 & -8.93 & -6.94 \\ \vdots & \vdots & \vdots & \vdots & \vdots & \vdots & \vdots & \vdots \\ 48 & 1.0 & 1.83\times10^{-12} & 2.50\times10^{8} & 3.78\times10^{8} & 3.94 & -7.72 & -5.93 \\ 49 & 1.0 & 3.75\times10^{-11} & 5.92\times10^{5} & 3.97\times10^{6} & 4.17 & -8.02 & -6.18 \\ 50 & 1.0 & 1.01\times10^{-11} & 8.91\times10^{6} & 2.90\times10^{7} & 4.92 & -8.92 & -6.93 \end{bmatrix} \tag{10-11}$$

第三步，分别计算 $n=\frac{i}{10}(i=1，2，\cdots，10)$ 时，五个样本 k_r、β_r、c_{ar}、λ_β、λ_k 和 λ_c 的几何平均值，构造出10行的矩阵 **MLPT**，第1～7列分别为 Talbol 幂指数 n、k_r、β_r、c_{ar}、λ_β、λ_k、λ_c。

$$\mathbf{MLPT}=\begin{bmatrix} 0.1 & 3.75\times10^{-12} & 8.61\times10^{7} & 1.41\times10^{8} & 4.37 & -8.27 & -6.39 \\ 0.2 & 6.65\times10^{-13} & 2.01\times10^{9} & 1.63\times10^{9} & 3.84 & -7.56 & -5.81 \\ 0.3 & 2.94\times10^{-12} & 1.11\times10^{8} & 1.88\times10^{8} & 3.99 & -7.75 & -5.96 \\ \vdots & \vdots & \vdots & \vdots & \vdots & \vdots & \vdots \\ 0.8 & 1.62\times10^{-12} & 3.05\times10^{8} & 4.32\times10^{8} & 4.16 & -7.98 & -6.15 \\ 0.9 & 4.82\times10^{-13} & 3.57\times10^{9} & 2.76\times10^{9} & 3.96 & -7.74 & -5.95 \\ 10 & 2.47\times10^{-12} & 1.17\times10^{8} & 2.16\times10^{8} & 4.53 & -8.46 & -6.55 \end{bmatrix} \tag{10-12}$$

第四步，对 Talbol 幂指数赋值 $n=0.52$，利用一元三点不等距 Lagrange 插值法分别计算 k_r、β_r、c_{ar}、λ_β、λ_k 和 λ_c 的值，见表10-2。

表10-2　$n=0.52$ 时系数 k_r、β_r、c_{ar} 和幂指数 λ_β、λ_k、λ_c 取值

k_r/m^2	β_r/m^{-1}	c_{ar}	λ_k	λ_β	λ_c
1.80×10^{-12}	2.62×10^{8}	3.70×10^{8}	3.86	-7.60	-5.84

第五步，按式（9-38）～式(9-40）分别计算岩体31个节点 $x_i=\frac{i-1}{30}H$（$i=1，2，\cdots，31$）处，各时刻的渗透性参量（渗透率 $k_i^{t_j}$、非 Darcy 流 β 因子 $\beta_i^{t_j}$、加速

度系数 $c_{ai}^{t_j}$)，并绘制出岩体渗透性参量的时间和空间分布曲线，如图 10-6 所示。

由图 10-6 可以看出，渗透率随着时间单调增加，非 Darcy 流 β 因子和加速度系数随着时间单调减小。

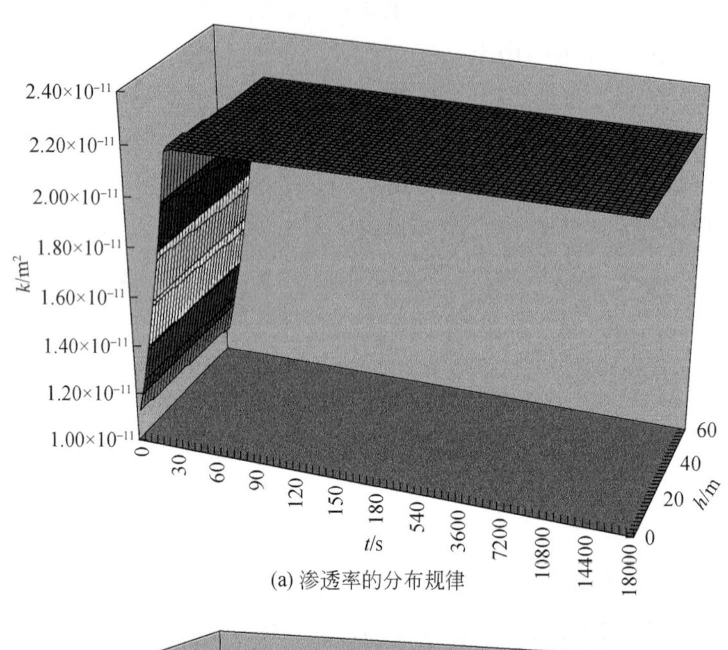

(a) 渗透率的分布规律

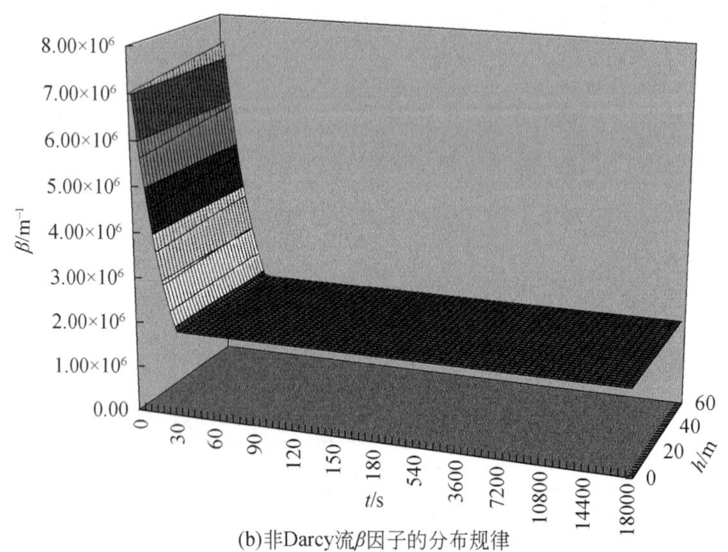

(b)非Darcy流β因子的分布规律

图 10-6　渗透性参量的时空分布规律

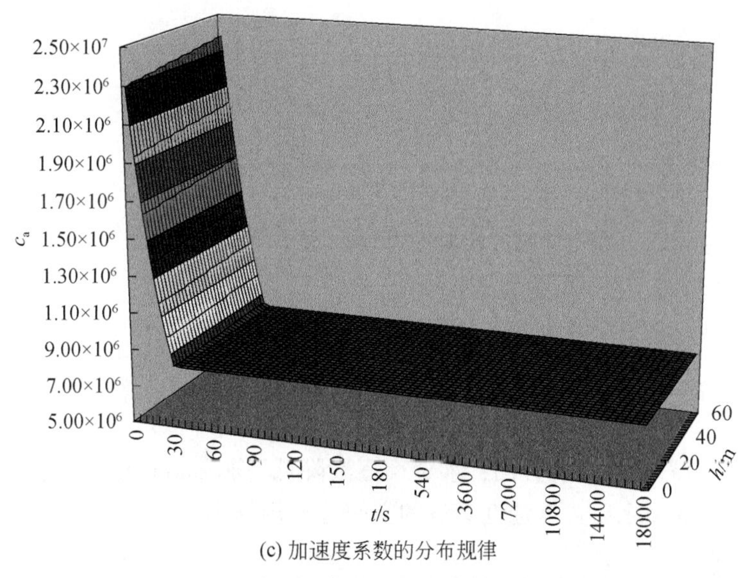

(c) 加速度系数的分布规律

图 10-6　渗透性参量的时空分布规律（续）

图 10-7 给出了 $t=0\text{s}$、$t=15\text{s}$ 和 $t=35\text{s}$ 三种时刻下，渗透率、非 Darcy 流 β 因子和加速度系数的空间分布规律。可以看出，前 35s 内，从底部（$x=0$）到顶部

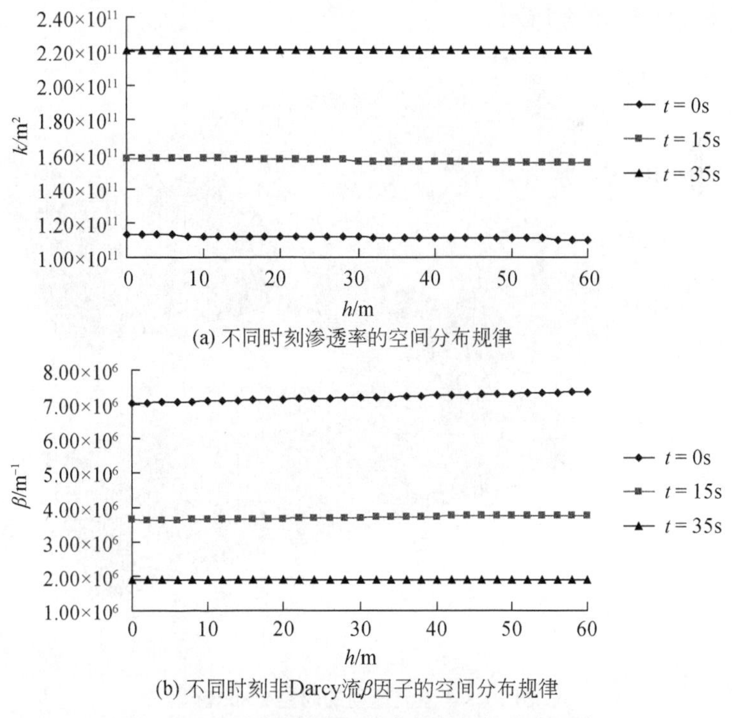

(a) 不同时刻渗透率的空间分布规律

(b) 不同时刻非Darcy流β因子的空间分布规律

图 10-7　不同时刻渗透性参量的空间分布规律

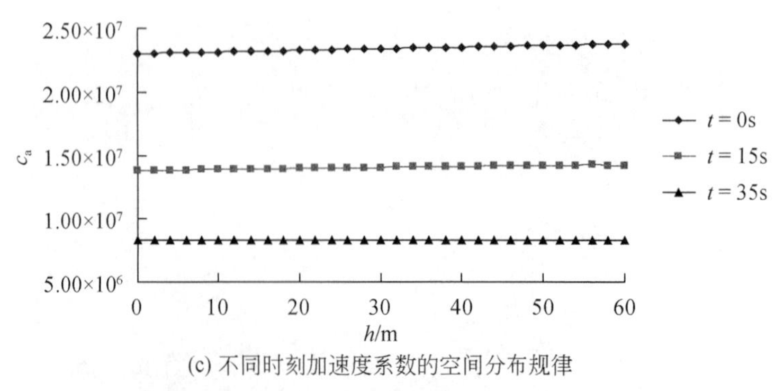

(c) 不同时刻加速度系数的空间分布规律

图 10-7　不同时刻渗透性参量的空间分布规律（续）

（$x=60$m），沿着岩体高度方向，渗透率逐渐降低，非 Darcy 流 β 因子和加速度系数逐渐增加，35s 之后，渗透性参量的空间分布规律不再变化。

10.5　渗流速度的计算及分析

按照式（9-23）、式（9-25）、式（9-27）分别计算中间节点和边界节点处不同时刻岩体的渗流速度 $V_i^{t_j}$（$i=1$，2，…，31，$t_j=j\tau$）。岩体渗流速度的时间和空间分布曲线如图 10-8 所示。

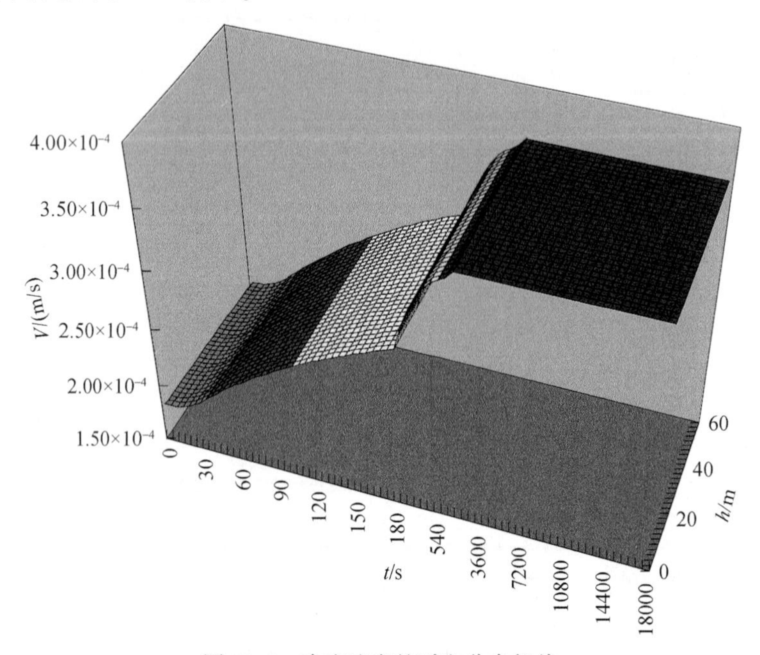

图 10-8　渗流速度的时空分布规律

由图10-8可以看出，渗流速度随着时间单调增加，量级保持不变，为10^{-4}m/s。渗流速度增大到最大值3.59×10^{-4}m/s历时约1200s。

图10-9给出了$t=0$s、$t=35$s、$t=90$s和$t=120$s几种时刻下，渗流速度沿着岩体高度方向的分布规律，可以看出，在$0\leqslant t<120$s时间内，在底部水压力的作用下，底部渗流速度大于顶部，直到$t\geqslant120$s时，渗流速度沿岩体高度方向不再变化，但仍未达到其最大值。

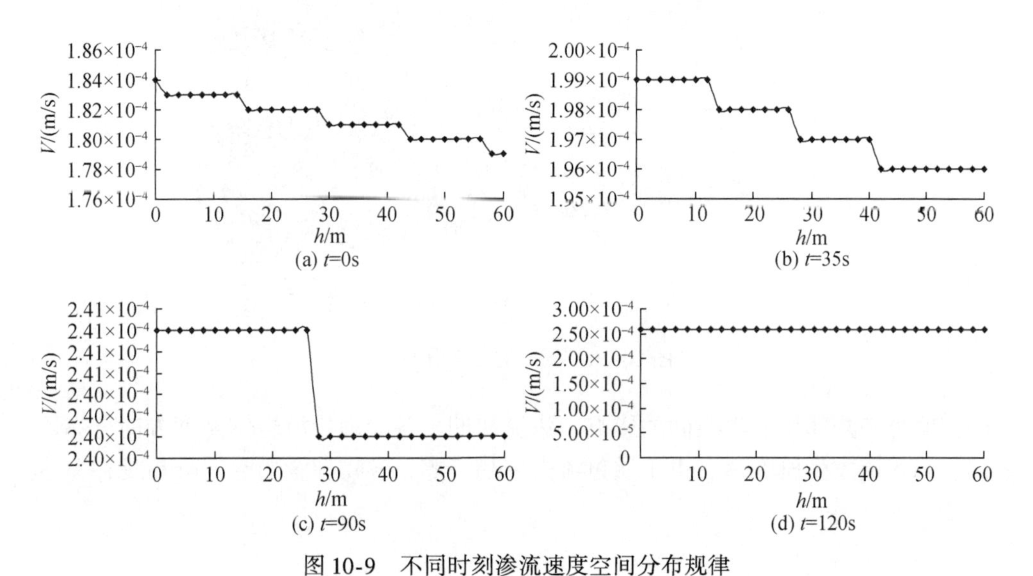

(a) t=0s　(b) t=35s

(c) t=90s　(d) t=120s

图10-9　不同时刻渗流速度空间分布规律

10.6　压力的计算及分析

按照式（9-16）、式（9-18）、式（9-20）分别计算中间节点和边界节点处不同时刻破碎岩体的压力$p_i^{t_j}(i=1，2，\cdots，31，t_j=j\tau)$。其时间和空间分布曲线如图10-10所示。

由图10-10可见，破碎岩体在底部水压力的作用下，水以一定的速度在破碎岩体内从底部流向顶部，并从顶部流出。水流携带细小颗粒迁移，颗粒迁移行为首先从岩体底部开始，向顶部发展，并引起破碎岩体质量流失，质量流失率沿岩体高度方向变化。质量流失引起破碎岩体的孔隙结构调整，孔隙度的空间分布规律相应发生变化。孔隙度的空间变化，导致破碎岩体的渗透率、非Darcy流β因子和加速度系数的空间分布规律变化。渗透性参量的空间变化引起水渗流速度的变化。渗流速度和压力又决定着破碎岩体中细小颗粒的迁移能力。总之，上述各物理量的相互影响和制约形成一个连续的、循化影响的物理场。

质量流失率、孔隙度、渗透率、非Darcy流β因子、加速度系数和渗流速度

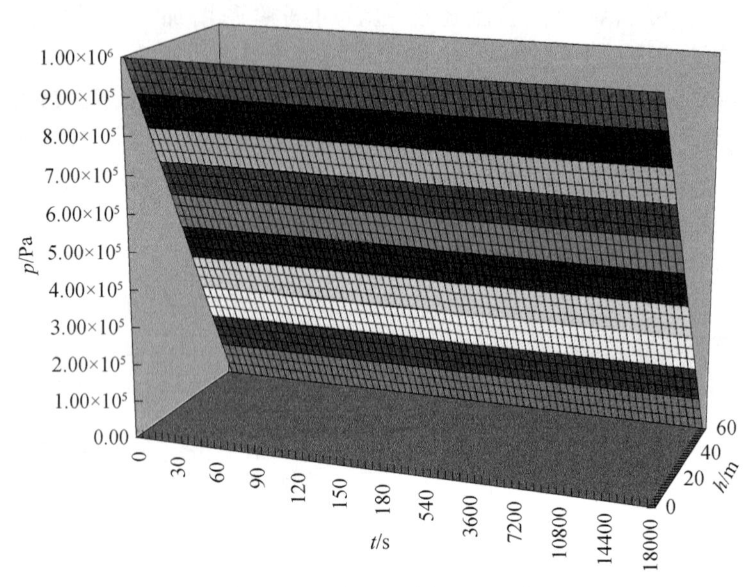

图 10-10　压力的时空分布规律

的空间分布规律受渗流时间的影响。渗流初期，各物理量沿岩体高度方向分布不同，当渗流发生剧变后，由于质量流失率趋于零，各物理量的空间分布规律基本不变。

10.7　本 章 小 结

本章利用上一章介绍的算法及编制的响应程序，对伴随质量流失的破碎岩体渗流系统动力学模型进行了数值计算，得到了质量流失率、孔隙度、渗透率、非 Darcy 流 β 因子、加速度系数、渗流速度和压力等动力学参数的时空变化规律，得到如下主要结论。

（1）质量流失率、孔隙度、渗透率、非 Darcy 流 β 因子、加速度系数、渗流速度和压力等物理量的时间分布规律与试验测试结果具有较好的一致性，证明了伴随质量流失的破碎岩体渗流系统动力学模型的正确性。同时，通过模拟各物理量沿岩体高度方向的分布规律，掌握了各物理量在空间上的动态变化过程，数值计算弥补了试验的不足。

（2）在程序里将岩体的高度定义到与实际陷落柱高度同一量级上，得到了 50 组样本以外的破碎岩体各物理量的时空分布规律，所有规律符合试验现象，并可以得到合理解释，证明了算法和程序的可靠性。

第 11 章　结论与展望

陷落柱突水本质上是质量流失引起破碎岩石渗流失稳的现象。因此，如何解释破碎岩石质量流失和渗流失稳规律，揭示伴随质量流失的破碎岩石的渗流失稳机理，是含陷落柱煤层开采中突水灾害防治亟需解决的科学问题之一。

本书从水的溶蚀、冲蚀和磨蚀作用着眼，分析了破碎岩石在渗透过程中质量流失的机理，根据加速试验的要求，对伴随质量流失的破碎岩石渗透试验系统进行了设计改进，并利用该系统完成渗透加速试验和水流形态转变试验。通过加速渗透试验，分析了 Talbol 幂指数和初始孔隙度对质量流失率、孔隙度、渗流速度、压力梯度、渗透率、非 Darcy 流 β 因子和加速度系数的影响；通过水流形态转变试验，分析了 Talbol 幂指数、初始孔隙度和压力梯度对水流形态转变前质量流失时间和流失质量的影响。为了弥补试验的不足，本书构建了伴随质量流失的破碎岩体渗流系统的动力学模型，设计了系统响应的计算方法，并模拟了任意 Talbol 幂指数、任意初始孔隙度和任意压力梯度下质量流失率、孔隙度、渗透率、非 Darcy 流 β 因子、加速度系数、压力和渗流速度的时变过程。通过研究得到如下主要结论。

（1）运用水化学和连续介质力学等理论，分析了水对破碎岩石的溶蚀、冲蚀和磨蚀作用及破碎岩石的质量流失规律。分别建立了中性、酸性和碱性环境下水与破碎岩石的化学反应方程和相应的反应动力学方程，导出了溶蚀、冲蚀和磨蚀引起的质量流失率表达式，并解释了破碎岩石质量流失机理。

（2）根据加速试验“不能改变质量流失机理”这一根本要求，对伴随质量流失的破碎岩石渗透试验系统重新进行功能分解和组合，研制出便于渗透加速试验和水流形态转变试验顺利切换的试验系统。渗透加速试验采用泵站式渗透方式，系统最长连续工作时间达到 6h 以上；水流形态转变试验采用注射器式渗透方式，可实现精确的压力调节。

（3）构建了破碎岩石质量流失率和渗透性参量（渗透率、非 Darcy 流 β 因子和加速度系数）的计算方法。运用遗传算法对渗透率、非 Darcy 流 β 因子和加速度系数三者之间的幂指数函数关系中的参考值 k_r、β_r、c_{ar}、n_β 和 n_c 进行优化；基于压力梯度和渗流速度时间序列，综合运用非线性代数方程求根的 Newton 切线法、常微分方程求数值解的 Runge-Kutta 法和一元三点不等距 Lagrange 插值法等，成功提取了伴随质量流失的破碎岩石渗透性参量的时间序列。同时，运用遗传算法对质量流失率表达式中的系数 C_1 和 C_2、幂指数 χ_1 和 χ_2 进行了优化。研究表明，遗传算法弥补了试验的不足。

（4）通过渗透加速试验，分析了破碎泥岩的质量流失规律，研究表明：①流失质量-时间曲线分为质量快速流失阶段和质量缓慢流失阶段，随着 Talbol 幂指数的减小和压实量的增大，快速流失阶段流失质量增大、过程缩短；②孔隙度的变化率与质量流失率成正比；③渗透率、非 Darcy 流 β 因子和加速度系数对孔隙度按幂指数关系变化；④Talbol 幂指数-压实量平面上存在一条折线，在折线的一侧，渗流速度、压力梯度、渗透率、非 Darcy 流 β 因子和加速度系数存在量级上的变化，并常伴有喷浆现象。

（5）通过破碎泥岩在恒定压力梯度下的水流形态转变试验，测试了从开始渗透到渗流失稳（即水流形态转变）的时间 T、水流形态转变瞬间流失质量 m_p 和平均质量流失率 m'_p，得到了 Talbol 幂指数、初始孔隙度和压力梯度对 T、m_p 和 m'_p 的影响规律，建立了水流形态转变的条件。研究表明：①水在破碎岩石中流动形态的转变不仅仅取决于压力梯度，与质量流失时间也密切相关，即在较大的压力梯度下，水在破碎岩石中流动形态的转换可以瞬间完成，而在较小的压力梯度下，只要质量流失时间足够长，同样可以实现流动形态的转换；②时间 T 与压力梯度的自然对数呈线性关系；③在相同的 Talbol 幂指数下，时间 T 随初始孔隙度的增大而缩短；④相同初始孔隙度下，Talbol 幂指数等于 0.5 时，时间 T 最大；Talbol 幂指数等于 0.1 时，时间 T 最小。

（6）质量流失是引发破碎岩体渗流失稳的内因，压力梯度是失稳的外因。当质量流失发展到一定阶段，孔隙结构失去稳定性，形成突水通道，液体的流动形态发生变化（由渗流转变为管流），渗流失稳，即发生突水。

（7）渗流失稳时的突水通道分为三种：第一种通道是位于岩样外圆柱面的不规则管洞；第二种通道是位于岩样内部的不规则管洞；第三种通道是位于岩样内部的若干条细小的管洞。

（8）构建了一种考虑了加速因子对质量流失率影响的伴随质量流失的破碎岩体渗流系统动力学模型，设计了系统响应计算方法，应用 Fortran 语言编制响应程序，并通过算例验证了算法的收敛性和实用性。

本书的研究工作仅针对非胶结破碎岩体开展，而实际陷落柱不是简单的松散堆积的破碎岩体，而是经过地质年代的沉积作用和风化作用后，形成的由各种大小不等的破碎岩块混杂，由岩块表面附着的泥质和硅质薄膜胶结压实而形成的，具有一定强度的孔隙和裂隙结构多变的胶结破碎岩体[18]。胶结后的破碎岩体呈现出一定的整体性，具有较低的渗透性和较高的力学指标。受到外界扰动后，胶结易被破坏，岩体的整体性迅速下降，重新呈现松散状，渗透性增大。此外，胶结物遇水作用后易水化，破碎岩体的渗透性会进一步增大。因此，伴随质量流失的胶结破碎岩体的渗透性研究是今后可进一步深入开展的工作。

对胶结破碎岩体渗透性的研究，需要考虑破碎岩体内部的胶结作用，可以用胶结破碎岩体的抗剪强度衡量其胶结程度，并把抗剪强度作为影响质量流失和渗流失稳的因素之一，来研究质量流失率、孔隙度和渗透性参量的演化规律。

本书通过加速试验研究了伴随质量流失的破碎岩石的渗透性；从质量流失引起水流模式由渗流到管流转变的视角，研究了破碎岩石的渗流失稳行为；初步解释了伴随质量流失的破碎岩石渗流失稳机理，研究成果有望为含陷落柱或断层等破碎岩体的煤层开采的突水机理研究提供新的思路和依据，并为隧道和堤坝等含堆积破碎岩体工程中的渗流失稳问题提供借鉴。

参考文献

[1]缪协兴,白海波,陈占清. 煤层底板陷落柱突水的塞子模型及机理分析[A]//中国力学学会学术大会2009论文摘要集[C]. 北京:中国力学学会,2009:346.

[2]钱学溥. 石膏喀斯特陷落柱的形成及其水文地质意义[J]. 中国岩溶,1988,7(4):47-49.

[3]张之淦. 娘子关地区马家沟灰岩岩溶[A]//中国地质学会第二届岩溶学术会议论文选集[C]. 北京:科学出版社,1982:47-50.

[4]王锐. 华北地区岩溶陷落柱的成因探讨[J]. 水文地质与工程地质,1982,9(1):37-41.

[5]赵同谦. 峰峰矿区西北部岩溶陷落柱的成因及发育规律探讨[J]. 焦作矿业学院学报,1994,13(2):205-208.

[6]史俊德,连冬香,杨士臣. 论岩溶塌陷问题[J]. 华北地质矿产杂志,1998,13(3):264-267.

[7]杨为民,周治安. 岩溶陷落柱充填特征及活化导水分析[J]. 中国岩溶,2001,20(4):279-283.

[8]李金凯. 矿井岩溶水防治[M]. 北京:煤炭工业出版社,1990.

[9]徐卫国. 岩溶矿区地面塌陷的形成及防治的探讨[J]. 矿山技术,1978,1:9-11.

[10]徐卫国,赵桂荣. 真空吸蚀作用引起的塌陷实例[J]. 水文地质工程地质,1988,(3):50-51.

[11]陈尚平. 河北峰峰地区岩溶陷落柱成因探讨[J]. 中国岩溶,1993,12(3):233-244.

[12]董兴文. 四川须家河煤组陷落柱[J]. 煤炭工程师,1998,2:36-38.

[13]文朝生,宋改改. 对凤凰山井田陷落柱的探讨[J]. 煤,2002,4:50-51.

[14]童世杰,段中稳,张乃宏. 任楼井田岩溶陷落柱成因研究[J]. 淮南职业技术学院学报,2004,4(1):27-29.

[15]邱继发. 层滑状态下陷落柱周围的伴生构造[J]. 西山科技,2001,2:20-21.

[16]张宝柱,陈振东. 华北型煤田岩溶陷落柱分布规律及其水文地质意义[J]. 阜新矿业学院学报,1996,15(3):295-298.

[17]尹尚先,王尚旭,武强. 陷落柱突水模式及理论判据[J]. 岩石力学与工程学报,2004,23(6): 964-968.

[18]尹尚先,吴文金,李永军,等. 华北煤田岩溶陷落柱及其突水研究[M]. 北京:煤炭工业出版社,2008.

[19]尹尚先,武强. 陷落柱概化模式及突水力学判据[J]. 北京科技大学学报,2006,28(9):812-817.

[20]宋彦琦,王兴雨,程鹏,等. 椭圆形陷落柱厚壁筒突水模式力学判据及数值模拟[J]. 煤炭学报,2011,36(3): 452-455.

[21]王家臣,李见波. 预测陷落柱突水灾害的物理模型及理论判据[J]. 北京科技大学学报,2010,32(10):1273-1247.

[22]许进鹏,宋扬,成云海,等. 陷落柱柱体及其周边裂隙原始应力的理论计算及数值模拟[J]. 矿山压力与顶板管理,2005,22(4):118-120.

[23]许进鹏,孔一凡,童宏树. 弱径流条件下陷落柱柱体活化导水机理及判据[J]. 中国岩溶,

2006,25(1):35-39.

[24]Tang J H,Bai H B,Yao B H,et al. Theoretical analysis on water-inrush mechanism of concealed collapse pillars in floor[J]. Mining Science and Technology,2011,21(1):57-60.

[25]尹尚先,武强. 煤层底板陷落柱突水模拟及机理分析[J]. 岩石力学与工程学报,2004,23(15):2551-2556.

[26]杨天鸿,陈仕阔,朱万成,等. 矿井岩体破坏突水机制及非线性渗流模型初探[J]. 岩石力学与工程学报,2008,27(7): 1411-1416.

[27]朱万成,魏晨慧,张福壮,等. 流固耦合模型用于陷落柱突水的数值模拟研究[J]. 地下空间与工程学报,2009,5(5): 928-933.

[28]李连崇,唐春安,左宇军,等. 煤层底板下隐伏陷落柱的滞后突水机理[J]. 煤炭学报,2009,34(9): 1212-1216.

[29]王家臣,杨胜利. 采动影响对陷落柱活化导水机理数值模拟研究[J]. 采矿与安全工程学报,2009,26(2): 140-144.

[30]王家臣,李见波,徐高明. 导水陷落柱突水模拟试验台研制及应用[J]. 采矿与安全工程学报,2010,27(3): 305-309.

[31]项远法. 陷落柱突水过程的力学模型[J]. 煤田地质与勘探,1993,21(5):36-39.

[32]Darcy H. Les Fontaines Publiques de la Ville de Dijon[M]. Paris:Dalmont,1856.

[33]陆同兴. 非线性物理概论[M]. 合肥:中国科学技术大学出版社,2002.

[34]Lomize G M. Flow in fractured rocks[C]. Moscow:Gosemergo Izdat, 1951:127-129.

[35]Polubarinova-Kochina P Y. Theory of ground water motion[M]. Moscow:Goss Izdat. Tekh.-Teotet. Lit, 1952.

[36]Winlkins J K. Flow of Water through Rockfill and its Application to the Design of Dams[C], Proc. 2nd Austr. Nz. Soil Conf. ,1956.

[37]Johnson H A. Flow through Rockfill Dams[J]. Proc. ASCE,J. Soil Mech. Found. Eng. Div. , 1971,97(SM2):329-340.

[38]曾康一,门福录. 关于多孔介质中渗流的基本规律[J]. 地震工程与工程振动,1990,10(3):75-82.

[39]Scheidegger A E. The Physics of Flow Through Porous Media,2nd ed. [M]. Toronto:University of Toronto Press,1960.

[40]Ergun S,Orning A A. Fluid flow through randomly packed columns and fluidized beds[J]. Ind. Eng. Chem. 1949,41: 1179-1184.

[41]Ergun S. Fluid flow through packed columns[J]. Chem. Eng. Prog. ,1952,48: 89-94.

[42]Burke S P,Plummer W B. Gas flow through packed columns[J]. Ind. Eng. Chem. , 1928,20: 1196-1200.

[43]Rumer R R,Drinker P A. Resistance to laminal flow through porous media[J],Proc. Amer. Soc. Civil Eng. , 1966,92:155-164.

[44]Irmay S. On the theoretical derivation of Darcy and Forchheimer formulas[J]. Transactions of the American Geophysical Union, 1958,39(4):702-707.

[45]Irmay S. Theoretical models of flow through porous media[C]. R. I. L. E. M. Symp. Transfer of

Water in Porous Media, Paris, 1964.

[46] Bachmat Y. Basic transport coefficients as aquifer characteristics [C]. I. A. S. H. Symp. Hydrology of Fractured Rocks, Dubrovnik 1, 1965:63-76.

[47] Blick E F. Capillary orifice model for high speed flow through porous media I and EC[J]. Process Design and Development, 1996, 6(1):90-94.

[48] Ahmad N. Physical Properties of Porous Medium Affecting Laminar and Turbulent Flow of Water [D]. Ph. D. Thesis, Colorado State University, Fort Collins, Colo., 1967.

[49] Carman P C. Fluid flow through a granular bed[J]. Trans Inst. Chem. Eng. London, 1937, 15: 150-156.

[50] Ward J C. Turbulent flow in porous media[J]. Proc. Amer. Soc. Civil Eng., 1964, 90(HY5): 1-12.

[51] Kogure K. Experimental study on permeability of crushed rock [J]. Memoirs of the Defense Academy, Japan, 1976, 16(4):149-154.

[52] Zoback M D, Byerlee J D. Note on the deformational behavior and permeability of crushed granite [J]. International Journal of Rock Mechanics and Mining Sciences & Geomechanics Abstracts, 1976, 13(10):291-294.

[53] Mc Corquodal T A, Hannoura A A A, Nasser M S. Hydraulic conductivity of rockfill[J]. Journal of Hydraulic Research, 1978, 16(2):123-137.

[54] Stephenson D. 堆石工程水利计算[M]. 北京:海洋出版社, 1984.

[55] Martins R. Turbulent seepage flow through rockfill structures[J]. International Water Power and Dam Construction, 1990, 42 (3):41-42, 44-45.

[56] Nicholas M J, Catalino C B. Through-flow analysis for rockfill dam stability evaluations[C]. Waterpower'91: A New View of Hydro Resources, 1991:1734-1743.

[57] Leps T M. Flow Through Rockfill[J]. Embankment-Dam Eng., 1973, 7:87-107.

[58] Kumar G N P, Venkataraman P. Non-Darcy converging flow through coarse granular media[J]. Journal of the Institution of Engineers (India): Civil Engineering Division, 1995, 76:6-11.

[59] Legrand J. Revisited analysis of pressure drop in flow through crushed rocks [J]. Journal of Hydraulic Engineering, 2002, 128(11):1027-1031.

[60] Hansen D, Garga V K, Townsend D R. Selection and application of a one-dimensional non-Darcy flow equation for two-dimensional flow through rockfill embankments[J]. Canadian Geotechnical Journal, 1995, 32 (2): 223-232.

[61] Izbash S V, Leleeva N M. Problems of turbulent seepage flow through rockfill [J]. Gidrotekh Stroit, 1971, 5: 39-41.

[62] Nakagawa K, Komada H, Kanazawa K. Finite element analysis of pore pressure behavior [A]. Proleedings of the 5th International Conference on Numerical Methods Geomechanics [C], Nagoya, Japan. Rotterdam: Balkema, 1985, 2:919-926.

[63] Mc Corquodale J A, Nasser M S. Numerical Methods For Unsteady Non-Darcy Flow [C]. Bundesministerium fuer Forschung and Technologie, Forschungsbericht, Technologische Forschung and Entwicklung, 1974: 545-557.

[64] Volker R E. Nonlinear flow in porous media by finite element[J]. Proc. ASCE,1969,95(6):2093-2114.

[65]徐天有,张晓宏,孟向一. 堆石体渗透规律的试验研究[J]. 水利学报,1998,29(S1):81-84.

[66]邱贤德,阎宗岭,姚本军,等. 堆石体渗透特性的试验研究[J]. 四川大学学报(工程科学版),2003,35(2):6-9.

[67]邱贤德,阎宗岭,刘立,等. 堆石体粒径特征对其渗透性的影响[J]. 岩土力学,2004,25(6):950-954.

[68]高玉峰,王勇. 饱和方式和泥岩含量对堆石料渗透系数的影响[J]. 岩石力学与工程学报,2007,26(S1):2959-2963.

[69] Wang M L, Miao S K, Maji A K, et al. Effect of water on the consolidation of crushed rock salt[A]. Proceedings of Engineering Mechanics[C]. ASCE,1992,:531-534.

[70] Wang M L, Miao S K, Maji A K, et al. Deformation mechanisms of WIPP backfill[J]. Radioactive Waste Management and Environmental Restoration,1996,20(2-3):191-211.

[71]胡去劣. 过水堆石体渗流及其模型相似[J]. 岩土工程学报,1993,15(4):47-51.

[72]郭庆国. 粗粒土的工程特性及应用[M]. 郑州:黄河水利出版社,1998.

[73]李广悦,丁德馨,张志军,等. 松散破碎介质中气体渗流规律试验研究[J]. 岩石力学与工程学报,2009,28(4):791-798.

[74]丁德馨,李广悦,徐文平. 松散破碎介质中液体饱和渗流规律研究[J]. 岩土工程学报,2010,32(2):180-184.

[75]赵海斌,蒯波,王思敬,等. 坝基破碎岩体高压渗透变形原位试验[J]. 岩石力学与工程学报,2009,28(11):2295-2300.

[76]于留谦,许国安. 三维非达西渗流的有限元分析[J]. 水利学报,1990,20(10):49-54.

[77] Bear J. Dynamics of Fluids in Porous Media[M]. New York: Elsevier,1979.

[78]刘卫群. 破碎岩体的渗流理论及其应用研究[D]. 北京:中国矿业大学,2002.

[79]李顺才,陈占清,缪协兴. 破碎岩体渗流的试验及理论研究综述[J]. 山东科技大学学报(自然科学版),2008,27(3):37-43.

[80]刘玉庆,李玉寿,孙明贵. 岩石散体渗透试验新方法[J]. 矿山压力与顶板管理,2002,19(4):108-110.

[81]孙明贵,李天珍,黄先伍,等. 破碎岩石非 Darcy 流的渗透特性试验研究[J]. 安徽理工大学学报(自然科学版),2003,23(2):11-13.

[82]刘卫群,缪协兴,陈占清. 破碎岩石渗透性的试验测定方法[J]. 实验力学,2003,18(1):56-61.

[83]马占国,缪协兴,李兴华,等. 破碎页岩渗透特性[J]. 采矿与安全工程学报,2007,24(3):260-264.

[84] Ma Z G, Miao X X, Zhang F, et al. Experimental Study into Permeability of Broken Mudstone[J]. Journal of China University of Mining & Technology,2007,17(2):147-151.

[85]马占国,缪协兴,陈占清,等. 破碎煤体渗透特性的试验研究[J]. 岩土力学,2009,30(4):985-988,996.

[86]黄先伍,唐平,缪协兴,等. 破碎砂岩渗透特性与孔隙率关系的试验研究[J]. 岩土力学,

2005,26(9):1385-1388.

[87]李顺才,缪协兴,陈占清,等. 承压破碎岩石非 Darcy 渗流的渗透特性试验研究[J]. 工程力学,2008,25(4):85-92.

[88]黄伟. 基于流固耦合动力学的矿压显现与瓦斯涌出相关性分析[D]. 徐州:中国矿业大学,2011.

[89]王路珍,陈占清,孔海陵,等. 加载历程对配径碎煤渗透特性影响的试验研究[J]. 岩土力学,2013,34(5):1325-1331.

[90]缪协兴,陈占清,茅献彪,等. 峰后岩石非 Darcy 渗流的分岔行为研究[J]. 力学学报,2003,35(6):660-667.

[91]李顺才. 破碎岩体非 Darcy 渗流的非线性动力学研究[D]. 徐州:中国矿业大学,2006.

[92]李天珍,马林,张连英. 泥岩非 Darcy 流渗透特性指标正负号探讨[J]. 采矿与安全工程学报,2007,24(4):481-485.

[93]Wang L Z,Chen Z Q,Shen H D. Experimental study on the type change of liquid flow in broken coal samples[J]. Journal of coal science and engineering,2013,19(1):19-25.

[94]白海波. 奥陶系顶部岩层渗流力学特性及作为隔水关键层应用研究[D]. 徐州:中国矿业大学,2008.

[95]姚邦华. 破碎岩体变质量流固耦合动力学理论及应用研究[D]. 徐州:中国矿业大学,2012.

[96]马丹. 破碎泥岩变质量非 Darcy 流渗透特性试验研究[D]. 徐州:中国矿业大学,2013.

[97]杜锋. 破碎岩体水沙两相渗透特性试验研究[D]. 徐州:中国矿业大学,2013.

[98]Logan J M, Blaekwell M I. The influence of chemically active fluids on frictional behavior of sandstone[J]. EOS,Trans. AM. Geophy. Union,1983,64(2):835-837.

[99]耿乃光,郝晋昇,李纪汉,等. 断层泥力学性质与含水量关系初探[J]. 地震地质,1986,8(3):56-60.

[100]Dyke C G,Dobereiner L. Evaluating the strength and deformability of sandstones[J]. Quarterly Journal of Engineering Geology,1991,24(1):123-134.

[101]陈钢林,周仁德. 水对受力岩石变形破坏宏观力学效应的实验研究[J]. 地球物理学报,1991,34(3):335-342.

[102]Hawkins A B,McConnell B J. Sensitivity of sandstone strength and Deformability to changes in moisture content[J]. Quarterly Journal of Engineering Geology,1992,25(2):115-130.

[103]康红普. 水对岩石的损伤[J]. 水文地质工程地质,1994,20(3):39-41.

[104]李炳乾. 地下水对岩石的物理作用[J]. 地震地质译从,1995,17(5):32-37.

[105]喻学文,吴永锋. 长江三峡巴东县城区三道沟滑坡成因研究[J]. 工程地质学报,1996,4(1):1-7.

[106]Pen'kovskii V I. Capillary pressure and the gravity and dynamic phase distribution in a water-oil-gas-rock system[J]. Journal of Applied Mechanics and Technical Physics,1996,37(6):845-849.

[107]周翠英,邓毅梅,谭祥韶,等. 软岩在饱水过程中微观结构变化规律研究[J]. 中山大学学报(自然科学版),2003,42(4):98-102.

[108]周翠英,邓毅梅,谭祥韶,等. 饱水软岩力学性质软化的试验研究与应用[J]. 岩石力学与工程学报,2005,24(1):33-38.

[109]周翠英,谭祥韶,邓毅梅,等. 特殊软岩软化的微观机制研究[J]. 岩石力学与工程学报,2005,24(3):394-400.

[110]周翠英,张乐民. 软岩与水相互作用的非线性动力学过程分析[J]. 岩石力学与工程学报,2005,24(22):4036-4041.

[111]冒海军,杨春和,黄小兰,等. 不同含水条件下板岩力学实验研究与理论分析[J]. 岩土力学,2006,27(9):1637-1642.

[112]郭富利,张顶立,苏洁,等. 地下水和围压对软岩力学性质影响的试验研究[J]. 岩石力学与工程学报,2007,26(11):2324-2332.

[113]许模,张衡. 地下水对某边坡岩体物理软化作用的研究[J]. 四川水利,2008,15(4):20-22.

[114]Erguler Z A, Ulusay R. Water-induced variations in mechanical properties of clay-bearing rocks [J]. International Journal of Rock Mechanics and Mining Sciences,2009,46(2): 355-370.

[115]张雯,曹平,张向阳,等. 金川矿区岩石的膨胀和软化特性试验及分析[J]. 中南大学学报(自然科学版),2010,41(5):1913-1917.

[116]汪亦显,曹平,黄永恒,等. 水作用下软岩软化与损伤断裂效应的时间相依性[J]. 四川大学学报(工程科学版),2010,42(4):55-62.

[117]朱敏,邓华锋,周时,等. 水岩作用下砂岩断裂韧度及抗拉强度的试验研究[J]. 三峡大学学报(自然科学版),2012,34(5):34-38,51.

[118]Yang D S,Bornert M, Chanchole S,et al. Dependence of elastic properties of argillaceous rocks on moisture content investigated with optical full-field strain measurement techniques [J]. International Journal of Rock Mechanics and Mining Sciences,2012,53: 45-55.

[119]Eeckhout E M V. The mechanisms of strength reduction dueto moisture in coal mine shales[J]. Int. J. Rock Mech. Min. Sci.,1976,13(2): 61-67.

[120]Kramadibrata S,Jones I O. Size effect on stronght and deformability of brittle intact rock[A]. Proceedings of the 2nd International workshop on Scale Effects in Rock Masses Lisbon,Portugal [C]. Rotterdam:A. A. Balkema,1993:277.

[121]Vasarhelyi B. Some observations regarding the strength and deformability of sandstones in case of dry and saturated conditions[J]. Bull Eng. Geol. Environ.,2003,62(3): 245-249.

[122] Vasarhelyi B. Statistical analysis of the influence of water content on the strength of the Miocene limestone[J]. Rock Mech. Rock Eng.,2005,38(1): 69-76.

[123]van Asch T W J,Hendriks M,Hessel R,et al. Hydrologieal triggering Conditions of landslides in varved clays in the French Alps[J]. Enginering Geology,1996,42(4): 239-251.

[124]刘文平,时卫民,孔位学,等. 水对三峡库区碎石土的弱化作用[J]. 岩土力学,2005,26(11):166-170.

[125]董云,柴贺军,杨慧丽. 土石混填路基原位直剪与室内大型直剪试验比较[J]. 岩土工程学报,2005,27(2):235-238.

[126]李维树,邬爱清,丁秀丽. 三峡库区滑带土抗剪强度参数的影响因素研究[J]. 岩土力学,

2006,27(1):56-60.

[127]李维树,夏晔,乐俊义. 水对三峡库区滑带(体)土直剪强度参数的弱化规律研究[J]. 岩土力学,2006,27(S2):1170-1174.

[128]李维树,丁秀丽,邬爱清,等. 蓄水对三峡库区土石混合体直剪强度参数的弱化程度研究[J]. 岩土力学,2007,28(7):1338-1342.

[129]赵青,黄质宏,孔思丽,等. 土质边坡抗剪强度试验结果分析[J]. 贵州工业大学学报(自然科学版),2003,32(2):92-97.

[130]孔位学,郑颖人. 三峡库区饱和碎石土地基承载力研究[J]. 工业建筑,2005,35(4):62-64.

[131]赵川,石晋旭,唐红梅. 三峡库区土石比对土体强度参数影响规律的试验研究[J]. 公路,2006,35(11):32-35.

[132]唐晓松,邓楚键,郑颖人,等. 三峡库区碎石土地基浸水试验研究[J]. 地下空间与工程学报,2008,4(2):226-229.

[133]王光进,杨春和,张超,等. 粗粒含量对散体岩土颗粒破碎及强度特性试验研究[J]. 岩土力学,2009,30(12):3649-3654.

[134]Кузъкин В И. 负载状态下溶解作用对不同成因岩石强度的影响[J].赵惠珍,译. 地质科技译丛,1997,14(2):61-64.

[135] Dunning J, Douglas B, Miller M, et al. The role of the chemical environment in frictional deformation: Stress corrosion cracking and comminution[J]. Pure Applied Geophysics,1994,43(1-3): 151-178.

[136] Feucht L J, Logan J M. Effects of chemically active solutions on shearing behavior of a sandstone[J]. Tectonophysics,1990,175(1): 159-176.

[137]汤连生,王思敬. 水-岩化学作用对岩体变形破坏力学效应研究进展[J]. 地球科学进展,1999,14(5):433-439.

[138]汤连生,王思敬. 岩石水化学损伤的机理及量化方法探讨[J]. 岩石力学与工程学报,2002,21(3):314-319.

[139]汤连生,张鹏程,王思敬. 水-岩化学作用的岩石宏观力学效应的试验研究[J]. 岩石力学与工程学报,2002,21(4):526-531.

[140]冯夏庭,赖户政宏. 化学环境侵蚀下的岩石破裂特性——第一部分:试验研究[J]. 岩石力学与工程学报,2000,19(4):403-407.

[141]王泳嘉,冯夏庭. 化学环境侵蚀下的岩石破裂特性——第二部分:时间分形分析[J]. 岩石力学与工程学报,2000,19(5):551-556.

[142]陈四利,冯夏庭,李邵军. 化学腐蚀对黄河小浪底砂岩力学特性的影响[J]. 岩土力学,2002,23(3):284-287,296.

[143]丁梧秀,冯夏庭. 化学腐蚀下灰岩力学效应的试验研究[J]. 岩石力学与工程学报,2004,23(21):3571-3576.

[144]霍润科,李宁,刘汉东. 受酸腐蚀砂岩的统计本构模型[J]. 岩石力学与工程学报,2005,24(11):1852-1856.

[145] Li N, Zhu Y M, Su B, et al. A chemical damage model of sandstone in acid solution[J]. Int. J.

Rock Mech. Min. Sei. ,2003,40(2): 243-249.

[146]张信贵,吴恒,方崇,等. 水土化学体系中钙镁对土体结构强度贡献的试验研究[J]. 地球与环境,2005,33(4):62-68.

[147]姜立春,陈嘉生. AMD蚀化砂岩的性征及其机理研究[J]. 矿业研究与开发,2006,26(6):27-31.

[148]Atkinson B K,Meredith P G. Stress corrosion cracking of quartz: A note on the influence of chemical environment[J]. Tectonophysics,1981,77(1): 1-11.

[149]Karfakis M G,Askram M. Effects of chemical solutions on rock fracturing[J]. Int. J. Rock Mech. Min. Sci. & Geomech. Abstr. ,1993,37(7): 1253-1259.

[150]Hutchinson A J,Johnson J B. Stone degradation due to wet deposition of pollutants[J]. Corrosion science,1993,34:1881-1898.

[151] Seto M,Vutukuri V S,Nag D K,et al. The effect of chemical additives on strength of rock[J]. Proc. Civ. Eng. ,1998,603(III-44): 157-166.

[152]Heggheim T, Madland M V,Risnes R,et al. A chemical induced enhanced weakening of chalk by seawater[J]. Journal of Petroleum Science and Engineering, 2005,46(3): 171-184.

[153]Sausse J,Jacquot E,Fritz B,et al. Evolution of crack permeability during fluid-rock interaction: Example of the Brézouard granite[J]. Tectonophysics,2001,336(1): 199-214.

[154]Hoteit N,Vzanam O,Su K,et al. Thermo- hydromechamcal behazior of deep argillaceons rocks [A]. Pacific Rocks 2000[C]. Rotterdam:A. A. Balkema,2000:1073-1078.

[155]Polak A,Elsworth D,Yasuhara H,et al. Permeability reduction of a natural fracture under net dissolution by hydrothermal fluids[J]. Geophys. Res. Lett. ,2003,30 (20): 2020-2030.

[156]Polak A,Elsworth D,Liu J,et al. Spontaneous switching ofpermeability changes in a limestone fracture with net dissolution[J]. Water Resour Res. ,2004,40: W03502.

[157]Yasuhara H,Elsworth D,Polak A. The evolution of permeability in a natural fracture: The significant role of pressure solution[J]. Geophys. Res. , 2004,109: B03204.

[158]Yasuhara H,Polak A. Evolution of fracture permeability through fluid-rock reaction under hydrothermal conditions[J]. Earth and Planetary Science Letters, 2006,244: 186-200.

[159]Liu J S,Sheng J C. A fully-coupled hydrological-mechanical-chemical model for fracture sealing and preferential opening[J]. International Journal of Rock Mechanics and Mining Sciences, 2006,43: 23-36.

[160]周翠英,彭泽英,尚伟,等. 论岩土工程中水岩相互作用研究的焦点问题——特殊软岩的力学变异性[J]. 岩土力学,2002,23(1):124-128.

[161]Dai T G,Gu L,Qiu D S,et al. Experiment study on water-rock interaction about gold activation and migration in different solutions[J]. Journal of Central South University of Technology (English Edition),2001,8(2): 105-107.

[162]谭卓英,刘文静,闭历平,等. 岩石强度损伤及其环境效应实验模拟研究[J]. 中国矿业,2001,10(4):52-55.

[163]姚华彦. 化学溶液及其水压作用下灰岩破裂过程宏细观力学试验与理论分析[D]. 武汉:中国科学院研究生院(武汉岩土力学研究所),2008.

[164]姚华彦,冯夏庭,崔强,等. 化学侵蚀下硬脆性灰岩变形和强度特性的试验研究[J]. 岩土力学,2009,30(2):338-344.

[165]施锡林,李银平,杨春和,等. 卤水浸泡对泥质夹层抗拉强度影响的试验研究[J]. 岩石力学与工程学报,2009,28(11):2301-2308.

[166]梁卫国,张传达,高红波,等. 盐水浸泡作用下石膏岩力学特性试验研究[J]. 岩石力学与工程学报,2010,29(6):1156-1163.

[167]Liang W G, Yang X Q, Gao H B. Experimental study of mechanical properties of gypsum soaked in brine[J]. International Journal of Rock Mechanics and Mining Sciences,2012,53: 142-150.

[168]高红波,梁卫国,杨晓琴,等. 高温盐溶液浸泡作用下石膏岩力学特性试验研究[J]. 岩石力学与工程学报,2011,30(5):935-943.

[169]汤连生,张鹏程,王思敬. 水-岩化学作用之岩石断裂力学效应的试验研究[J]. 岩石力学与工程学报,2002,21(6):822-827.

[170]汤连生,王思敬. 工程地质地球化学的发展前景及研究内容和思维方法[J]. 大自然探索,1999,18(2):35-39,44.

[171]汤连生,张鹏程,王洋,等. 水溶液对砼土剪切强度力学效应的实验研究[J]. 中山大学学报,2002,41(2):89-92.

[172]Feng X T, Li S J, Chen S L. Effect of water chemical corrosion on strength and cracking characteristics of rocks-a review[J]. Key Engineering Materials,2004,261-263: 1355-1360.

[173]Feng X T, Chen S L, Li S. Study on nonlinear damage localization process of rocks under water chemical corrosion[A]//10th Congress of the International Society Rock Mechanics[C]. South Africa: Technology Roadmap for Rock Mechanics,2003.

[174]冯夏庭,王川婴,陈四利. 受环境侵蚀的岩石细观破裂过程试验与实时观测[J]. 岩石力学与工程学报,2002,21(7):935-939.

[175]Feng X T, Chen S L, Li S J. Effects of water chemistry on microcracking and compressive strength of granite[J]. Int. J. Rock Mech. Min. Sci. ,2001,38(4): 557-568.

[176]Feng X T, Chen S L, Zhou H. Real-time computerized tomography (CT) experiments on sandstone damage evolution during triaxial compression with chemical corrosion [J]. International Journal of Rock Mechanics and Mining Sciences,2004,41(2):181-192.

[177]陈四利,冯夏庭,周辉. 化学腐蚀下砂岩三轴细观损伤机理及损伤变量分析[J]. 岩土力学,2004,25(9):1363-1367.

[178]陈四利,冯夏庭,李邵军. 岩石单轴抗压强度与破裂特征的化学腐蚀效应[J]. 岩石力学与工程学报,2003,22(4):547-551.

[179]陈四利. 化学腐蚀下岩石细观损伤破裂机理及本构模型[D]. 沈阳:东北大学,2003.

[180]李宁,朱运明,张平,等. 酸性环境中钙质胶结砂岩的化学损伤模型[J]. 岩土工程学报,2003,25 (4):395-399.

[181]丁梧秀,冯夏庭. 灰岩细观结构的化学损伤效应及化学损伤定量化研究方法探讨[J]. 岩石力学与工程学报,2005,24(8):1283-1288.

[182]丁梧秀. 水化学作用下岩石变形破裂全过程实验与理论分析[D]. 武汉:中国科学院研究生院(武汉岩土力学研究所),2005.

[183]Chen Y,Cao P,Chen R. Effect of water-rock interaction on the morphology of a rock surface [J]. International Journal of Rock Mechanics and Mining Sciences,2010,47(5): 816-822.

[184]杨慧,曹平,江学良. 水-岩化学作用下岩体裂纹应力强度因子的计算及分析[J]. 南华大学学报(自然科学版),2009,23(2):14-17.

[185]杨慧,曹平,江学良. 水-岩化学作用等效裂纹扩展细观力学模型[J]. 岩土力学,2010,31(7):2104-2110.

[186]Handin J,Hager R V. Experimental deformation of sedimentary rocks under confining pressure: pore pressure tests[J]. Bulletin of the American Association Petroleum Geologists,1963,47(5): 717-755.

[187]李建国,何昌荣. 空隙水压力对房山大理岩破坏和失稳形式影响的实验研究[A]//国家地震局地质研究所编:现今地球动力学研究及其应用[C]. 北京:地震出版社,1994: 336-343.

[188]邢福东,朱珍德,刘汉龙,等. 高围压高水压作用下脆性岩石强度变形特性试验研究[J]. 河海大学学报(自然科学版),2004,32(2):184-187.

[189]Chang C D,Haimson B. Effect of fluid pressure on rock compressive failure in a nearly impermeable crystalline rock: Implication on mechanism of borehole breakouts[J]. Engineering Geology,2007,89: 230-242.

[190]Okubo S,Fukui K, Hashiba K. Development of a transparent triaxial cell and observation of rock deformation in compression and creep tests[J]. International Journal of Rock Mechanics and Mining Sciences,2008,45(3): 351-361.

[191]李道娟,许江,杨红伟,等. 循环孔隙水压力作用下砂岩变形特性实验研究[J]. 地下空间与工程学报,2010,6(2):290-294,305.

[192]许江,杨红伟,彭守建,等. 孔隙水压力与恒定时间对砂岩变形的实验研究[J]. 土木建筑与环境工程,2010,32(2):19-25.

[193]许江,杨红伟,彭守建,等. 孔隙水压力-围压作用下砂岩力学特性的试验研究[J]. 岩石力学与工程学报,2010,29(8):1618-1623.

[194]Stanchits S,Mayr S,Shapiro S,et al. Fracturing of porous rock induced by fluid injection[J]. Tectonophysics,2011,503(1-2): 129-145.

[195]李术才,李树忱,朱维申,等. 裂隙水对节理岩体裂隙扩展影响的 CT 实时扫描实验研究[J]. 岩石力学与工程学报,2004,23(21):3584-3590.

[196]简浩,李术才,朱维申,等. 含裂隙水脆性材料单轴压缩 CT 分析[J]. 岩土力学,2002,23(5):587-591.

[197]Cappa F, Guglielmia Y, Fenart P. et al. Hydromechanical interactions in a fractured carbonate reservoir inferred from hydraulic and mechanical measurements[J]. International Journal of Rock Mechanics and Mining Sciences,2005,42(2): 287-306.

[198] Matsuki K, Kimura Y, Sakaguchi K, et al. Effect of shear displacement on the hydraulic conductivity of a fracture[J]. International Journal of Rock Mechanics and Mining Sciences, 2010,47(3): 436-449.

[199]Mohajerani M, Delage P, Sulem J, et al. A laboratory investigation of thermally induced pore

pressures in the Callovo-Oxfordian claystone[J]. International Journal of Rock Mechanics and Mining Sciences,2012,52: 112-121.

[200]Jeong H S,Kang S S,Obara Y. Influence of surrounding environments and strain rates on the strength of rocks subjected to uniaxial compression[J]. International Journal of Rock Mechanics and Mining Sciences,2007,44(3): 321-331.

[201]Feng X T,Ding W X,Zhang D X. Multi-crack interaction in limestone subject to stress and flow of chemical solutions[J]. International Journal of Rock Mechanics and Mining Sciences,2009, 46(1): 159-171.

[202]申林方,冯夏庭,潘鹏志,等. 单裂隙花岗岩在应力-渗流-化学耦合作用下的试验研究[J]. 岩石力学与工程学报,2010,29(7):1379-1388.

[203]刘琦,卢耀如,张凤娥,等. 动水压力作用下碳酸盐岩溶蚀作用模拟实验研究[J]. 岩土力学,2010,31(S1):96-101.

[204]Cariou S,Skoczylas F, Dormieux L. Experimental measurements and water transfer models for the drying of argillite[J]. International Journal of Rock Mechanics and Mining Sciences,2012,54: 56-69.

[205]刘家浚. 材料磨损原理及其耐磨性[M]. 北京:清华大学出版社,1993.

[206]Momber A W. Wear of rocks by water flow[J]. International Journal of Rock Mechanics and Mining Sciences,2004,41(1): 51-68.

[207]邓军,许唯临,曲景学,等. 基岩冲刷破坏特征分析[J]. 四川大学学报(工程科学版), 2002,34(6):32-35.

[208]沈水进,孙红月,尚岳全,等. 降雨作用下路堤边坡的冲刷-渗透耦合分析[J]. 岩石力学与工程学报,2011,30(12):2456-2462.

[209]王芝银,郭书太,李云鹏. 等效连续岩体流固耦合流变分析模型[J]. 岩土力学,2006,27(12):2122-2126.

[210]吴秀仪,刘长武,沈荣喜,等. 水压与外力共同作用下岩石蠕变模型研究[J]. 西南交通大学学报,2007,42(6):720-725

[211]沈荣喜,刘长武,刘晓斐. 压力水作用下碳质页岩三轴流变特征及模型研究[J]. 岩土工程学报,2010,32(7):1031-1134.

[212]崔强. 化学溶液流动-应力耦合作用下砂岩的孔隙结构演化与蠕变特征研究[D]. 沈阳:东北大学,2009.

[213]阎岩,王恩志,王思敬. 渗流场中岩石流变特性的数值模拟[J]. 岩土力学,2010,31(6): 1943-1949.

[214]阎岩,王恩志,王思敬,等. 岩石渗流-流变耦合的试验研究[J]. 岩土力学,2010,31(7): 2095-2103.

[215]陈占清,李顺才,茅献彪,等. 饱和含水石灰岩散体蠕变过程中孔隙度变化规律的试验[J]. 煤炭学报,2006,31(1):26-30.

[216]李顺才,陈占清,缪协兴,等. 饱和破碎砂岩随时间变形-渗流特性试验研究[J]. 采矿与安全工程学报,2011,28(4):542-547.

[217]何俊杰,王明伟,王廷国. 地下水动力学[M]. 北京:地质出版社,2009.

[218]刘成禹,李宏松. 岩石溶蚀的表现特征及其对物理力学性质的影响[J]. 地球与环境,2012,40(2):255-260.
[219]赵会友,李国华. 材料摩擦磨损[M]. 北京:煤炭工业出版社,2005.
[220]缪协兴,刘卫群,陈占清. 采动岩体渗流理论[M]. 北京:科学出版社,2003.
[221]孔祥言. 高等渗流力学[M]. 合肥:中国科学技术大学出版社,2006.
[222]缪协兴,钱鸣高. 中国煤炭绿色开采研究现状与展望[J]. 采矿与安全工程学报,2009,26(1): 1-14.
[223]董书宁. 对中国煤矿水害频发的几个关键科学问题的探讨[J].煤炭学报,2010,35(1):66-71.